ウルド昆虫記 バッタを倒しにアフリカへ

前野 ウルド 浩太郎

光文社

ウルド昆虫記
バッタを倒しにアフリカへ

前野 ウルド 浩太郎

光文社

児童書版のまえがき

オッス。おいらバッタのバ太郎。草を食べるのが大好きなんだけど、アフリカにいるおいらの仲間・サバクトビバッタが草を食い荒らして、みんなを困らせていて肩身が狭いんだ。

せめてもの罪滅ぼしとして、この本で使われている難しそうな言葉の説明をして、みんなの読書のお手伝いをするよ。

ただ、せっかくの説明なのに、もっと難しい言葉や英語を使ったりして、みんなをさらに困らせるかもしれないけど、なんとなくわかったつもりになったらOKだよ。そもそも大人向きに書かれた本だから、自分の読書力がどんなものか試してみてね。

さて、この本は、バッタをやっつけるためにアフリカに旅立った一人の若きハカセの物語だよ。サハラ砂漠でハカセがどんなことを経験してきたのか、一緒に冒険してみよう！

バ太郎（幼虫／オス）

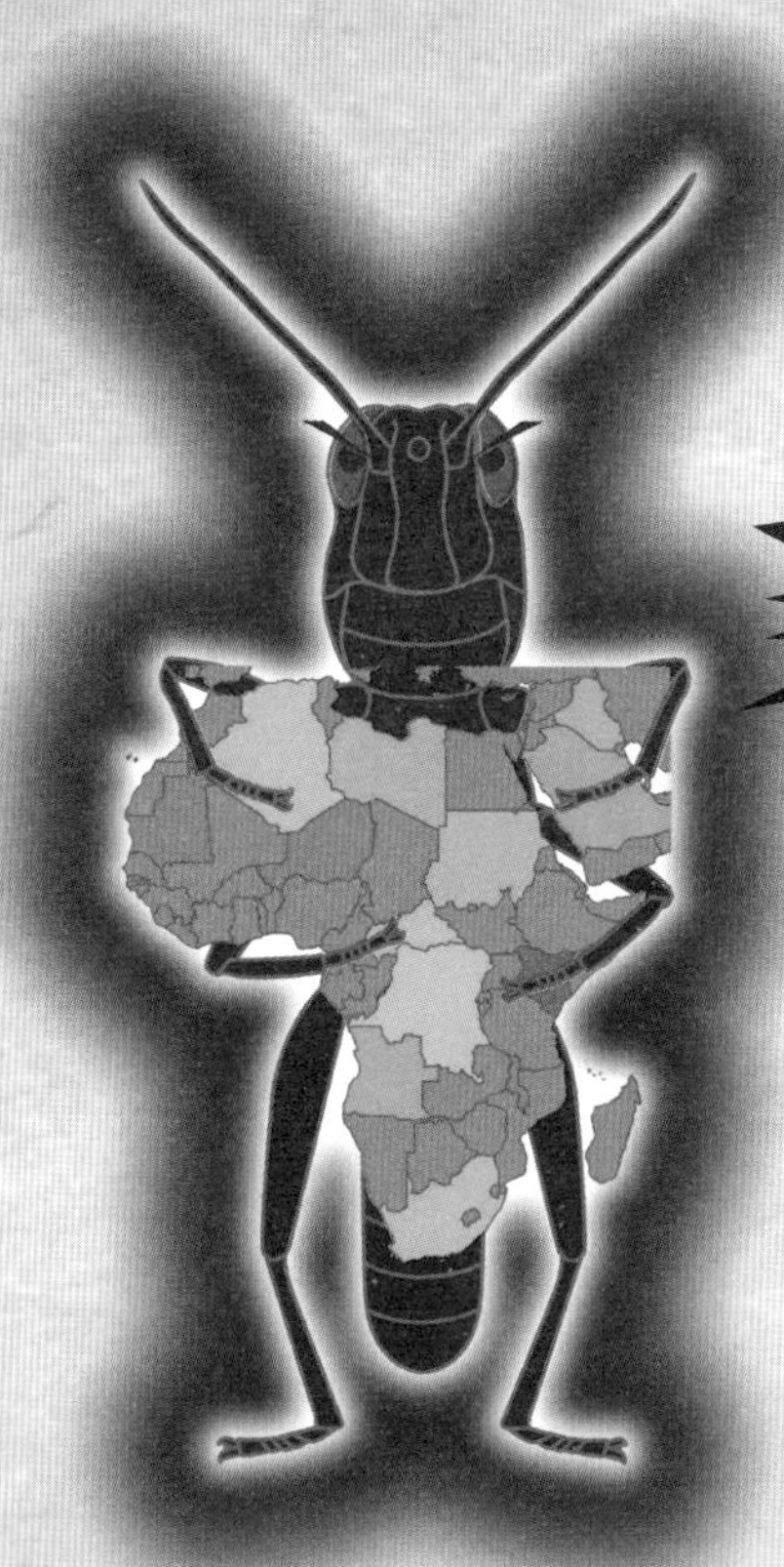

破滅の化身・
サバクトビバッタ
（悪いバ太郎）

ハカセ
（前野 ウルド 浩太郎）

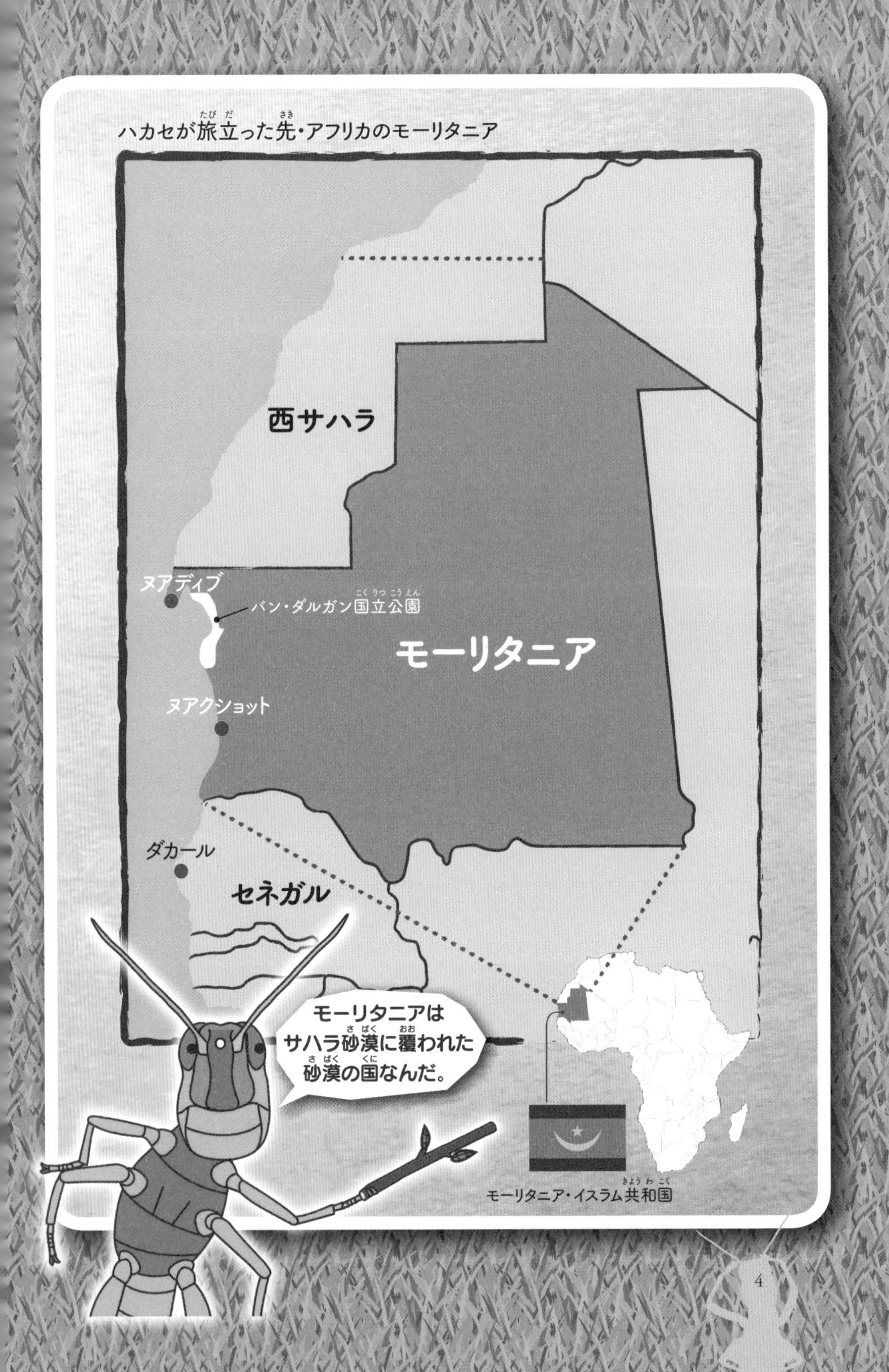
ハカセが旅立った先・アフリカのモーリタニア
西サハラ
ヌアディブ
バン・ダルガン国立公園
モーリタニア
ヌアクショット
ダカール
セネガル
モーリタニアは
サハラ砂漠に覆われた
砂漠の国なんだ。
モーリタニア・イスラム共和国

はじめに

100万人の群衆の中から、この本の著者を簡単に見つけ出す方法がある。まずは、空が真っ黒になるほどのバッタの大群を、人々に向けて飛ばしていただきたい。人々はさぞかし**血相を変えて**逃げ出すことだろう。その**狂乱**の中、**逃げ惑う**人々の反対方向へと一人駆けていく、やけに興奮している全身緑色の男が著者である。

私はバッタ**アレルギー**のため、バッタに触られるとじんましんが出てひどい痒みに襲われる。そんなの普段の生活には支障はなさそうだが、あろうことかバッタを研究しているため、死活

血相を変える▼深刻な問題が起きて顔色が変わってしまうときに使う。
狂乱▼人々が慌てふためき、大パニックになっていること。
逃げ惑う▼混乱しながら逃げまくる様子。逃げ切れるかどうかわからないときに使うと効果的。
アレルギー▼杉の花粉を毎日胸いっぱい吸い込んでごらん。涙が止まらなくなって、鼻水が垂れてきたら、そいつが杉アレルギーさ。世の中には、色んなアレルギーがあり、重症になると死ぬこともある。

問題となっている。こんな奇病を**患った**のも、14年間にわたりひたすらバッタを触り続けたのが原因だろう。

全身バッタまみれになったら、あまりの痒さで命を落としかねない。それでも自主的にバッタの群れに突撃したがるのは、**自暴自棄**になったからではない。

子供の頃からの夢「**バッタに食べられたい**」を叶えるためなのだ。

小学生の頃に読んだ科学雑誌の記事で、外国で大発生したバッタを見学していた女性観光客がバッタの大群に巻き込まれ、緑色の服を喰われてしまったことを知った。バッタに恐怖を覚えると同時に、その女性を羨ましく思った。その頃、『ファーブル昆虫記』に感動して、将来は昆虫学者になろうと心に誓っていたため、虫にたかられるのが羨ましくてしかたなかったのだ。

虫を愛し、虫に愛される昆虫学者になりたかった。それ以来、緑色の服を着てバッタの群れに飛び込み、全身でバッタと愛を語り合うのが夢になった。

時は流れ、数多くの昆虫の中でたまたま巡り合ったバッタの研究をはじめ、博士号を取得した。着実に昆虫学者への道を歩んでいたが、子供の頃には想定だにしなかった難問に直面した。大人は、飯を食うために社会で金を稼がなければならない。バッタを観察して誰がお金を恵んでくれようか。あのファーブルですら、教師をして金を稼いでいたのだ。**なんということでしょう**。生活のことをうっかり忘れていた。軽く取り返しのつかないところまで、私は人生を進めていた。「末は博士か、大臣か」ともてはやされた一昔前、いや二昔前とは違い、世の中には、道を少々歩けばぶつかるほど博士がひしめきあっている。過剰に生みだされた博士たちは職にあぶれ、職を求め**彷徨っている**。ライバルひしめきあう中で、職業として昆虫学者をこのまま目指してもいいものなのか。

いくら博士過多でも、社会から研究内容が必要とされていれば、就職先はある。しかし、現在の日本ではほとんどバッタの被害がないため、バッタ研究の必要性は低く、バッタ関係の就職先を見つけることは至難の業もいいところだ。「日本がバッタの大群に襲われればいいのに」と黒い祈りを捧げてみても、「バッタの大群、現ル」の一報は飛び込んできやしない。途方に暮れて遠くを眺めたその目には、世界事情が飛び込んできた。アフリカではバッタが大発生して農作物を喰い荒らし、深刻な飢饉を引き起こしている。

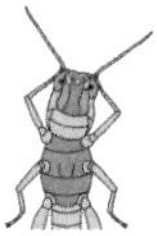

患う▼病気になること。

自暴自棄▼自分のことがどうでもよくなってしまい、やけくそになること。

なんということでしょう▼一流の建築士である「匠」たちの見事なリフォーム術によって家が改造されていくテレビ番組「大改造!!劇的ビフォーアフター」（朝日放送テレビ）でお馴染みの驚きを上品に表現したセリフ。

彷徨う▼どこに行けばいいのかわからないけど止まっているのもアレなので、とりあえずうろついている様子。

そんな重大な国際問題なら、さぞかし世界各国が力を入れて研究し、ほとんどのことが解明され、いまさらアフリカから遠く離れた日本の研究者なんかお呼びではなさそうだ。と、思いきや、過去40年間、修行を積んだバッタ研究者は、誰もアフリカに住んでじっくりと研究しておらず、おかげでバッタ研究の歴史が止まったままだということを知った。誰もやっていないのなら、未熟な博士でも全力をかませば新しい発見ができるかもしれない。

バッタの大群に巻き込まれながら、アフリカの食糧問題も解決できる。その上、成果を引っ提げて**凱旋**すれば、日本の研究機関に就職が決まる可能性も極めて高い。見えた！ バッタに喰ってもらえて、昆虫学者としても食っていける道が開けるではないか！

夢を叶えるのに手っ取り早そうなので、アフリカに行ってみたのは31歳の春。向かった先は日本の国土のほぼ3倍を誇る砂漠の国・西アフリカのモーリタニア。当時、日本人は13人しか住んでおらず、『地球の歩き方』（ダイヤモンド社）にも載っていない未知なる異国が闘いの舞台となった。研究対象となるサバクトビバッタは砂漠に生息しており、野外生態をじっくりと観察するためにはサハラ砂漠で野宿しなくてはならない。どう考えても、雪国・秋田県出身者には砂漠は暑そうだし、おまけに東北訛りは通用しない。などなど、億千万の心配事から目を背け、前だけ見据えて単身アフリカに旅立った。

その結果、自然現象に進路を委ねる人生設計がいかに危険なことかを思い知らされた。バッタが大発生することで定評のあるモーリタニアだったが、建国以来最悪の大干ばつに見舞われ、バッタが**忽然**と姿を消してしまった。人生を賭けてわざわざアフリカまで来たのに、肝心のバッタがいないという地味な不幸が待っていた。

不幸は続き、さしたる成果をあげることなく無収入に陥った。なけなしの貯金を切り崩してアフリカに居座り、バッタの大群に相見える日がくるまで耐え忍ぶ日々。バッタのせいで**蝕まれていく**時間と財産、そして精神。貯金はもってあと一年。全てがバッタに喰われる前に、望みを次に繋げることができるだろうか。

本書は、人類を救うため、そして、自身の夢を叶えるために、若い博士が単身サハラ砂漠に乗り込み、バッタと大人の事情を相手に繰り広げた死闘の日々を綴った一冊である。

凱旋▼何か手柄を立てて故郷に帰るときのこと。基本的にすごく歓迎される。すごい手柄だったら、パレードをすることも。
忽然▼「いきなり」に近いけど、消えていく瞬間を見ておらず、知らぬ間に消えているときに使う。
蝕まれる▼虫にじわじわと齧られ、身体の一部を失っていくようなイヤなイメージ。

目次

第1章　サハラに青春を賭ける

サハラの洗礼

2011年4月11日、私はフランスのパリ経由で、西アフリカ・モーリタニアへと向かった。パリの空港で一人、9時間の乗継ぎに耐え、出発ゲートへと向かう。ターバンを巻いて目だけを出している人に、カラフルな民族衣装に身を包んだ女性たち。待合室の時点で、すでにアフリカ風味が漂っている。アジア人は、中国人が数人いるものの、日本人は私一人だけだ。機内アナウンスはフランス語と英語で行われ、もはや日本語はない。命綱がほどけた気分で耳を澄まし、何か重要なことを言っていないか必死に食らいつく。

怖気づいている暇などない。これからだ。これから私の新しい闘いがはじまるのだ。今までアフリカのバッタ問題が解決されなかったのは、私がまだ現地で研究していなかったからだ。無名の博士の活躍を世界に見せつけてやろうと、やる気が煮えたぎっていた。しかしこの後、荒い鼻息はため息へと変わることになる。

無事に、モーリタニアの首都のヌアクショット空港に着陸したものの、とりあえず入国拒否を食らう。係のおっさんから「お前が住む予定の住所はこの世に存在しないので、入国は認めない」的なことを言われた。「**的な**」と表現したのは、何を隠そう私はモーリタニアの公用語であるアラビア語はさっぱりだし、フランス語は挨拶程度しか話せない。英語がほとんど通じないのは知っており、現地で生活していれば自然に言葉は覚えていくだろうと甘く考えていた。だが、現地生活に入る前をどう乗り切るかは盲点だった。

「ムッシュ、ボンソワー(旦那さん、こんばんは)」

愛想よく何回も挨拶し、今できる最大限の努力を払うものの事態は一向に好転しない。こんなにがんばっているのに、なんて**融通**が利かない国なんだろう。研究所の所長に教えてもらった住所が間違っているのだろうか。このままではアフリカを救うどころか、入国すらできずに日本に送還されてしまう。

他の乗客はすんなり入国していき、とうとう私だけが取り残されてしまった。予定では、研究所のスタッフが迎えに来てくれることになっているので、誰かが異変に気づいて助けに来

怖気づく▼何かにビビッてお家に帰りたくなっている状態。
的な▼100%の自信はないけど、なんとなくそうなんじゃないかなと思っているときに使う。
融通▼その場その場で、なんとかうまいことやりくりすること。

てくれるのを待つしかない。

いつまで経っても私が登場しなかったのを心配し、以前会ったことがあるシダメッド（研究所のマネージャー）が、ようやく入国審査までやってきて事情を説明してくれた。おかげで、モーリタニアの地を正式に踏めることになった。

私は研究所の敷地内にあるゲストハウス（客を泊める宿泊施設）に寝泊まりすることになっていたが、係の人間は研究所の中にホテルはないと思い、入国を認めなかったようだ。

一緒に旅してきた荷物も、無事に辿り着いていた。乗客は私一人だけになっていたので今さら人間違いしようもないが、研究所のスタッフ４人が「TOKYO / MAENO」と書かれたボードを掲げて歓迎してくれている。挨拶もそこそこに、皆に手伝ってもらって大荷物を運び出そうとするも、ダンボール８箱分の荷物が不審に思われ、警備員６人に囲まれての**事情聴取**がはじまった。

「お金持ってるか？」と唐突に英語で聞かれたが、まだ現地の通貨「ウギア」に両替する前だったので、ない旨を伝えると、それを合図に荷物のガサ入れがはじまった。中身をチェックするのはいいのだが、ひっかきまわしてグダグダのままにする。パズルのように絶妙の収納をしていたので、元に戻すのに一苦労だ。

危険物や麻薬の類は持ち込んでいない自信があったので、余裕の面持ちで見守っていたところ、警備員に「これは何だ？」と問い詰められる。なんの変哲もない缶ビールなので、「ジャパニーズビアー」と伝えると、「ノー・ビアー」と怒られた。

モーリタニアの正式名称は「モーリタニア・イスラム共和国」。イスラム教徒は酒を飲むことが禁じられているが、他宗教の人は飲んでもかまわないと聞いていたので、遠路はるばる持ってきたのだが……。持ち込みもダメとは露知らず、続々と缶が発見されていく。砂漠でキンンに冷えたビールを飲むために、クーラーボックスまで持ってきたのに……。奪われていく夢、希望、未来。

追い討ちをかけるように、パリの空港で買ったウイスキーのボトルにまで魔の手が迫る。販売員のお姉さんから「モーリタニアには一人2本までなら持っていってもいいわよ」と**お墨付き**をもらっていたのに……。いや、持っていけるとは言われたが、持ち込めるとまでは言われていない。

「これはビールじゃないから問題ないはずだ」と訴えるも、酒の持ち込みはダメだと却下される。結局、ビール10本とウイスキー2本、すなわち全ての酒を没収された（後に、賄賂をもらえなかった腹いせだったと知る）。

なんたることだ。運べる荷物が限られていたので、味噌を断念し、代わりに酒を持ってきたというのに、没収されるとは何事か（怒）！　モーリタニアには酒屋はないと、飛行機で隣に

事情聴取▼疑われたときに質問されまくること。
お墨付き▼その道の偉い人に「お前は問題がなく、むしろよい」ことを保証されていること。

我が家となるコンクリート造りのゲストハウス

座ったオランダ人が言っていた。もはや禁酒生活は避けられない。深い絶望の淵に追いやられ、アフリカを救ってやるぞという意気込みは過去のものとなった。

一連の没収劇を観戦していた研究所のスタッフたちは「コイツは一体何しに来たんだ?」と完全に呆れ顔だ。うむ、華麗に出鼻をくじかれた。

悲しみにくれながら、車に乗り込んで研究所に向かう。研究所に到着すると、運転手はクラクションを鳴らしまくり、門番を叩き起こし、鉄製の重々しい大きな扉を開けてもらう。

平屋のゲストハウスはコンクリート造り。カギを受け取り、そっと玄関の扉を開けて中に入ると、部屋の前には造花が飾られ、歓迎ムードたっぷりだ。ゲストハウスには3部屋あるが、今は誰も住んでいないとのこと。私が初めて長期で泊まることになる。

8畳ほどの部屋の中には、キングサイズのベッドに机、クローゼット、タンスが備わっている。花柄のカバーがベッドを包み込み、エアコンが優しげにさわやかな風を送ってくる。トイレとシャワーが個室ごとについている。ベッドの脇には小型の冷蔵庫もあり、開けてみるとフルーツの盛り合わせとジュースがズラリと並んでいた。しかも、机の上にある新品の箱ティッシュは開封され、頑固な一枚目が塊で飛び出している。ここまでキメの細かいおもてなしをしていただけるとは……。共有のリビングは、20名は収容できる広い部屋で、ソファーもある。

共有のリビング。宴会場として使用される

なんという高待遇なのだろう。このお礼は研究成果で返そうと心に誓い、今日のところは眠りにつくことにした。35時間ぶりに横になれる。**北枕**にならないようにコンパスで方角を確かめると、すでに枕は東向きに配置されていた。ここまで気が回るものかと感激しながらも、酒の恨みでふて寝した。

翌朝、シダメッドに研究所を案内してもらう。2年前に訪れたときは平屋だったのに、2階建ての立

北枕▼死んだ人が頭を北に向けて寝かされるため、生きているうちに北向きに寝ると縁起が悪い。

モーリタニアの平和を守る国立サバクトビバッタ研究所

派なビルになっている。引っ越ししたのかと尋ねたら、「このビルは去年建てたもので、昔の研究所は塀の向こうにある」と言う。

世界銀行からの支援で研究所を建てるついでにゲストハウスも建てたそうだ。ゲストハウスがあるということは、頻繁にお客さんが来るのだろう。

実は、砂漠の真ん中にポツリとある田舎町に研究所の支店があり、私はそちらで寝泊まりするつもりで来ていた。支店の裏には果てしない砂漠が広がっている。相当厳しい砂漠生活を覚悟し、事前に生活レベルのハードルを下げていた。だから、首都の快適なゲストハウスに住めるのは嬉しい誤算だった。

研究所のババ所長に挨拶したいところだが、海外出張中で、翌日戻るとのこと。研究者以外のスタッフは英語がしゃべれないので、「ボンジュール」とフランス語で挨拶を交わす。インターネットが繋がるので、家族に無事を知らせるメールを送る。

研究所には、セキュリティと呼ばれる門番がいる。彼が気を利かせて、昼飯にヤギ肉のサンドイッチとコカコーラを買ってきてくれた。日本でサンドイッチといったら食パンで具材を挟んだものだが、こちらでは、一刀両断しない程度にフランスパンに切り込みを入れ、そこに具材を挟んだものをサンドイッチと呼んでいる。具材は、ヤギ肉のミンチとタマネギをウスターソースで煮込んだものと、みっちり詰まったフライドポテト。コカコーラの缶はお馴染みの赤色だが、文字はアラビア語表記。国は違えど安定の美味さだ。午後は荷物の整理で、あっというまに潰れてしまった。

当初住む予定だった研究所の支店の屋上からの風景。砂遊びし放題の好立地だが、最寄りの空港まで8時間かかるのが玉にキズ

晩飯は、研究所のお抱えコックがゲストハウスに来て料理してくれることになった。メニューは、「鶏の丸揚げのタマネギソースがけ」だ。その日、ゲストハウスに泊まりに来たアメリカ人のキース・クレスマンさんと一緒に食べることになった。

キースさんはローマにあるFAO（国際連合食糧農業機関）に勤め、アフリカのバッタ問題を担当している上級バッタ予報官だ。バッタがどこでどのくらい発生しているか、被害国から2週間おきに情報を収集し注意を促す指令――「バッタ

整然と並ぶ殺虫剤入りドラム缶

注意報」を管理する任務にあたっていた。詳しく話を伺うと、サバクトビバッタの大群を何度も見たことがあり、アフリカの色んな国に出向いてバッタ**防除**を手ほどきする世界的なエキスパートだった。今回、キースさんは、モーリタニアのバッタ研究所の視察に訪れていた。見学がてら、私も視察に同行させてもらうことになった。

怯えるアフリカ

翌日、キースさんとともに、バッタ研究所が殺虫剤を保管する倉庫を訪れることになった。バッタを退治する際には大量の殺虫剤が使用されるが、殺虫剤は人や家畜にとっても有害で、環境汚染を引き起こす恐れがある。そのため、倉庫はできるだけ街から遠い場所に建てられる。

車に乗り込み、街から離れると、すぐに砂浜のような砂漠地帯が広がっていた。途中、乗用車が砂にはまり、ドライバーがこちらに向かって手を振っているシーンに出くわした。助けてほしそうだったが、我々のドライバーは非情にも無視して車を走らせた。

10kmほどで、鉄条網が張り巡らされているエリアに辿り着く。人なんか滅多に通らなそうなところで、何を厳重に守っているのか。

入り口から500mほど先に倉庫があった。関係者以外の立ち入りを禁止するために、鉄壁の防御態勢が敷かれていた。巨大倉庫の扉にはドクロマークが描かれ、中に入るためのマスクを手渡される。不気味な倉庫に入ると液状の殺虫剤が入ったドラム缶が大量に並べられ、厳重に管理されていた。

この倉庫は、一年前に建てられた。それまでは街のあちこちに殺虫剤の保管場所が分散し、危険な上に不便だったので一カ所にまとめたそうだ。**突貫工事**で建設したため、まだ電気と水道は通っておらず、発電機で換気扇を回している。現在は大型トラックでドラム缶の搬送を行っているが、悪路のため慣れたドライバーしか倉庫に辿り着けず、安全な輸送のためにも街まで舗装道路を通す必要があるそうだ。

ドラム缶の扱い方もここ数年で変わってきていた。

その昔、殺虫剤を使い切ると空のドラム缶は砂漠にポイ捨てされていた。そのドラム缶を現

防除▼害虫から被害を受けないように予防すること。農作物が害虫に食べられる前に先手必勝で殺すことも一手。

突貫工事▼大急ぎで無理やり期日までに完成させようとする工事のこと。現場はたまったものじゃない。

ドラム缶をペチャンコに潰すクラッシャー

地の遊牧民が家の材料や水を貯めるタンクとして使用し、健康被害が出ていたという。そこで、ドラム缶にはシリアルナンバーがつけられ、出荷から回収まできちんと管理するようになった。空のドラム缶は「ドラム缶クラッシャー」なる専用の圧縮機でペチャンコに潰され、まとめて出荷元に送り返されている。

　バッタが発生してから業者に殺虫剤を注文していたのでは迅速な対応ができないため、常に一定量は自前で保管していなければならない。この大量の殺虫剤も大発生時には一瞬でなくなるが、バッタが発生しなければ殺虫剤は経年劣化し、使用期限が過ぎてしまう。なるべく新しい殺虫剤を維持できるよう、近隣諸国で殺虫剤の貸し借りを行い、古いものから使用して調節しているそうだ。

　噂には聞いていたが、バッタを防除するために、ここまで大げさな設備が必要なのだろうか。姿の見えぬ敵に対してはどうも戦闘意欲が湧いてこない。早く現物を見たいものだ。

バッタ家族

研究所に戻ると、アルジェリア出張帰りのババ所長の姿があった。所長は**恰幅のよい**温和な風貌だが、底知れぬ覇気を帯びた武将のような威厳も併せ持つ。昼時に、私のためにウェルカムパーティーを開いてくれた。研究所の職員20名ほどが集まり、挨拶を交わす。ババ所長からは、激励のお言葉を頂戴した。

「日本が大地震で大変なことになっている中、家族や友人を残して日本を離れるのはとてもつらかったと思うが、よくモーリタニアに来てくれた。砂漠で行うフィールドワークは過酷なので、研究者は実験室に籠もりたがる中で、コータローはよくフィールドに来る決心をしてくれた。我々は日本から来たサムライを歓迎する。コータローが頑張れば我々モーリタニアはもちろんのこと、日本の励みにもなるから頑張ってほしい」

私は感動し、握手を求めた。ババ所長の手はとても大きく、力強い。私も、つたないながら堂々と自己紹介をした。

遊牧民▼住所不定、家族と家畜を引き連れ、移動しながら生活している人々のこと。「遊」の文字とは裏腹に、生活は過酷。

恰幅のよい▼ただのマッチョではなく、肩幅も広く、威風堂々としている体格のこと。

ウェルカムパーティー。手前右がババ所長、左がキースさん

キースさんからも、

「ここでアフリカに来たばかりのコータローに会えたのは非常に幸運で、バッタ研究所がこのように日本から来た研究者を支援して、繋がりを作ってくれることは世界的に非常に喜ばしいことだ。これからのコータローの活躍を我々バッタに携わる者たちは皆が期待している。これからはコータローもバッタ家族の一員だ」

と、バッタネットワークの一員に迎え入れてもらった。

まだ来たばかりで何もしていないが、異国の地で仲間として受け入れてもらえるのは、とても嬉しい。それよりも研究者として扱ってもらえることに、照れながらも喜びと責任を感じていた。

研究者は自己紹介がてら、自分自身が手掛けてきた研究内容を紹介するのが通例だ。後日、私のこれまでの研究成果と、これからの2年間でやろうとしていることを披露することになった。現地の研究者たちですら知らない、バッタのことを明らかにしてきた自負があったので、いいところを見せるチャンスだ。

自分の計画が理に適ったものかどうかを披露する前に、実際に現場を視察して実現可能かどうか確認しておく必要があった。何をするにしても、まずは縦横無尽に動くための「足」が必要だ。

相棒ティジャニ

モーリタニアでの移動手段については、研究所が所有する四輪駆動のランドクルーザーを自由に使ってもよいと**便宜を図って**もらった。普通なら一日5000円の使用料がかかるところ、貧乏ポスドク（ポスト・ドクターを略した言葉：博士の後という意味。詳しくは114ページで説明）なので無料で貸してもらえることになった。2003年にバッタが大発生した際に、日本からの支援金で購入したトヨタの車だ。思わぬ形で日本政府の恩恵に与る。ジープタイプで車高が高く助手席からの眺めは抜群にいいが、窓には意味深なヒビが入っている。誰しも暗い過去の一つや二つは持っているものだ。そっとしておこう。

モーリタニアでは、左ハンドルのマニュアル車が主流で、おまけに日本とは逆の右車線通行

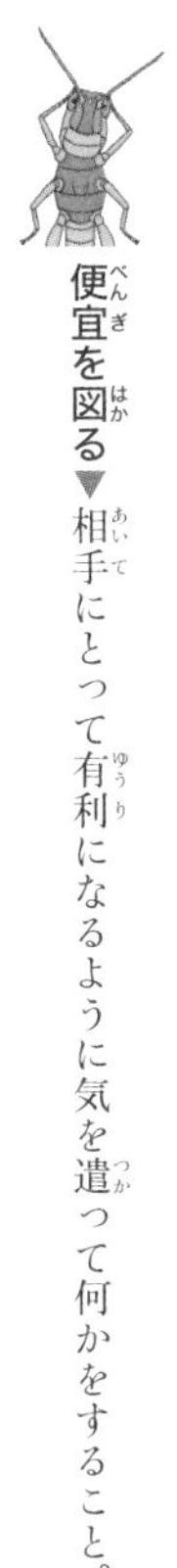

便宜を図る▼相手にとって有利になるように気を遣って何かをすること。

のため、自分で運転したら取り返しがつかないウッカリをやらかす危険性が極めて高い。追い打ちをかけるように、運転の難易度が高そうだった。

「モーリタニアでは、交通ルールを守らずに運転しているドライバーが多く、道路ではロバやヤギが闊歩していることもあり、また、自動車が突然車線変更をしたり、不規則に停車したり、歩道に突っ込んできたりすることも多々あります。道路を歩くときや横断するときは、四方に気を配り、十分注意する必要があります。」（在モーリタニア日本国大使館在留邦人向け『安全の手引き』より一部抜粋）

正装のティジャニ。長い付き合いになる

モーリタニアには運転技術を磨きに来たわけではないので、ドライバー兼ガイドが必要だった。運転に自信がない旨をババ所長に訴えたところ、ティジャニと名乗る専属ドライバーを手配してくれた。彼はこれまでも外国人のドライバーを担当するなど、国際経験豊かで外国人慣れしており、研究所で一番運転がうまく人間性もしっかりしているという。しかし、彼はフランス語しか話せず、私はフランス語を話せない。故に、我々の間では会話が成り立たないため、身振り手振りで意思の疎通を図るしかない。「日本人は頭が良いからなんとかなるだろ?」とババ所長はまったく心配していない模様だ。贅沢は言ってられないので、お願いすることとした。

　ババ所長から現地通貨を借りて、さっそく生活物資の買い出しに街に繰り出す。スーツ姿で現れたティジャニはスピード狂だった。目の前に立ちはだかる遅い車には、容赦なくクラクションを浴びせ、モーゼのごとく進路を開いていく。自分の体の一部のように車を巧みに操り、混雑した道もなんのその。ただ、行き着いた先はなぜか中華料理屋だった。早く買い物をしたかったのだが……。会話が成り立っていない厳しい現実を知る。実際に腹が減っていたのでチンジャオロースを注文するが、10分後、材料がないから作れない的なことを中国人店員にフランス語で言われたので、勧められるがままに鶏肉料理を頼む。

　一緒に飲み物を訊かれたときに、聞き捨てならない単語が耳に飛び込んできた。

「ファンタ?　コカ?　ビアー?」

　ビアーってビールのことなのでは?　試しに頼むと、中国の青島ビールの缶が出てきた(一本500円ほど)。たった一日で禁酒生活から脱出できるとは、なんたる幸運か。そしてすぐに、

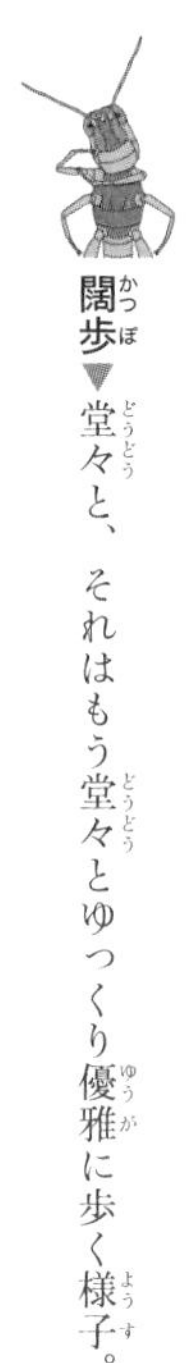

闊歩▼堂々と、それはもう堂々とゆっくり優雅に歩く様子。

ピーナッツ、ピーマン、シイタケと鶏肉の炒め物が白米と一緒に出てきた。中国人が大挙してモーリタニアに押し寄せてきているため、中華料理の恩恵に与ることができた。モーリタニアでどんな料理を食べて暮らしていくのか不安だったが、こんな美味い中華料理屋があるんだったら安心だ。店員にビールの持ち帰りをしたい旨を気合いで伝えると、厳重に紙袋に入れてくれた。コソコソやっているので、やはり非合法なのだろう。チクる気はまったくない。コイツを砂漠でグイッとやるのだ。

飯を食い終わり、ティジャニがお目当てのスーパーマーケットに連れて行ってくれた。食料品からティッシュまで生活必需品を売っている。遊牧民レベルの生活を覚悟していたので安堵する。

晩になり、腹が減ってきたのでどうしようか考えていたら、セキュリティ係のモハメッドじいさんがゲストハウスにやってきた。彼は昔、金山で傭兵をしており、やたらと体格がよく、しかも英語を話す貴重な人だ。腹が減った旨を伝えると、散歩がてら外食することになった。街中は一部しか舗装されておらず、砂だらけで雑草の類もまったく生えていない。もともと植物がほとんど生えていない上に、ヤギに根こそぎ食べられてしまっている。床屋さん、洗濯屋さんなど、色んなお店を紹介してもらいながら研究所から歩いて20分、アラビアのレストランがあった。日本でいうお惣菜屋で、ガラスケースの中には挽肉の煮物、スパゲティ、ライス、レタスなど色んな食材が並んでいる。メニューがアラビア語で書かれているため、まったくわからない。指を差して黄ばんだ白米とヤギ肉のソースを選ぶ。モハメッドじいさんが「わしゃ、さっき食ったから食べんぞい」と言うので、お持ち帰りにした。120円で牛丼の特盛りほどのボリュームだ。

ヤギ肉のソースは、ミンチ肉がショウガ、ニンニク、タマネギ、ジャガイモと一緒に煮込まれており、汁だくで**オンザライス**。ウスターソースに似た味わいだ。ちょっとぼそっとした米が肉汁を吸ってしっとりしており、サラサラと喉を通る。牛丼大好きっ子なので、モーリタニアでも牛丼に似た食べ物を見つけられてホッとした。

たった一日だけど、モーリタニアの飯は美味いことがわかった。太りやすい体質なのでこれは注意しなければならない。

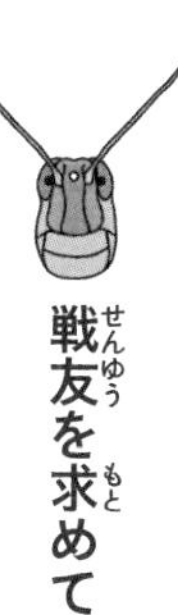

戦友を求めて

翌朝、所長室を訪れ、最近のバッタ状況についてババ所長に伺う。

「今だと北の方でバッタが発生してるぞ。いますぐ行ってみるかと言いたいところだが、あいに

安堵▼心の底から安心したときに使う。

オンザライス（on the rice）▼ライスの上に何かを置くときに使う。ちなみに、おにぎりの具は中に入っているので、「インザライス（in the rice）」。

く私は会議があるので忙しいし、英語をしゃべれる職員は皆出払っている。早くて来週からなら行けるぞ。詳しくはマネージャーと相談してくれ」

ババ所長からの**耳寄りな情報**だ。研究所には英語を話す職員が４人いるが、皆手が離せない。私は生活のセットアップをしないといけないが、今すぐにでもバッタの元に駆けつけたいので、マネージャーのシダメッドにどうやったら野外調査に行けるのか相談してみた。

話を聞くと、ミッションと呼ばれる野外調査にはドライバーやコック、雑用係などを雇い、チームを組んで出向くそうだ。役割ごとに一日の給料が異なり、研究者が一番高額で１万２０００ウギア（日本円で４０００円ほど）。ドライバーは３５００ウギア、コックは３０００ウギアとなっている。車には研究資材に加えてキャンプ用品を積み込まないといけないので、一台に乗れるのは私以外３名までだ。私がフランス語さえ話せたら誰かを雇ってすぐに行けるのに……。なんとかならないか相談すると、

「研究者ではないが学生のモハメッドが片言ながら英語を話すので、通訳として一緒に行ってみたらどうか」

という妙案をいただく。その案に乗り、急遽チームを編成することにした。

伝説のロールプレイングゲーム「ドラゴンクエストⅢ」（エニックス）でも、序盤にルイーダの酒場で戦士、魔法使い、僧侶など様々な職種の人たちを仲間にしてゲームを進める。コックを３名雇い、砂漠で大宴会するという選択肢もあったが、私が無難に選んだメンバーは、音速

の貴公子ティジャニ（ドライバー）、砂漠の料理人レミン（コック）、学生モハメッド（通訳）の3名だ。そして、立ち位置的には私が勇者（研究者）である。彼らと力を合わせ、バッタを倒しに行くのだ。今後、有望な人材に出会ったら、我がバッタ研究チームにスカウトしていこう。

学生モハメッドもミッションに行けるというので、シダメッドの部屋に呼んでもらい挨拶すると、コータローのゲストハウスでチームミーティングをしようと言う。てっきりチームの**顔合わせ**かと思い、他のメンバーにも集合をかけた。このミーティングが今後全てのミッションを運命づける重大なものとなるとは、まだ知る由もなかった……。

戦場の掟

全員が揃い台所のテーブルに座るなり、学生モハメッドが研究所の給料が安いと文句をつけてきた。

「こんな安い給料なんかじゃ生活を送れない。私たちは家族を養わなければならないのに研究所は私たちの生活を無視している。外国人に同行するとき、彼らはこの2倍の給料を払ってくれるけど、コータローはいくら出すのか？」

耳寄りな情報▼知っておくと得する情報のこと。逆に嫌な情報のことは、「耳障りな」。
顔合わせ▼初対面の人たちの集まり。

今になって考えれば、学生は研究所の正規職員の前では違法な給料の交渉ができないので、場を変えたことがわかる。私は人を雇うのも交渉するのも初めてだったが、外国人の相場価格でいかねば日本が貧乏だと思われてしまうと、つい見栄を張ってしまった。

「わかった。給料は2倍出す。それに普段のミッションだったら天引きしている飯代も全て私が出す。これでどうだ?」

満場一致で、皆、握手を求めてきた。金の価値は国によって異なるが、大人を一日１０００円で雇うことに気が引けていたので、2倍の給料でも妥当だと思っていた。このとき、ミッションは長ければ一週間にも及び、経費がかさむということに私は気づいていなかった。

私がバッタ研究チームの指揮権を握ることになるが、それは上下関係を作るためではなく、調査を円滑に進めるために行うまでのことだ。「仲良くやっていくこと」を研究チームの掟とし、給料は前払い制で3日分を支払った。翌日の出発に備え、コックがあらかじめ食材を買っておき、自宅に迎えに行くことにして解散となった。

チーム編成ができたので、次は物資の調達だ。ミッション中は砂漠で野宿をするので、キャンプに必要なテントやパイプベッド、枕、毛布、鍋釜、タイヤに至るまで、全て研究所が貸してくれる。ティジャニは研究所のドライバー歴17年のベテランで、数えきれないほどミッションに行っており、必要な物資を熟知している。彼と倉庫に行き、必要な物資を貸出許可書に記入し、係の人から物資を受け取る。きちんと貸出記録をつけなければ、物品は容赦なく職員にパくられ、街で転売されてしまう。かなり厳重な手続きは、研究所の黒い歴史を物語っている。

100リットルはある大きなポリタンクはガソリン用だ。砂漠にはガソリンスタンドがほとんどないため、自分たちでガソリンを持っていかなくてはならない。なるほど、日本のセルフスタンドよりも遥かにセルフだ。必要な物資を車に積み込み、ティジャニは帰宅した。

一人ガソリンスタンドを決行するティジャニ。日本ではガソリンの携行は違法なので真似はしないように

次は、自分の装備を整える。ノートにペン、温度計に懐中電灯など、フィールドワークに必要そうなものをリュックに詰め込む。実は、私はフィールドワークの経験がまったくないド素人だった。日本では実験室のみで研究しており、必要な装備がよくわからなかった。モーリタニアで研究機材を購入するのは難しそうなので、考えつくものを日本で手当たり次第に購入し、説明書を読まずに新品のまま持ち込んでいた。サハラ砂漠がデビュー戦というフィールドワーカーは、世界的にもそうそうおるまい。出発までに機材の説明書を読み終えることができないまま、翌日を迎えることとなった。

アフリカンタイム

寄せ集めの急造部隊で砂漠へと繰り出す日、ティジャニは時間通りに来たが、学生は寝坊し、家まで迎えに行くことになった。ティジャニと一緒に、まずコックの家に迎えに行くと、全然食料を買い込んでいなかった。すぐに出発する算段だったが、そこからぐだぐだと鶏肉やらタマネギやら食料を買いはじめる。一つのお店でまとめて買えばいいものを、ニンニクはこっち、ニンジンはあっちと、今はいらないこだわりを見せてくる。このルーズさは一体なんなのだ。

後日、ババ所長曰く、

「アフリカでは待ち合わせ時刻はあくまで目安で、待ち合わせ時間から一時間、ときに数時間遅れるのが普通だ。遅刻は怒られるようなことではない。アフリカにはアフリカ特有の時間が流れており、これをアフリカンタイムというのだ。日本人にしてみたら、なんのために時計をしているかわからんだろ？　ガッハッハ」

日本のように1分遅れたくらいで怒られるのも生きづらいが、ミッションで先行き不透明なアフリカンタイムをかまされるのも、たまったものじゃない。以降、本来の集合時間よりも一時間早く、時間を告げる処置をとることにした。ティジャニだけは時間通りに動いてくれるため、大変助かった。

研究所では、バッタがどこでどのくらい発生しているかを常に把握するため、砂漠のあちこちに調査部隊を送り込んでいる。各車両には2mもある無線アンテナが備え付けられ、砂漠の真ん中からでも無線通信を使って数百km離れた首都の研究所本部に、本日のバッタ情報を定期連絡している。大量のバッタが発見され次第、今度は殺虫剤を満載した防除部隊がバッタを**殲滅**させるために現場に派遣される。日本の国土のほぼ3倍の広さを100人たらずのスタッフでカバーしなければならない。単純計算すると、日本で6番目に大きい秋田県を一人で管理するような過酷なものだ。

今回の行先は、首都から250kmほど北上したエリアだ。舗装された一本道をひた走る。この道の途中で、バッタの発生地を発見した調査部隊と待ち合わ

ザ・一本道。目障りな棒は車についてる無線のアンテナ

寄せ集め▼適当にありあわせのものを集めたこと。「あなたは寄せ集めで呼びました」とか言うと、すごく失礼。
殲滅▼敵を全てやっつけることをカッコよく言うときに。

せをしていた。

街を出るとすぐに広大な砂漠地帯が広がり、高さ50㎝ほどの同じ種類の植物が申し訳程度に点在している。道沿いにはちょいちょい大破した車が取り残されているので、嫌でも緊張感が高まる。検問がところどころにあり、そこではいちいち停車し、研究所が作成した通行許可書を渡さなければならない。厳しい監視はテロリスト対策のためだ。通行許可書には、研究所の名称と乗員の名前が記載されており、あらかじめ研究所の事務に依頼して作っておいてもらう。研究所の車をはじめ、政府関係の車のナンバープレートは黄色だ。政府の車を他国に乗り逃げする悪い**輩**がいるので、政府関係車は一時停止が義務付けられている。一般車は検問係と軽く一言二言かわすだけで通過していく。

ティジャニが無線機に「シャビモビ、シャビモビ」と話しかけはじめた。「もしもし」的な現地語だろう。数回繰り返した後、応答があり、待ち合わせ中の調査部隊と交信をはじめた。

地平線の彼方に一台の車がポツンと見えてきた。バッタが発生しているエリアから我々を迎えに来てくれた調査部隊の車だ。舗装された道路に別れを告げ、彼らの後を追いかけて我々も砂漠の中へと進入していく。もう日は暮れかかっている。明るいうちにバッタの棲んでいる風景を拝みたかったが、アフリカンタイムのおかげで予定が狂ってしまった。

ミッドナイトミッション

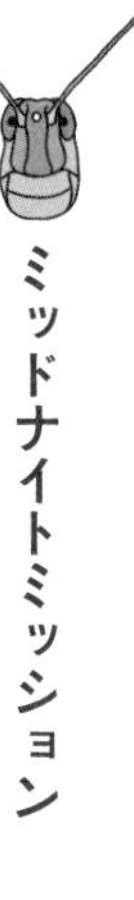

途中、車が柔らかい砂にはまったり、パンクしたりと地味な災難に見舞われながら野営地に到着した。すでに数匹のサバクトビバッタの幼虫を見かけており、今夜は彼らの**巣窟**の中で寝ることになるので興奮していた。ティジャニと学生はテントの設営、コックは料理に取り掛かった。日が落ちると、日中の猛暑が嘘のように急にひんやりしてくる。私は手持ち無沙汰なので、新品のヘッドランプとカメラを片手に幼虫の寝床に忍びよった（バッタには地を這う幼虫、空飛ぶ成虫、地下で身動きのとれない卵の三つのモードがある）。

　このエリアには名も知らぬ植物が3種類だけポツポツとまばらに生えている。地面にたむろしているバッタはおらず、必ず植物の中に潜んでいた。

　幼虫の体色にはバリエーションがあり、緑色や茶色、黄色の個体がいた。このカラーバリエーションはバッタの特殊能力の一つで、彼らは自身が生活している背景の色に体色を似せることができる。緑の植物が多いところでは緑色、枯れて茶色になった植物が多いところでは茶色になる。体色が背景に溶け込むことで、天敵に発見されにくくなるというメリットがある。

輩▼ガラの悪そうな連中のことを一言で言うときに便利。
巣窟▼悪者が住んでいるところをおっかなく言うときに。

闇に紛れるバッタの幼虫。必ずトゲの生えた植物に潜んでいる

バッタのうち、孤独相（普段見かける緑色や茶色のおとなしいバッタ）の幼虫はこの「忍者の隠れ身の術」を見せるが、群生相（仲間の数が増えたときに出現する凶暴なモード。後で詳しく説明する）はほぼすべての個体がおそろいで黄色と黒のまだら模様になる。ここのエリアは、バッタの数もさほど多くないので孤独相エリアだろう。どの色のバッタも感動的に美しく、あやうく失神しそうになる。

「いいねぇ、たまらないね。その横顔いただき！」と盗撮を続けるうちに、背景がいつも同じことに気がついた。幼虫はトゲが生えた植物にしか潜んでいないのだ。しかも、トゲ植物がある程度大きくなければバッタはいない。次第に、植物の大きさからバッタがいる株を予知できるようになってきた。

なぜトゲ植物の中にバッタが潜んでいるのだろう。**親身**になってバッタの気持ちを考える。バッタを捕まえようとするとトゲが邪魔になるので、武器を持たぬバッタが天敵から身を護るための戦略だと考えられる。

過去1世紀にわたるバッタに関する論文を読み漁ってきたが、バッタがトゲ好きだなんて聞いたことがない。一時間足らずの観察でさっそく論文のネタが見つかるなんて、さすがは現場。

野営地に戻り、論文発表をするために何をしたらいいのか研究のデザインをする。観察から「バッタはトゲ植物を隠れ家に選ぶ」と「同じトゲ植物でも大きい株を好む」という仮説が考えられた。これらの仮説を検証するためにどんなデータが必要か。①どの種類の植物にバッタがいたか、②バッタがいた植物といない植物の大きさ、の二つのデータが必要だ。

予想される結果を元にグラフを書き上げ、一報の論文として発表できそうなストーリーを考える。それを実現するために、実際にどうやってデータを採るべきか、実験スケジュールを組み立てる。この仮説が合っていようがなかろうが、得られたデータは発表する価値がある。やったことが確実に成果になる地味目の研究計画だ。俄然頭が冴えてきた。しかも、ひんやりして

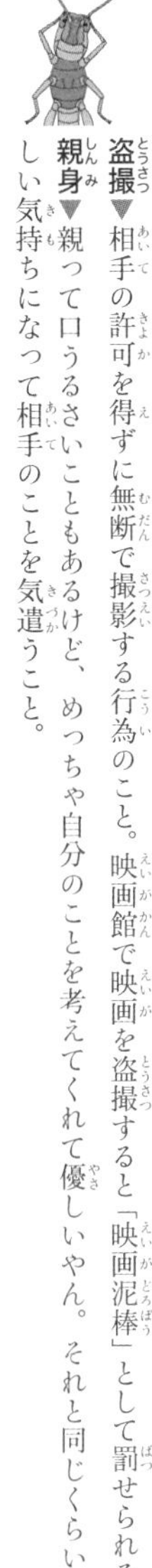

盗撮▼相手の許可を得ずに無断で撮影する行為のこと。映画館で映画を盗撮すると「映画泥棒」として罰せられる。

親身▼親って口うるさいこともあるけど、めっちゃ自分のことを考えてくれて優しいやん。それと同じくらい優しい気持ちになって相手のことを気遣うこと。

きたので、寒さに強い秋田県民の本領を発揮しながら研究できる。これはもうやるしかないでしょう。旅の疲れなどひっこんでな！　まずは腹ごしらえだ。

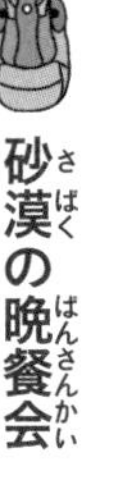

砂漠の晩餐会

コックが晩飯用にスパゲティを作ってくれた。ダッチオーブンのようなごつい鍋にオイルを多めに入れて10分ほど熱してから、鶏肉、タマネギ、ニンジンのみじん切りをぶち込み、すぐさま蓋をし、派手な音を立てながら炒めている。落ち着いたところでコンソメを投入。美味そうな匂いがただよってきた。このソースをスパゲティにぶっかけていただくのだが、期待を裏切らずに美味い。「トレビアン！（美味い）」を連呼し、コックを**労う**。フィールドワーク中は缶詰生活を覚悟していただけに、砂漠のど真ん中で手の込んだ料理を食えるとはなんと贅沢なことか。フィールドワークは体力勝負なので、飯をたらふく食わなきゃならんから、コックを雇って大正解だ。

ティジャニは運転、コックは料理と、皆がそれぞれの任務を全うしてくれた。お次は私、研究者の出番だ。

学生モハメッドに研究の模様を紹介しようとしたのだが、明らかにかったるそうだ。少し手伝ってくれるも、すぐにテントに戻っていってしまった。ようやく、憧れのファーブルと同じ

盛り付け中のコック。日本でも砂漠料理を食べたかったら、せっかくの料理に砂を一つまみ入れるとよろしい

舞台に立てた私は、喜びに包まれながら、もくもくとデータを採り続ける。

「いきなりバッタも**観察**できるし、データも採れるし、アフリカに来ていがったなぁ」

自分が選んだ道が大正解だと疑う余地はなかった（初日のフィールドワークの模様は拙著『孤独なバッタが群れるとき』〈東海大学出版部〉に詳しい）。

悪魔の行進

深夜遅くまで作業していたため、ほとんど眠れていないが、テントの外が騒がしくて起きてしまった。朝飯は固くなったフランスパンにチーズ、ミル

労う▼何か一仕事してくれた人にかける感謝のこと。人として大切な行為の一つ。労い上手は、人に好かれて出世する。

観察▼ただぼんやりと見るのではなく、何か注目すべき事柄に集中して見逃さないように全神経を尖らせて見る行為のこと。研究者として最も大切な行為の一つ。

クで簡単に済ませ、速やかに出発する。今日は、もっとバッタがいるエリアに行くことになっていた。途中で、そちらのエリアを担当している調査部隊と合流する予定だ。ＧＰＳを手掛かりに合流地点に向かう。

余談だが、ＧＰＳとは、人工衛星を利用して自分が地球上のどこにいるかを正確に割り出すシステムのことだ。地図上で移動の軌跡を記録でき、行きたいところの緯度と経度を入力すると道案内をしてくれる。カーナビにも使われており、道なき砂漠の道案内として重要なアイテムだ（ちなみに、この本では度々余談をして話の腰を折りまくる予定です）。

数㎞走ると植物の種類がガラッと変わり、見かけるバッタの数が多くなってきた。昨夜のエリアは砂漠のほんの一点に過ぎないことを思い知らされる。全てがわかったかのように振る舞うのは危険であり、新人として気を引き締めていかなければ思わぬ落とし穴にはまってしまう。

突然ティジャニが車を停めた。指をさすその先には、見慣れぬ植物が生えていた。目を凝らすと、黄色と黒のまだら模様になった幼虫が３００匹ほど群がっている。捕虫網で捕獲し、外見をくまなく眺める。紛れもなく、サバクトビバッタの群生相だ。群生相はバッタの数が多いときに現れ、大発生の前兆となる。

「へー、これがサバクトビバッタの群生相か」

と感心している学生モハメッド。え？　ちょっと待て、ミッションには何回も来たことがあるって言ってたような……。さりげなく聞いてみる。

「モハメッドはミッションに来るの何回目?」

「今回が初めてだよ」

彼はモーリタニア在住なので、砂漠でサバクトビバッタを何度も見ているものだと思っていたが、初めてとは私よりも素人ではないか。

後に発覚したのだが、彼が言っていた、外国人研究者は研究所の2倍の給料を支払うといった事実はなく、そもそも彼は一度も外国人に雇われたことはなかった。だが、秋田県民に特有の見栄っ張りで、給料を下げることができず、私はティジャニを2倍の給料で雇い続けるハメになってしまった……。

合流地点に近づくにつれ、あちこちで群生相化した幼虫の小規模の群れが発生している。群生相化したバッタはお互いに惹かれ合い、群れる習性がある。小さい群れが続々と合流して巨大な群れを形成していてもおかしくない。

無線連絡が入り、ひときわ大きい群れを見つけたという。その地点に向かうことになったが、砂漠の真ん中には標識などない。一体どうやって辿り着こうというのか。ティジャニは進路を変え、一目散に待ち合わせ場所へと向かい、見事に辿り着いた。驚異的な方向感覚を発揮する、さながら人間GPSだ。

余談▼本筋とは関係ない話のこと。こぼれ話。本の中で、余談のほうが本編よりも面白いことがよくあるが、余談が多すぎると話が進まずウザい。

群生相の幼虫の群れ。至近距離で撮影するためには、先回りして待ち伏せするのがコツ

バッタに忍び寄る（撮影：ティジャニ）。私の写真が出てくるときはティジャニか三脚が撮影してくれている

合流した調査部隊の隊員が指差す方向に行くと、縦横30mほどの黄色いじゅうたんが地面を動いている。群生相の幼虫が、一斉に同じ方向に向かって行進しているではないか。群生相に特徴的な「マーチング」と呼ばれる行動だ。生で見られた感激のあまり、泣きそうになった。

　写真を撮ろうと歩み寄ると、幼虫は慌ててジャンプしながら逃げていく。離れられると近づきたくなるのが人情で、なんとか接近して盗撮したい。群れが歩いていく方向に先回りし、地面にうつぶせになってカメラを構えて待ち伏せすることにした。身動きせずにじっと待ち構えていると、大群が押し寄せてくる。私に気づくことなく目の前をバッタが悠然と行進していく。説明書を読み切れていないビデオカメラを作動させ、ムービーを撮ってみるも、うまく撮れているかしら。あらかじめティジャニにデジカメを渡しておき、私が地べたに寝そべってバッタと急接近する証拠写真を撮ってもらった。

　昨日は孤独相、今日は群生相。私はなんとツイているのだろう。十分に撮影できたので、お次は彼女を浜辺で追いかけるように、群生相を執拗に追いかけ回し、逃げ惑うバッタたちと**戯れる**。なんと贅沢なひとときだろうか。怯えるバッタも愛おしい。しかしながら、この幸せな時間を私だけの思い出にしておいては、人類から**妬まれる**恐れがある。少しでも幸せをおすそ

戯れる▼誰かと一緒に遊ぶことを上品に言うときに。動物や綺麗なお姉さんと遊ぶときによく使われる。
妬まれる▼羨ましさのあまり、他人を恨むこと。自慢話をしまくると友達から妬まれるから注意しよう。

分けしなければ。そう、論文という形で。

「この先にバッタがたくさん発生しているエリアがあり、そっちに研究所の前線基地がある。まずはそこに行こう」とお声がかかった。そちらのエリアでは、我々に防除の模様を披露するため、殺虫剤の撒布を待ってくれていた。それにしても、サハラ砂漠はなんて楽しい場所だろう。次から次へとウキウキが訪れてきて**胸の高鳴り**をおさえるのが大変だ。

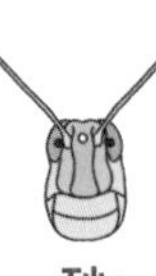

砂漠のおもてなし

前線基地は、真っ白いテントが二つ、トラックが一台たたずんでいるだけのものだった。各防除部隊への殺虫剤の支給など、この辺りの重要な補充拠点となっている。

基地の皆と握手して挨拶する。バディと名乗るリーダーを筆頭に、皆、日焼けした顔に真っ白い歯が光り、笑顔がまぶしい。まずは昼飯をご馳走していただけることになった。長期滞在中の砂漠で、スタッフは一体どんな料理を食べているのだろう。

テントを張るための紐には、真っ赤な肉片が飾り付けられ、まだ血がしたたり落ちている。テントの中を覗くと、ヤギの生首がボールの中に無造作に置かれていた。私のために、わざわざヤギをさばいてくれたようだ。モーリタニアではヤギは最高のご馳走なので、砂漠の中なのに最上級のおもてなしで歓迎してくれていることになる。かたじけない限りだ。

砂漠では水が貴重なので、手を洗うのにも一工夫が必要だ。手洗い専用のジョウロとバケツをセットで使う。通常、下っ端がジョウロ係を務め、ジョウロから解き放たれる一筋の水で2、3人が同時に手を洗う。上下関係があり、下っ端は上の人が洗った汚れた水で手を洗うことになる。限られた資源を有効に使う生活の知恵だ。人々が念入りに手を洗うのは、モーリタニアでは手づかみで料理を食べるからだ。

ヤギ肉でテントをオシャレに飾り付け

お言葉に甘えてテントに敷かれたゴザでくつろいでいると、臓器そのままの丸煮込みが盛られた大皿が運ばれてきた。さっきのヤギに違いない。みんなで輪になり大皿を囲む。大学の畜産学の授業で家畜の臓器について勉強したが、見覚えのない謎の器官も含まれている。「タジン」と呼ばれる料理で、豪快なホルモンミックスだ。

熱々なのだが、皆、手づかみで食べはじめる。骨に

胸の高鳴り▼好きな子を見てドキドキしているときに胸に手をあててごらん。それが、「胸の高鳴り」。

ヤギ肉の盛り合わせ。ナゾの臓器が含まれる豪快なホルモンミックス

付いてる肉は、ナイフ係がそぎ落とし、小分けにしてくれて、色んな部位を堪能できる。獣臭さはほとんどない。日本の柔らかい肉を食べてきた軟弱な顎にはいささか噛みごたえがあるが、どれもこれも美味い。「こっちの肉も食え」と、皆が私の前に肉を放り投げてくれる。シンプルに塩で味付けされており、ホルモン好きにはたまらない。

一通りの臓器を食べたところで、一番のお気に入りは骨の周りの肉であった。肉を骨からはぎ取ろうと爪を立てるが、どうも難しい。格闘していると、気に入ったと思われたのだろう。「もう、手じゃなくて口でダイレクトにいっていいぞ。その肉はお前のものだ」と、身振りで示してくれたので、肉が歯に挟まるのも恐れずにしゃぶりつく。気づくと、みんなの唇が脂でテカテカになっている。先ほどまでカサカサだった私の唇もしっとりしている。なるほど、砂漠ではヤギ脂がリップクリーム代わりになっているのか。

さらに肉入りの炊き込みご飯が出てきた。皆は相変わらず手づかみだが、炊きたてのご飯は殺人的な熱さのため、私は手が出せない。物欲しそうな顔で見つめていると、スプーンを貸してくれた。脂でギトギトの手でスプーンをにぎり、肉飯を口に運ぶ。白いご飯が欲しくなるほど濃厚な炊き込みご飯だ。

皆で輪になり手づかみで食事。おこげは「クラタ」と呼ばれ、争奪戦が繰り広げられるほど人気

後日、作り方を見学したところ、骨をかち割って中のトロトロの髄を一緒に炊き込んでいた。豚骨ならぬヤギ骨スープが隠し味になっていたのだ。

モリモリいただくが、一人だけスプーンで食べていて、なんだか恥ずかしい。いずれは手づかみできるようにならねばと、チラ見をして他の人たちの食技を盗むことにした。

彼らは鷲づかみにしたご飯をダイレクトに口に運ぶのではなく、手のひらの上で何度も軽く空中に放り投げて団子を作り、一口サイズにしてから食べている。片手でおにぎりを握るような感じだ。そのうち、団子を作るための放り投げ回数が人によって違

堪能▼心ゆくまで満足すること。

うことに気がついた。若い人は19回、中年2人は16回と12回、おじさんは8回。歳をとるほど無駄な動きが省かれ、握る回数は減少傾向にある。これは熟練の寿司職人ほどシャリを握る回数が減っていくのに似ている。

「5手を4手に縮めて握りのスピードを上げるのに、5年の修業が必要だといわれている。その4手を3手にするのに、さらに5年」(**『将太の寿司』**「起死回生!? エビ握り対決編」寺沢大介著、講談社)。

一番年配のじいさんが何手で握るか気になり見ていると、最少の3回! なんという熟練の技。よほど食い意地が張っているのかと思いきや、噛むのがやたら遅く、せっかくの早業を台無しにしていた。

食べ終わるとジョウロ係が再登場。ここでも水を節約する工夫があった。各々手洗いをする前に、極限まで右手をペロペロと舐めて綺麗にしてから洗うのだ。大人がこぞって自分の手を総ナメするシーンは迫力がある。手に付いた脂を落とすには大量の水が必要になりそうだが、粉洗剤でゴシゴシやればすぐに落ちた。

食後には「タジマ」と呼ばれる茶色く濁ったジュースが出された。バオバブの実を乾燥させた粉と砂糖を水に溶かしたもので、消化を助けてくれるそうだ。梨に似たフルーティな味わいで、

各地に散らばる調査隊の基地

脂ぎった口の中をさっぱりさせてくれる、食後のデザートにぴったりだ。砂漠のフルコースを大いに堪能した。

基地のリーダーのバディ（バッタ防除歴20年）に、最近のバッタ情報を聞く。通訳は学生モハメッドだ。今年はモーリタニアで広範囲にわたってバッタが発生し、監視を続けているため、かれこれ9カ月もこの基地に単身赴任しているそうだ。

砂漠はどんな感じかと雑な質問をすると、「砂漠に来ないと砂漠のことはわからない」という、**意味深**な言葉をもらった。世界中の研究者が誰も知らないバッタのことを、きっとこの男は知っているはずだ。言葉を覚えられたら知識の宝箱を開けることができるが、今は自分なりに砂漠を感じるしかない。そのためにもこれからは、頻繁にこの身を砂漠に投じよう。この近くでまだ防除していないエリアがあり、そちらにも群れがウヨウヨいるそうで、案内してもらえることになった。

『将太の寿司』▼主人公がどんなつらい目に遭っても、決してくじけず、必死に考え抜いて問題解決をしていく。人生を歩む上で大切なことを「寿司」を通じて教えてくれる大切なマンガ。

意味深▼全てを語っていないが、なにやらもっと深い意味がありそうなことを略して意味深と言う。

殺虫剤のドラム缶を積んだ防除部隊が先導した先には、これまで見た群れの中でも最大級のものが大地を覆っていた。こちらのエリアまで防除の手が回らなかったため、小さい群れがどんどん合流し、ここまで大きくなったのだろう。

これから目の前で殺虫剤の撒布を披露してくれるという。バッタが**蹂躙**されるシーンも**喉から手が出るほど**見てみたいが、その前に腰を据えてじっくりバッタの行動を観察したい。もし面白い発見ができれば、論文のネタになる。私たちは明日研究所に帰る予定なので、時間はたっぷりとある。日本に手ぶらで帰るわけにはいかないので、まずは成果を上げ、心の余裕を手に入れたい。

我がチームメイトにこのまま滞在を延長できるか聞くと、食料や燃料は多めに持ってきており、あと４日はもつとのことだ。チームメイトたちも明日以降の予定はしばらく空いており、帰ってから給料を支払うということで、ミッションの延長を承諾してくれた。

「こいつら殺すの待って！　研究したいわ！」

勇姿を見せる気だった防除部隊に肩すかしをくわせてしまい申し訳ないが、観察が終わり次第、速やかに防除するということを条件にＯＫをもらった。

目の前にいる大量のバッタは全部私のものだ。こんな贅沢なシチュエーションでどんな研究をしようか。これから2年間で行う予定の研究計画書はあらかじめ作成していたが、群生相の幼虫を研究する計画は含まれていない。日本では計画書通りに研究を進めないと、遂行能力が欠如した「劣等生」の烙印をすぐさま押されてしまう。だが、ここはアフリカだ。日本でやっていたように計画に縛られると、目の前の大切なものを逃してしまう。今回は、番外編として研究することにした。

予測が立たない研究課題に対しては「無計画」で臨んだほうが対応しやすそうだ。ただ、手当たり次第というのでは芸がない。こだわりポイントとしては、実験室でもできるような研究ではなく、現場でしかできない、地の利を活かした研究を心がけること。

まずは面白そうな現象がないか情報収集をすることにした。研究の本番までは、大群にはありのままの姿でいてもらいたい。なので、最大級の群れには近づかず、まずは小規模の群れを使って、何か面白い研究テーマがないか探ることにした。

このエリアには主に3種類の植物が生えているが、孤独相は3種類中一種類の植物にだけ潜

蹂躙▼踏みにじり徹底的に倒すこと。正義の味方の行為には使われず、悪者が一方的に圧勝するときに使われることが多い。

喉から手が出るほど▼普通は「欲しい」が続くが、あえて「見てみたい」と続けることで、気が狂うほどバッタを見たいことを読者に伝えるための言葉のイタズラ。

植物に群がるバッタ。砂漠に黄色い花が咲いたよう

んでいた。ところが、群生相はこだわりなくどの植物にも群がっている。

近寄って観察しようとするとバッタは逃げるが、執拗にストーキングを繰り返すうちに、大きく分けて2通りの逃げ方があることに気づいた。幼虫が群がっている植物に向かって歩いていくと、彼らは跳びはねて外に逃げるか、その植物の中に逃げ込むか、どちらかなのだ。傾向として、群がっている植物が小さいと逃げ出し、大きいと植物の中に逃げ込む。後者の場合、植物を防御シェルターとして利用しているようだ。シェルターの質に応じて逃げ方を変えるのは理に適っている。立て籠もる城が心許ないときは、城を見捨てて速やかに逃げ去り、一方、城が堅固なときは籠城する、戦国時代の戦いに通ずるものがある。傾向が見えてくると仮説がひらめく。

「群生相の幼虫は、群がっている植物の大きさに応じて逃げ方を変える」

バッタを大量に捕獲したい私にとって、彼らに逃げられるのが悩みの種だ。今ここで彼らの逃げ方に関する情報を手に入れることができれば、今後の採集効率は飛躍的に向上するだろう。よし決めた、バッタの逃げ方を研究しよう。こんな大量のバッタを実験室で飼育できるわけはない。ここでしか研究できないという地の利を活かそう。設営したテントに戻り、コックが入れたお茶をすすりながら研究計画のデザインをはじめる。

必要なデータは三つ。まずは、①植物上の群れの個体数。仲間が多ければ強気になって逃げなくなるかもしれないので、あらかじめバッタが大体何匹いるかチェックしておく。次は、②逃げ方。植物から逃げるか、留まるか。そして、③シェルターの質の判断基準として、群れが留まっている植物の種類と大きさ。これらのデータを収集できればバッタの逃げ方のパターンを解明できる。

逃げ方を観察する方法だが、実験室だったら、ロボットかなんかで同じスピードでバッタに近づくというような精密なアプローチが望ましい。だが、ここは砂漠なので人力で勝負だ。

科学として認められるのは、「他の研究者が同じように実験をしても同じ結果が再現できるも

バッタが潜んでいる株に接近中。ほとんどの幼虫が株の中に逃げ込んだ

の」だけだ。つまり、いつか誰かが私の観察を確認しようとしたときのことを考え、誰にでもできる手法で統一しておく必要がある。また、論文は英語で執筆しなければならず、複雑なことをすると英語での表現が難しくなる。そのため、シンプルな方法を採用したほうが、後々の自分のためにもなる。

そこで、バッタにアプローチする際の服装にもこだわることにした。ストーキング役の学生には全身白装束になってもらい、私の指示で歩いてもらうことにした。私は観察役に徹する。

ターゲットを見つけたら、まずは群れの大きさを小さいものから大きいものまで5段階に分けて記録し、サッと手を振ると、バッタが群がっている植物に学生がゆっくり歩み寄る。私はバッタの逃げ方を観察し、その後でその植物の縦横高さを巻尺で測定する。これをひたすら繰り返せばよい。

大量のバッタがいるおかげで、地平線の彼方まで実験し放題だ。ファーブルが活躍していた時代と同じように、特別な機械に頼らずとも工夫次第で知りたいと思ったことが知れるのだ。

スタコラ逃げてくバッタたち

しばらく観察を続けると、感覚的にだが、仮説を支持するデータが採れつつあるようだ。しかしながら思い込みは厳禁。あくまでも客観的に実験を進めることにする。

初めてのフィールドワークにビビってたけど、意外とチョロイではないか。すっかり調子に乗っていたが、この油断が後で悲劇を招くことになる。

暗黒砂漠の命綱

砂漠の日中はとにかく暑い。日陰に逃げてもドライヤー並みの熱風が襲ってくる。日本では35℃を超すと死者が出るところ、こちとら45℃を超えている。秋田県民ならいつ死んでもおかしくない気温だ。あまりの暑さに汗は垂れる前に蒸発していく。

14時あたりが一番暑くなり、とてもじゃないけど日向にはいられず、テントの中に避難する。テイジャニたちはこのくそ暑い中、毛布にくるまっていびきをかいている。さすがは砂漠の民。

私は昼寝どころではない。体に水をこすりつけるとすぐに蒸発し、すうっと冷たくなる。ペットボトル片手にチビチビと全身に水をこすりつけ、クールダウンに努めてやり過ごす。地温は60℃を超え、さすがのバッタも焼け死んでしまうため、植物に避難している。猛暑の時間帯は一時休戦することにした。

私は日本からコールマンのクーラーボックスを持ってきており、今回のミッション用に、水を凍らせたペットボトルを詰めてきた。おかげで砂漠でも冷たい水を飲むことができた。少しでも体を冷やそうと水を頻繁に飲むので、腹はダボダボ。喉は渇くのに、胃の中は水風船状態だ。水だけだとどうも吸収が悪い。甘い飲み物のほうがよさそうだ。

後日、街のマーケットでマンゴー味の粉ジュースを買い込み、岩塩を加えたお手製のスポーツドリンクを開発した。色的にもエネルゲンそっくりで効率よく吸水できるようになった。

夜になると気温は一気に下がる。日中は40℃オーバーなのに、夜は15℃近くまで下がり、昼間からの温度差のためやたら寒く感じる。フリースの上に、ネーム入りのウインドブレーカーを羽織る。万が一砂漠で野たれ死んだとき、名前入りの服を着ていれば身元が特定しやすいだろうという、私なりの気遣いだった。

昼の観察に続いて夜間観察も行うことにした。日本にいたとき、夜遊びに勤しんでいた私にとって、夜間観察はフィーバーできた。淡い月光に照らされたバッタは艶っぽくも美しく、鼻の下を伸ばしながら深夜の密会に興じる。

興味深いことに、夜になるとバッタは逃げるのをサボりはじめた。皆、その場に留まっている。これまた新発見だ。夢中になってデータを稼いでいたら、知らぬ間に月が雲の後ろに隠れ、辺りは闇に包まれていた。

そろそろ休憩しに戻ろうとしたとき、野営地の場所を完全に見失っていた。

「あれ、どっちから来たっけ。つーか、テントがねーじゃん！」

迂闊にもバッタの色気にのぼせ上がり、帰り道がわからなくなっていた。野営地からはほんの数百ｍしか離れていないつもりだったが、勢い余って数kmも歩いていたのだろうか。それとも、まさかティジャニたちが夜逃げしてしまったのか。星も出ておらず、完全に方向感覚を失っている。この辺りは砂地が少なく、足跡もはっきりと残っていない。地面に座り込もうものなら、得体の知れない毒虫が襲ってくるにちがいない。休むこともできず、進むべき方向もわからず、ただ呆然と立ち尽くす。暗闇に取り残され、不安だけが募っていく。

人生で初めての遭難、何をすればよいのか必死に思い出す。そうだ、困ったときは助けを呼ぼう。大声でティジャニを呼ぶ。すると、異変に気づいたティジャニがライトをつけてくれて、ようやく野営地に戻ることができた。なんてことはない、たった２００ｍしか離れていなかった。

真っ暗な夜は遊牧民でも遭難するという。いやはや恐ろしい目に遭った。調子に乗ると危ない。もっと慎重にやらなければ命を落としかねない。

闇の中では光が命綱になる。こうすると、夜に砂漠に繰り出すときには、車の屋根に灯台代わりのランタンを置くことにした。こうすると、平坦なところでは3km離れてもテントの位置がわかる。さらにランタンが沈黙したときに備えて、星座をチェックし、常に方角を意識するという保険を掛けるようにした。

初めてのフィールドワークは何をしても新鮮で楽しかった。体力と物資が尽きるまでひたすら作業を続け、4泊5日の日程を終えた。

歯磨木

調査費用7万円をかけたかいがあり、デビュー戦から会心のミッションができた。意気揚々と帰路につく。

5日間風呂に入っていない男4人が乗った車内は異様な臭いで満たされ……と思いきや、乾燥しているのでそれほどでもない。水を浴びると悪臭が目を醒ますだろうけど。

順調に車を飛ばしていたら、急に路肩に停まり、コックが道端の木の枝を採ろうとしている。謎の行為の理由を訊くと、枝で歯磨きをしたいそうだ。どの木でもいいわけではなく、専用の「歯磨きの木」があるという。そこから直径1cm以下の細い枝を数本採ってきて、10cmほどの長さに折る。ナイフで先端の樹皮を削りとり、先を噛みほぐしてブラシ状にしてから歯をゴシゴシする。こうして皆一斉に歯磨きをはじめた。私は普段は超音波電動歯ブラシを使っているが、調査中はくたびれた市販の歯ブラシだったので磨き残しが気になっていた。さっそく

歯磨きの木の枝をへし折るコック

野生の歯磨木（作：運転中のティジャニ）

この「歯磨木」を試してみると、なんという磨き心地！　歯垢を根こそぎ落としていくため、強烈に歯がツルツルになった。2万円の電動歯ブラシをも凌駕するブラッシング力だ。この木（*Maerua crassifolia*）の成分には抗菌物質が含まれ、実際に虫歯予防になっているそうだ。

しかしながら、木の枝は硬すぎる。ほぐれた木片が容赦なく歯茎に刺さり、ブラシは真っ赤に染まってしまった。慣れてきたら血は出なくなるというが……。ほぼ凶器だが、こいつを使いこなせたら歯磨き用の水を節約できる。なんとか習得して次回から調査のお供にしよう。

街中でも、枝の節を削り落とした20cmほどの歯磨木が売られている。定価などあってないようなもので、5ウギアで一本くれる。ゴザに歯磨木を並べ、注文するとその場で削ってくれる職人もいる。老若男女問わず、かなりの人がシーハーしながら歩いており、中にはノーハンドで口の中でモゴモゴやって歯を磨いている達人もいる。日焼けした肌に白い歯がやたら際立つと思っていたが、この歯磨木が一役買っているのではなかろうか。

魅惑の砂漠

フィールドワーク歴5日にして、フィールドの魅力に気がついた。

室内実験をするためには、まずバッタを育てなければならない。毎日、畑から新鮮な草を刈ってきては与え、飼育ケージの掃除をする必要があるなど手間暇がかかり、おまけに成虫になるまで一カ月弱かかる。

　ところが、フィールドだと、現地に行けば研究の準備が全て整っており、後片付けをしなくてもいい。あれだけ大量のバッタを準備するとなったら、体育館ほどの大きさの施設で、気が遠くなるほど労力をかけなければならない。フィールドワークはすさまじく大変だと聞いていたが、実験室で研究していても大変さは同じだ。もしかしてフィールドワーカーたちが口をそろえて大変だと言っていたのは、室内研究者をフィールドに寄せ付けないための陰謀だったのではないか。

　フィールドでは、モノサシ一つでデータを採るローテクスタイルが威力を発揮した。モノに頼らないので、いつもと変わらないパフォーマンスを安定して発揮できる。何も取り柄がない自分だったが、フィールドワークを苦に思わないのが取り柄になるかも。このサハラ砂漠こそが自分が輝ける舞台なのではないだろうか。この調子で新発見をしていければ、論文も着実に出せるだろうし、念願の昆虫学者になることも夢ではなさそうだ。探し求めてきた自分の進むべき道が見えはじめていた。

第2章　アフリカに染まる

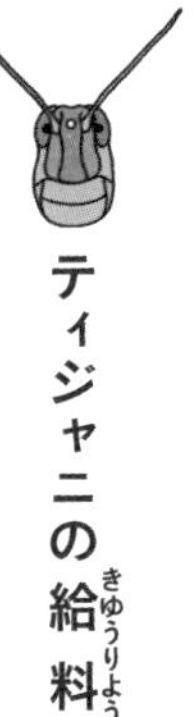

ティジャニの給料

時は最初のフィールドワーク以前に遡り、ティジャニと初顔合わせした日。買い物を済ませて研究所に戻ってくると、ティジャニがモジモジしだした。私に何かを伝えたいようだが、まったくわからない。何か重要な話かもしれないので、ババ所長に通訳を頼もうとすると、必死に止めてくる。どうもおかしい。

何やら妙案を思いついたらしく、携帯電話を取り出し、誰かに電話をかけ、話し込んだ後でこちらに差し出してきた。相手は英語が堪能な友達のモハメッドで、ティジャニは彼に通訳を依頼したのだ。

モハメッドによると、ティジャニは月給の交渉をしたいという。てっきり研究所が彼の給料を払ってくれていて、ミッションのときだけ雇えばいいと思っていたのだが、私がフルタイムで雇わなければいけなかったのか。

その夜、ティジャニの給料の交渉のために、モハメッドの家に行くことになった。私としては、英語が話せる研究以外のプライベートな友達が欲しいという事情もあった。

街灯がほぼない、薄暗い路地裏のコンクリート造りの家に辿り着く。細身のモハメッドは笑顔溢れる青年で、アメリカ大使館で警備の仕事をしているそうだ。

豪快なオープンカー

さっそく本題に入る。

「コータローがティジャニに月給6万ウギア（2万円）出したら、いつでも好きなときに好きなだけ運転するぞ。これはタクシーを使うよりかなりお得だぞ」

モーリタニアのタクシーには2種類あり、日本のように乗客が望む目的地まで連れて行ってくれるものと、決まった道しか走らない乗合いバスのようなものがある。前者は高額だが、後者は一乗り100円ほどと安い。安いが、直線しか走らないため、目的地に辿り着くまでには何台も乗り継ぐ必要がある。おまけにドライバーはひとつ走りでできるだけ稼ぎたいので、道で乗りたそうにしている人たちを手当たり次第に詰め込む。そのため、普通車の後部座席には、成人男性

4～5人が密着している。「何人乗り」という概念はなく、スペース的に乗り込めなくなったら、そこが定員数となる。

「ティジャニをドライバーとして雇ったら好きなだけ曲がれるぞ。こんなウマい話は他にはないぞ。ティジャニはこれから研究所から給料がもらえなくなるから、コータローだけが頼りになる。どうか考えてみてくれ」

と、ティジャニの**期待を一身に背負った**モハメッドが熱弁をふるう。

モーリタニアの給料の基準は知らなかったが、大人一人を月2万円で雇えるなら安いと思いOKを出した。喜びを爆発させるティジャニ。「メルシー」を連呼する。

だが、後に発覚するが、ティジャニは研究所からも給料をもらっており、私を騙して給料の二重取りを画策したのだ。ババ所長にバレてこっぴどく叱られ、研究所からの給料が一時カットされるのは2年後のことだ。

学生モハメッドのときもしかり、研究所を通さず、個人的に金銭が絡んだ取引をするときは、皆、大体良からぬことを企んでいる。揉め事を起こさないためにも所属機関をきちんと通し、正規の手続きをとる必要がある。

とはいえ、専属ドライバーを2万円で雇えるのはありがたい話だった。ただ、言葉が通じないのが大問題だ。コミュニケーションがとれなければ仕事にならない。はたして、私のジェスチャーはこれからどれだけ表現力豊かになっていくのだろうか（残念なことに、フランス語を極めようという考えはなかった)。

友情の民族衣装

朝飯は毎朝、ティジャニが焼きたてのパンを買ってきて、一緒にゲストハウスで食べるようになった。ティジャニはクロワッサン、私はチョコが入ったサクサクのパンが定番だ。モーリタニアはフランス領だったこともあり、パンが抜群に美味い。インスタントのネスカフェコーヒーがお供だ。ティジャニは砂糖をたっぷり入れるが、私は無糖派だ。

もともとは微糖派だったが、朝飯初日、手元に砂糖がなかったのでブラックで飲んだところ、ティジャニが「コーヒーに砂糖を入れずに飲むなんて信じられない」と尊敬のまなざしで私を拝んできた。なので、その日以降、**大人の威厳**を見せつけるために、コーヒーはブラックで飲むことにした。新しい環境に来たので、舐められてはいけない。

イスラム圏ではヒゲは大人の男の象徴で、ヒゲが生えていないと子供だと思われると本に書

期待を一身に背負う▼「あいつならきっと成功するはず」と、周りからやたらと期待されまくっている様子。オリンピック前の選手が受けるプレッシャーのこと。

大人の威厳▼思わず尊敬してしまうほどの力のことを「威厳」という。例えば、サンマの内臓の苦いところとかピーマンを平気な顔で食べられるようになったら「大人の威厳」が身についてきた証拠だ。

いてあった。なので私は、モーリタニアに渡る前からせっせと口ヒゲをたくわえ、成人男性を装っていた。

とある朝、ティジャニが深刻な顔で訴えかけてきた。困っていることだけはわかり、友人のモハメッドに電話すると、「バッタ研究所がティジャニをコータローのドライバーからクビにして、別のドライバーにしようと画策している。コータローもティジャニがいいんだろ？　なんとか研究所を説得してティジャニを雇い続けてくれ」とのこと。

なるほど、失業の危機にさらされているわけか。ティジャニも必死になって私と一緒に仕事をしたい旨を訴えている。よほど私（給料）が気に入ってくれたようだ。

研究所には30名ほどのお抱えドライバーがおり、ティジャニが「コータローは2倍の給料を払ってくれるんだぜ」と自慢しまくったところ、ドライバーたちが「ティジャニの代わりにオレを雇え」と人事マネージャーに殺到。私の知らない間に熾烈なコータロー争奪戦が繰り広げられていたらしい。そして、マネージャーと一番親密なドライバーが、ティジャニの代わりに私のドライバーになろうとしていたという。

他のドライバーの腕も気になるが、ティジャニはとても気が利くし、今のところ問題はない。むしろ彼の男気は見事なものだった。モーリタニアでは外国人は珍しいようで、私が街中を歩くとほとんどの人からジロジロ見られる。ティジャニもできることなら、得体の知れない外国人なんかと一緒に仕事なんかしたくないだろう。にもかかわらず、率先して私と一緒に働きたがってくれている。給料がいいと知って「オレを雇え」と後から言う人たちより、よっぽど信用がおける。

　そこでババ所長に、このままティジャニを私の専属ドライバーとして雇えるように掛け合った。ババ所長はこの騒動を知らず、すぐさまマネージャーに電話をして説得し、ティジャニが引き続き私のドライバーを務めることになった。台所でふさぎ込んでいるティジャニに問題が解決した旨を告げると、「メルシー」を連呼し抱きついてきた。

ティジャニがプレゼントしてくれた民族衣装のダラー。青色と白色の２タイプがある。手を広げるとラスボス感が出てくる

　翌朝、ゲストハウスにやってきたティジャニが、モーリタニアの男性用の民族衣装「ダラー」を私にプレゼントしてくれた。さっそく袖を通すと、確実に大きい。だが、この心意気のなんと嬉しいことか！　そのまま研究所を練り歩くと、皆、私の民族衣装姿に驚き、「おおお、モーリタニア人よ！」とひやかしてくる。それを見てティジャニも誇らしげだ。

　言葉の壁を超え、危機を回避できたことで、私とティジャニとの間には雇用関係を超えた友情が芽生えた。

口は災いのもと

その日、私は研究者としてのデビュー戦を控えていた。あいにくババ所長は緊急の出張で不在だったが、研究所のスタッフが7人集まり、立派な会議室で研究紹介をすることになっていた。書記係もスタンバイしている。

世界のバッタ研究の情勢として、これまでのバッタに関する情報は実験室内で得られたものがほとんどで、野外でバッタを観察したものは極めて少ない。実験室で得られた知識が、必ずしも野外のバッタに当てはまるとは限らない。莫大な量のバッタ研究が成されてきたにもかかわらず、バッタが野外で何をしているのか、未だに謎なのだ。

そこで、今回の滞在では、サバクトビバッタを野外でひたすら観察して、彼らが砂漠でどうやって生き延び、そして大発生するのか、その謎を解き明かすことを目的としている。その思いのたけをプレゼンテーションでぶつけた。皆、真剣に聞いてくれていたが、実際には一部の人は静かに怒っていた。

発表日のしばらく前に、とある国の研究者が提唱しているバッタのフェロモンを使った新しい防除技術は役立たない、という話をキースさんから聞いていた。さっそくその話を盛り込んだのがいけなかった。実は研究所の職員の一人が、以前にその研究者と一緒に研究していたことがあった。彼にしてみれば、自分の研究一派がバカにされたのも同然だ。発表終了後、彼が強く反論してきた。

「お前は何もわかっていない。この防除方法がいかに優れているのかを!」

実際にはモーリタニアでも使用されておらず、**廃れた**手法なのだが、わかったと言うしかなかった。ここで言い合いをして溝が深まってもいいことはない。

もう一人の職員のコメントは、残念ながら私の研究を見下したものだった。「お前なんかにサバクトビバッタの研究ができるものか」という態度がありありと滲み出ていた。もちろん私は大した実績もなく、ましてや若造だが、少なくともこれまでしてきた研究の一部は、極めて重要な発見だという自負があった。「こんな面白い研究をしてきたのか」という称賛を密かに期待していただけに、がっかりした。

彼は50年前の知見を信じ込んでおり、それを覆した最新の知見を説明しても納得してもらえず、議論にならない。

「アフリカでは人前で恥をかかせてはならない」と、アフリカに滞在したことがある先輩からアドバイスをもらっていた。なので、この場で論破するのは得策ではない。ババ所長がいたら助け船を出してくれるはずなのに、完全にアウェーだ。こちとら口撃されるためにアフリカに来た

廃れた▼見るも無残に衰え、古くなっちまったこと。

わけではない。

2人の研究者と一通り質疑応答した後、オデコの広いモハメッドが初めて挙手をし、フランス語で何やらしゃべっている。研究者が、即座に通訳してくれた。

「彼は英語がわからないから、フランス語で通訳してほしかったんだよ」

あの真剣な眼差しは、何を言っているかわからなくて困っていた顔だった。それを皮切りに、他の職員たちもフランス語でやいのやいのやりはじめ、私は孤立した。7人中4人が英語を理解していなかった。プレゼンテーションの基本である「相手に理解してもらうこと」ができていなかった。次回のミーティングからは、誰かが同時通訳しながらやろうということになった。

彼らには現地でバッタを見てきた自負があり、誰よりもサバクトビバッタのことを知っていると信じ切っている。こちとら論文を発表してきたが、素人扱いされ、過去の実績などなんの役にも立たなかった。彼らにバッタ研究者として認めてもらうためには、彼らの目の前で実績を築き上げねばならないようだ。新発見をして、論文発表をしなければ、いつまで経っても研究者として認めてもらえない。アフリカを救う以前に、まずは研究所内で研究者としての立ち位置を確保しなければならない。砂漠の国なのに風当たりが冷たいとは。今に見ていろよと、心の導火線に火がついた。

孤独な博士が嘆くとき

人は母国を離れて生活すると郷愁を覚え、ホームシックになるという。私はそんな軟弱ではないと信じていた。しかしながら、アフリカに渡り3カ月も経つと、ふと自分の行動に変化が起きていることに気がついた。無意識に、5分おきにメールのチェックをしているのだ。そんな頻度でメールが来るはずもない。完全に寂しさに毒されてるではないか。精神が崩壊する前に何か手を打たねば。

寂しさを感じるときには、あるパターンがあった。決まって時間にゆとりがあるときだ。暇なときに寂しくなっている。なるべく仕事を詰め込んで忙しくし、寂しさを相殺するようにした。

また、人との会話も寂しさの解消には必要だ。ババ所長が多忙であることを承知の上で、毎日必ず挨拶しに行くことにした。迷惑とは思いながら、たわいない会話を二、三交わすだけでスッキリする。

ババ所長と打ち合わせ（撮影：川端裕人氏）

ババ所長は、私をはじめとする意欲ある若者には積極的に支援の手を差し伸べてくれていた。通常、外国人が研究所にやってくるときは、巨額の研究費を持参して研究所をサポートするか、少なくとも研究所の負担にならないようにしている。ところが私の場合、車をタダで借りたり、研究室まで準備してもらったりと逆に研究所に迷惑をかけていた。おまけにフランス語もしゃべれず、良いところはまるでなしだ。何か自分でも貢献できることはないか、ずっと考えていた。

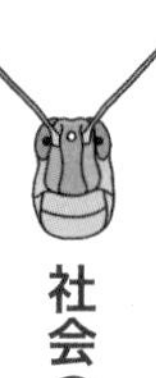

社会の奴隷

ババ所長の笑顔の裏には、重圧と責任感が潜んでいる。長として研究所を運営するために、多くの時間と労力という犠牲を払っていた。彼はこうなることを承知の上で、所長の座についていた。

所長は、田舎生まれのオアシス育ち。家業は代々ナツメヤシ栽培。

所長は少年時代に、友人と隣町（20㎞）まで、徒歩で砂漠を突っ切って遊びに行こうとした。途中、迷子になり、友人は元来た道を戻ったが、所長だけは前進を続け、けっきょく砂漠のど真ん中で遭難してしまった。水は1・5リットルしか持っておらず、3日間木の下で助けを待ち、野たれ死ぬ寸前に偶然通りかかった遊牧民に発見されて、**一命をとりとめた**。極度の脱水症状に陥っており一週間寝込んだが、死ぬ一歩手前からの生還という、**神様のおぼしめし**に心底感謝したそうだ。

少年の所長は、助けてくれた遊牧民の家の天井を見つめながら、これからの人生は神様からの贈り物だから、世のため人のためになることをして恩返ししようと心に誓った。ナツメヤシを育てても、わずかな人のためにしかならない。もっと大きなことを成し遂げて、多くの人たちの役に立つためには、学校に行き、偉くなる必要がある。

その胸の内を父親に告げると、「学校になんか行くもんじゃねえ。偉くなったら束縛されて社会の奴隷になるだけだ」と反対された。しかし、父親の反対を押し切って学校に行き、さらに外国に留学して経験を積み重ね、モーリタニアの農業省の一機関であるバッタ研究所の最高責任者にまでのぼりつめた。モーリタニアのみならず、アフリカの飢餓を救う重要なポジションにつき、幼少期の誓いを守り続けたのだ。

ナツメヤシ農園の主

一命をとりとめる▼なんとか生き延びたこと。「危うく死ぬところだったぜ」感を出すときに便利。

神様のおぼしめし▼神様がしてくださった粋な計らいのこと。

しかし、一度バッタが発生すると、連日の作戦会議に追われ、家族とゆっくり過ごすことはできない。バカンスに行く時間もなく、仕事に没頭する毎日。半年ぶりのまともな休日に自宅でテレビを見ていると、その時間にアニメを見るつもりだった子供から「お父さん、なんで今日は家にいるの？　早く仕事に行ってよ」と邪魔者扱いされてしまったという。ババ所長は、家庭の中に自分の居場所がなくなっていることにショックを受けた。

「父の言った通り、私には自由な時間がなくなり、社会の奴隷になってしまった。しかし、私がバッタと闘わなければ誰が闘うというのだ？　私は神に誓ったように人の役に立ちたいのだ」

自分を犠牲にしてまで人々のために闘うババ所長の情熱を知り、私も微力ながら力になりたいと思うようになった。

ウルドへの誓い

ある日、ババ所長と最近のバッタ研究について議論していると、ため息交じりに複雑な胸の内を語ってくれた。

「ほとんどの研究者はアフリカに来たがらないのにコータローはよく先進国から来たな。毎月たくさんのバッタの論文が発表されてそのリストが送られてくるが、タイトルを見ただけで私はうんざりしてしまう。バッタの筋肉を動かす神経がどうのこうのとか、そんな研究を続けてバッタ問題を解決できるわけがない。誰もバッタ問題を解決しようなんて初めから思ってなんかいやしない。現場と実験室との間には大きな溝があり、求められていることと実際にやられていることには大きな食い違いがある」

単に実験材料としてバッタを扱っている研究が多く、防除に直結する成果は、長年にわたり発表されていない。

「私も同じ思いを抱いています。基礎的な生態を知らずに、いくらハイテクを使った研究をしても真実は見えてこないと考えています。サバクトビバッタ研究を進展させるためにはまず、野生のバッタの生態を明らかにしなければなりません。もちろんそれは過酷な道ですが、フィールドワークこそが重要だと信じています。誰か一人くらい人生を捧げて本気で研究しなければ、バッタ問題はいつまで経っても解決されないと思います。私はその一人になるつもりです。私はサバクトビバッタ研究に人生を捧げると決めました。私は実験室の研究者たちにリアルを届けたいのです。アフリカを救いたいのです。私がこうしてアフリカに来たのは、極めて自然なことなのです」

自分の想いを伝えると、ババ所長はがっちりと両手で握手してきた。

「よく言った！　コータローは若いのに物事が見えているな。さすがサムライの国の研究者だ。お前はモーリタニアン・サムライだ！　今日から、コータロー・ウルド・マエノを名乗るがよい！」

思いがけず名前を授かることになった。

この「ウルド（Ｏｕｌｄ）」とは、モーリタニアで最高に敬意を払われるミドルネームで、「〇〇の子孫」という意味がある。ババ所長の本名は、モハメッド・アブダライ・ウルド・ババで、「ババの子孫」となる。私は、バッタ研究者になれなかったら大恥をかくのを百も承知の上で、研究者名を「前野ウルド浩太郎」と改名することにした（戸籍上は前野浩太郎のまま。研究者の中にはペンネームを使用している人もいる）。この先、昆虫学者を目指す道には多くの困難が待ち受けているはずだ。傷つき、倒れるたびに、ウルドに込めた決意が弱った己を奮い立たせてくれるだろう。

改名したもう一つの理由は、ババ所長に誠意を見せたかったからだ。金もない、力もなければ、現地語もしゃべれない。ないものだらけの自分だが、ヤル気だけはあることをアピールしたかった。

かくして、ウルドを名乗る日本人バッタ博士が誕生し、バッタ研究の歴史が大きく動こうとしていた。

SOS、緊急支援

アフリカには研究しに行くのだから、スーツは必要ないと思っていたのだが、必須アイテムだった。

在モーリタニア日本大使館にて東博史大使と会談することになった。大使は、現地における日本国の顔である。日本はモーリタニアの漁業支援に力を入れ、港には立派な魚市場や加工所が建設されている。それによって日本で消費されているタコの約3割はモーリタニアから輸入され、全国の食卓に届けられている。

日本からモーリタニアへの今後の農業支援を考えていく上で、バッタ研究がどのような貢献ができるのか、東大使にお話しさせていただくことになったのだが、着ていく服がないではないか！　あろうことかTシャツ姿で行くことになってしまった……。

無礼千万な私に対し、東大使は気にされる素振りなどお見せにならなかったが、申し訳ないでは済まされなかった。またお会いする機会が確実にあるため、秋田の実家に連絡し、スーツ一式を緊急で空輸してもらうことにした。ついでに持ってくるのを忘れたものや食料品もまとめて送ってもらうことになった。

日本から外国に物資を送るには、「関税」なるものがかかることを初めて知る。新品の物品を外国に送るときには税金を支払わなくてはならない。商品によってかかる税金が違ってくるので、商品のフランス語名と値段を書き込む作業が待っていた。日本での手続きを親父に頼んで

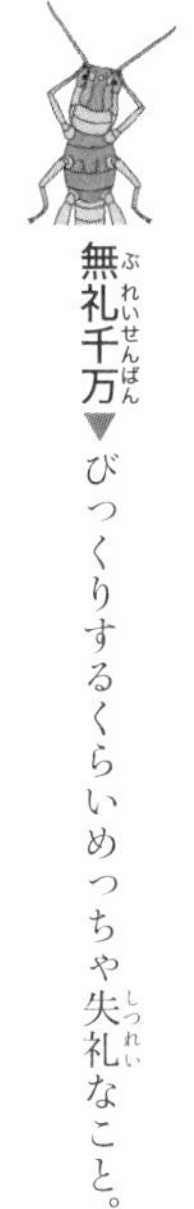
無礼千万▼びっくりするくらいめっちゃ失礼なこと。

苦労をかけた。

2週間後、「荷物が届いているので、取りにきてください」と、郵便局から電話がかかってきた。郵便物は配達されず、自分で取りに行くシステムなのだ。行ってみると、今日は責任者がいないから、荷物を渡せないとおばさんに断られる。先ほどの電話では、本日受け取りに来いと言ってたのに……。首都の一番大きい郵便局で、責任者がいないから荷物を渡せないとはなんたることか。いやいや、おばさんの後ろのダンボールに私の名前が書かれているのだけど。いくらお願いしてもおばさんは「今日は無理」の一点張り。

おばさんがプイッと奥に引っ込んだのを見て、若い女性がこっそり責任者の電話番号を渡してくれた。ティジャニに頼んで電話してもらうと、タクシー代を出すんだったら2時間後に行くとのこと。早いとこ荷物を受け取りたかったので、承諾して街で時間を潰すことにした。街をぶらついてから戻ってみてもまだ来ておらず、しばし待つ。

待合室が異常に暑い。木陰のほうがマシだ。汗をかきながら、ふと壁を見た瞬間、暑さの原因がわかった。窓口の中で使用しているエアコンの室外機が待合室の中にあり、熱風が注ぎ込まれているのだ。お客様を完全度外視。暑がる客を見ながらの仕事は、さぞかし涼しいことだろう。

「ティジャニ！　なんだよコレ？　日本だったら考えられんよ！」

「いやいや、私らもこんなの理解できん。なぁみんな？」

待合室にいるお客さんたちと一緒に文句を言いはじめた。皆、不満に思っていたらしい。

しばらくすると責任者のおじさん登場。タクシー代を渡し、ようやくと思いきや、窓口で荷物の受け渡しをゴネはじめた。郵便物の受け取り証明書を見せろという。

「証明書は郵便物の中に入ってるから！　日本から荷物を送ってもらったのに、どーやって証明書を先に受け取れるのよ？」

待合室に容赦なく温かい風を送り込むエアコンの室外機。その脇で係員と交渉中のティジャニ

パスポートを見せて、同じ名前だろと主張してもガンとして聞かない。うちらがもめてるのを見て、後ろのジェントルマンが「それで問題ないだろ、なんで渡してやらないんだ」と抗議してくれた。そうしたら、自分一人だけ別室に連れて行かれ、2万100ウギアを要求された。郵送料も関税もすでに親父が払っているはずなのに、なぜまだ払うのか？　不審に思いながらも渡すと、彼は札束を自分の胸ポケットに入れ、領収書も渡さず、部下に荷物を渡してやれと言う。ようやく荷物を受け取れたが、何か怪しい。

ティジャニに聞いたら、受取人が外国人の場合、まず荷物を渡すのを拒否するそうだ。いつ来ても

今日は渡せないと断る。そして、外国人が頼むから渡してくれとお願いしてきたら、緊急に渡すには特別にお金がかかると説明し、お金を受け取ってからようやく引き渡すらしい。これが彼らのやり口だそうだ。通常、相場は２０００ウギアだが、今回はその10倍ふんだくられている。ティジャニもびっくりしていた。よりによって貧乏な私からぼったくらないでくれ。チクショウ、『風の谷のナウシカ』の巨神兵よりも腐ってやがる。

やりきれず、ババ所長に今回のいきさつを伝えたところ、ティジャニが呼び出され、こっぴどく怒られた。

「お前がついていながら、なんでコータローにこんな問題が起こるんだ！」

「いやいやいや、コータローだけ別室に呼ばれていったから、ついていけなかったんですよ！ティジャニ悪くないです」

「すまん、コータロー。本当に恥ずかしいところを見せてしまった。あんなやつら、この国からいなくなればいいのに。せっかくアフリカに来てくれたのに、不愉快な思いをさせてしまい申し訳ない。恥ずかしながらこの国では賄賂が根強く残っている。今度何かあったらすぐに私に知らせてくれ。二度とこんな思いはさせないからな」

今回は、自分の名前を受取人にしたので、絶好のカモになってしまった。次回からはウルド入りの名前を使うことにして、受け取りも研究所の職員にお願いすることにした。

他にも、友人たちが船便で支援物資を送ってくれたのだが、半年後に賞味期限が切れた状態で送り主に返送されたり、そのまま行方不明になるものがあったり、日本との距離を感じさせられた。

青のトラウマ

腹が立つとはいえ、支援物資が遠路はるばる手元に届いたので、満面の笑みで開封する。大学入学のときに母が買ってくれた一張羅のスーツを筆頭に、ようやく望んでいた物資と出会えた。

母は収納の達人だ。引っ越しの荷物など、隙間なく詰めてくれる。今回もわずかな隙間にプチプチなどを使わずに、インスタントラーメンをクッション代わりにねじ込んでいる。乾麺は少々砕けようが、噛む手間が省けるだけだ。スーツ用の革靴の中にはオタフクソースがボトルのまま押し込められており、靴の型崩れ防止にもなっている。

ネズミに喰い荒らされた支援物資

だが、取り出し作業にかかると、すぐ異変に気づいた。チャルメラの中身が食いかけなのだ。まさか母がつまみ食いしたのか？色んな不安に駆られながら荷物を全て取り出すと、ダンボールの底に穴が空いており、砕けたチャルメラとチキンラーメン、そして黒い粒が散乱している。これらの情報から仮説を導く。

「ダンボールにネズミが侵入し、ラーメンを喰った。しかも居心地がいいのでしばらくいた」

黒い塊は糞に違いない。おそらく、たまたま破れていた隙間から入り込み、貴重な食料を喰い荒らしたのだろう。

チクショウ！　ネズミは黙ってチーズを喰ってろ！

輸送される途中で喰われたのか、郵便局で保管中に喰われたのか。ダンボールは安い分耐久性に問題があるので、ガムテープなどで補強しておく必要があった。

ネズミは病原菌の塊で、様々な危ない病気を媒介すると聞く。ちょっと齧られただけで、ほぼ丸々残ってるラーメンもあるが、食い意地を張って病気になってしまっては元も子もない。匂いだけ嗅ぎ、泣く泣く捨てることにした。

ドラえもんは睡眠中にネズミに耳を齧られ、耳を失った。ネズミに対するトラウマを彼と分かち合える日が来るとは思いもしなかった。

その後も大使とお会いしたり、農業省の大臣など要人とお会いする機会があり、スーツは大活躍した。しかし、送料5万円をかけて送ってもらっておきながら言いにくいのだが、モーリタニアでスーツを買えばよかっただけであった（トルコ製のスーツ上下にワイシャツ一枚が、計一万円で買えた）。そのことに気づくのは5年後のことである。

ティジャニとはすさまじい勢いで意思の疎通が成り立っていった。ジェスチャーを使うのはもちろんのこと、使用している言語はフランス語と英語のチャンポンだが、お互いに気持ちを分かち合うことで、ボキャブラリーのしょぼさを補っていた。

私とティジャニが通訳なしでずっと一緒にいることに、研究所の誰しもが不思議に思っていた。急速に意思の疎通ができるようになった仕組みはこうだ。一つの単語に複数の意味を持たせて使い回していたのだ。

例えば「ファティゲ」。これは「疲れた」という意味で使われている。

「車がファティゲ」。これはガソリンがなくなりつつあることを意味する。

「頭がファティゲ」。これは悩み事があって心労したときに使う場合と、ハゲを意味する場合がある。「頭がファティゲなモハメッド」など人物を特定するときに便利だ。

「腹がファティゲ」。これは食べ過ぎてお腹いっぱいを意味する。

また、「超」をつけたい場合は「ボク」を使う。「ボクファティゲ」。これは「疲れたがたくさん」、すなわち「超疲れた」となる。

ちなみに、疲れ具合を表明するときは、パ・デ・プロブレム（問題ない）、ファティゲ（疲れた）、ボクファティゲ（超疲れた）、フィニッシュ（死んだ）と段階に応じて使い分けていた。

日付に関しては、「昨夜」は「イエール」、一昨日だと「イエール、イエール」、4日前だとイエールを4回繰り返す。

挨拶は、研究所の全員にしなくてはならない。「サヴァ」（元気？）は、「サヴァ、サヴァ」と2回繰り返したり、語気を強めたり、語尾を上げたり、言い方のバリエーションを増やしていた。前回、あいつには優しく挨拶したから、今回は2回繰り返す少し強めのバージョンでいくかと、人に応じて変えていた。

いかにフランス語を覚える気がないか、ひしひしと伝わるかと思う。

この「単語使い回し作戦」のヒントは秋田弁にある。例えば、秋田弁の「け」には、「毛」「こっちに来い」「かゆい」「食べなさい」という意味がある。秋田ではイントネーションや語尾に変化をつけて使い分けをするが、慣れると使い勝手がよい。寒い地方では、口を長ったらしく開けていると冷気で肺をやられてしまうから、単語は短縮される傾向にある**（と信じている）**。

「どこに行くの？」「銭湯に行ってきます」という会話は、
秋田「どごさ？」「ゆっこさ」

青森「どさ？」「ゆさ」

と、北上するにつれ、言葉が磨き削られていく。砂漠でも砂埃がひどいので、単語は短いほうがいいに決まっている。

会話は単語を並べるだけだ。

「オジョルドウィ、プレミネ、プログラム、アシェット、マンジュ、シルブプレ（今日の予定だけど、まずは食べ物を買ってきて）」

ティジャニと私にしか理解できない独自の言語が生まれつつあった。

この手抜きは、フランス語の勉強を怠けているだけなので己の首を絞めることになるが、キレを増したジェスチャーのおかげもあって、3カ月目にしてもはや通訳は必要なく、好き勝手に身動きがとれるようになっていた（良い子のみんなはちゃんと勉強しましょう。相手の国の言葉をしゃべることは礼儀です）。

加えて、ティジャニが優秀だったおかげで助けられていた。

道行けば、ロバが鳴くなり、混雑時

モーリタニアでは、ロバが人や荷物の運搬に大活躍している。ロバに台車を引かせたものは「シャレット」と呼ばれ、車と同じ一般道を走る。シャレットの運転手が手に持つ木材やホースでロバの腰を殴打すると、速度が上がる仕組みだが、基本的に遅いので多数のシャレットが走行

（と信じている）▼何かを説明するとき、一応は説明するけれど確かな裏付けはないので間違ってたらゴメン、という甘えの表れ。

ロバ車のシャレット。過酷な肉体労働を余儀なくされているロバ

していると渋滞が起こりやすい。ロバはたまに「グウモオオ」と化け物のような雄たけびをあげるが、基本的にはおとなしくて力持ちだ。一頭で引くタイプもあれば、二頭タイプもある。色んなタイプのシャレットを発見し、盗撮するのが車で移動中の楽しみだった。

車で買い物に出かけたときのことだ。赤信号で止まると小さい男の子が駆け寄ってきて窓を叩く。ギョッとして見ると手のひらを差し出して何やら訴えかけている。何かをねだっているようだ。

「ティジャニ、これはなんだ?」

「ラルジャン(お金)」

ピンと来た。いわゆる物乞いだ。信号付近には空き缶を持った子が立っており、信号で止まった車に歩み寄り、順番に窓を叩いている。昔、日本でも家を一軒一軒回って食べ物やお金を恵んでもらおうとする物乞いがいた話を、祖父から聞いたことがあった。

いくら渡したらいいのか相場はわからないが、せめてその日一食ぐらいは腹いっぱい食べられる額を渡した。子供は嬉しそうに、「メルシー」と言って次の車へと移って行く。他の子が駆け寄ってきたところで、信号が青に変わり車は容赦なく走り出した。

「ティジャニ、お金、渡してもよかったか?」

「ボクナイス（超いいよ）！　子供を助けるのはいいことだ。モーリタニア人は困ってる人を助けるから、コータローも助けてくれることはとても良いことだ」と満面の笑みを浮かべている。

　皆、生きるのに必死だ。後で聞いた話だが、他の国では、商売として物乞いの子供たちを利用することもあるそうだ。お金を渡しても、後で親玉に取り上げられてしまうので、腹を空かせた子供たちには食べ物の現物をあげるといいという。

　最近、日本では物乞いをする人を見かけなかったので、正直、最初は戸惑った。モーリタニアは貧しいのかと思った。だけど、かなりの車が子供たちにお金や食べ物を渡している。それを見てハッと気づいた。救いの手を差し伸べてくれる人がいるから、物乞いができるのだ。日本の道端で物乞いをしたって、最近は物騒なので見ず知らずの他人に誰が恵んでくれようか。私は物乞いを気の毒なイメージでしかとらえていなかったが、取り巻く環境を見ると、そこには多くの優しさがあった。たんにお金がないだけで、炎天下の中、何時間も立ち続けなければならないのがいかに過酷なことか。

　物を与えることは自立の妨げになるという考え方もある。私は決してお金持ちではないから、偽善者ぶりやがってと思われるかもしれないが、モーリタニア流に振る舞うことにした。

ささやかなことながら、誰かに喜んでもらえることに私自身が救われていた。

博士の日常アラカルト

調査に行かない日はゲストハウスで過ごすことになる。朝5時にモスクから大音量で、アッラーにお祈りを捧げようというアナウンスが流れるが、私はまだ夢の中だ。7時に目覚め、まずはシャワーを浴びる。お湯は出たり出なかったり。加えて、頻繁に断水するため、大きなタライに水を貯えておく。

洗濯機はないので、衣類には優しいが、人には厳しい手洗いを余儀なくされる。人力で絞るため脱水力は弱いが、灼熱の太陽があっという間に洗濯物を乾かしてくれる。風が強い日だと砂埃にまみれてしまうが、もう一度洗濯する気は起こらないのでそのまま着る。というか、洗濯するのが面倒くさいので、一日に数回シャワーを浴びて服を汚さないようにし、2、3日同じTシャツを着続ける。というか、部屋にいるときはパンツ一丁で、洗濯物を出さないようにする。戦後、洗濯機が三種の神器の一つとして**崇められた**理由が、身に染みてよくわかる。

昼飯はほぼ自炊する。主食は、米、パン、スパゲティ。現地で手に入る野菜は意外と多く、ナス、トマト、オクラ、ニンニク、ショウガ、ササゲ、タマネギ、キュウリ、ズッキーニ、カボチャ、小ネギ、イモ類、ダイコン、トウガラシ、アボカド、パクチー、レタス、キャベツ、ニンジン、ピーマン、マメ類など。ただし、ほとんど輸入に頼っているので、しなびていることが多い。肉はヤギにウシ、ラクダ、鶏が手に入る。豚肉は宗教上の理由で一切売買されていない。

食生活にあまり不満を覚えなかったのは、私自身が料理好きだったのが大きい。日本全国の駅前に君臨する居酒屋の白木屋の調理場で、2年間バイトしていたおかげで料理は得意だ。青森県の弘前駅前店が一日の最高売上額を記録した日（2004年度まで）に、炒め物コーナーで一人中華鍋を振り続けた伝説を残している。ありがたいことに、コシヒカリを食べることもできた。日本政府がモーリタニアに支援米を送り、それが市場に流通していたのだ。労せずして日本米が食べられるのは幸運だった。

野外調査のための体力作りも重要だ。真っ昼間のクソ暑いときは、行軍の練習と称し、リュックを背負い、砂を入れたペットボトルを両手に持って、ゲストハウスの周りを行進する。夕方はゲストハウスの周りをジョギングする。「新発見はあと一歩から」をスローガンに体力をつける。

エアコンをガンガン効かせた部屋から急に砂漠に出ると、温度変化についていけず、ぐったりしてしまう。暑さに順応するために、調査に出る3日前からはエアコンを使わないようにする。40℃を超える外とは違い、コンクリートの家の中は、**心なしか**ひんやりしている。面白い

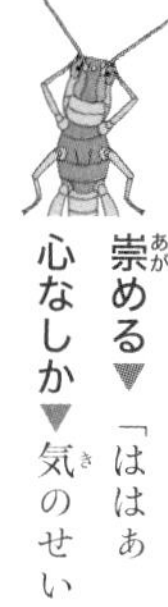

崇める▼「ははぁ　ありがたやー」と、めっちゃ尊敬すること。

心なしか▼気のせいか、なんとなく。

のは、モーリタニア人のオフィスでのエアコンの使い方だ。みんなガンガンに冷房を効かして寒そうにしている。北海道民が冬に暖房をガンガンつけて、Tシャツで過ごしているのに近いものがある。

夜は研究所内を徘徊する。観察眼を磨くために、外灯に集まってくる虫たちをウォッチする。

量り売りの肉屋。骨だらけの肉塊を売りつけられないように目を光らせるティジャニ

自炊でも手抜きはせず、全力を尽くす

昆虫を発見する「目」は、一度さびると元に戻すのに時間がかかるのだ。毎日、わずかな変化に気づけるように**五感**を研ぎ澄ませていなければならない。現場に辿り着いたらいきなりトップギアで調査できるようにするためには、日々の精進が大切だ。

会議やパーティーなどでは知らない言語が飛び交い、完全なるアウェーになるが、不思議と疎外感を覚えなかった。この感覚は、日本で畑違いの研究者たちと会話していたときにそっくりなのだ。日本語なのに何を言っているのかまったくわからず、聞き流していた。だから、アウェーには慣れていた。

箱入り博士

治安はどうなのかとよく聞かれ、いつも「悪くはないよ」と答えている。殺人事件は滅多に起きないし、テロもずっと起きていない。逆に、地球上で安全な場所があったら教えてほしい。日本は比較的安全だと思うが、殺人事件は毎日のように起きている。

ただ、アフリカで襲われようものなら、ほらみろ、やっぱりアフリカは恐ろしいじゃないか、と思われてしまう。たった一回だけでも強盗に襲われようものなら、昆虫学者の夢は消え去り、

五感▼「見る、嗅ぐ、聞く、触る、味わう」五つの感覚のこと。

大勢の人たちに迷惑をかけることになってしまう。だから、慎重に行動しなければならなかった。
日本人には、お決まりの時間にお決まりの席でコーヒーを飲むといった常習癖がある。そのため、犯罪者にしてみれば犯行計画が立てやすい。安全対策の一つとして、行動パターンを読まれないことが重要だ。それでも、犬も歩けば棒に当たるで、出歩くと犯罪に巻き込まれる可能性がある。

そこで、私が編み出した最強の安全対策は、引き籠もりだった。週末（当時、モーリタニアは金土休み。現在は土日に変更になった）は、ひたすら研究所の敷地内のゲストハウスにいた。塀に囲まれており、これなら犯罪者も手出しできない。一年間で、週末に外出したことは2、3日しかない。ただ、この作戦は安全と引き換えに刺激を失うという致命的な弱点がある（一年後には大使館員の方々からお食事会や各国大使館対抗ドッジボール大会に誘われるようになり、大変お世話になった）。

精神がおかしくならなかったのは、インターネットのおかげもあった。ＳＮＳで時空を超えて日本のみんなと通じており、むしろアフリカに来てから頻繁にやり取りするようになった。２週間に一回は、スカイプで秋田の両親と会話する（ネットがショボイので音声のみ）。アフリカに行ったはずなのに秋田弁が強化され、友人たちからは、実は前野は秋田に隠れ住んでいるのでは、と疑われていた。真実は、両親としか日本語で会話していなかっただけだ。

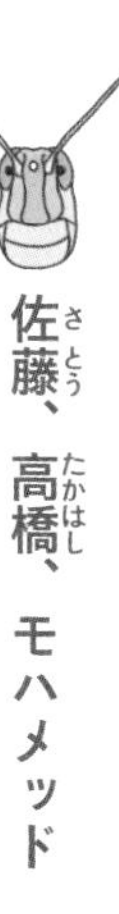

佐藤、高橋、モハメッド

研究所に勤める職員の呼び名を少しずつ憶えていった。日本の苗字トップ3に君臨する佐藤、鈴木、高橋の比ではなく、驚愕のモハメッド率の高さだった。研究所内だけではない。出会う人がことごとくモハメッドだった（シディ、アフメッド、シダメッドも多い）。

みんながモハメッドだったら区別するのはさぞ大変だろう、とティジャニに訊くと、まったく問題ないという。「コックのモハメッド」「門番のモハメッド」などと職業で区別したり、「大きなモハメッド」「小さなモハメッド」などと体格で特徴づけたりしているそうだ。この本にもやたらとモハメッドさんが登場するが、全て別人なので留意されたし。

華麗なる野グソ（内容注意！）

小見出しからもわかるように、これからしばらくは勢いよくウンコの話をする。食事中の方は読み飛ばすもよし、オカズにするもよし。好きにしていただきたい。

砂漠にトイレなどない。いや、砂漠の全てがトイレだと言っても過言ではない。砂漠を一瞬でトイレに仕立て上げる技、それが野グソである。

私に言わせれば、砂漠は便器なのだ。砂漠のトイレは、日本の便器のように、あんな小さい穴に後ろ向きで発射しろとか**難易度**の高い要求はしてこないし、着地点がズレて**大惨事**になることもない。砂漠ではウンコが落ちた先が便器となる。砂漠は私のウンコを**雄大**に受け止めてくれる。

私は、野グソのことを、自然を汚す**野蛮**な行為だと誤解していた。日本では野グソは隠れてするものだと相場が決まっている。というか、都会には野グソをする場所がないし、街中でしている人を見かけたこともない。もよおしたら、わざわざトイレを探さなければいけない。日本人はトイレに**束縛**され、一人ではウンコすらできない不便な動物になりさがっている。たしかに道端にウンコが落ちていたら不愉快極まりないが、もっと気軽にブリブリいっちゃってもいいのではないかと思う。

学校のトイレでウンコしようものなら「ウンコマン」という不名誉なあだ名がつけられることがある。**社会道徳**に従ってトイレでウンコしたのになんと**理不尽**な。ところが、野グソをした人がウンコマンと呼ばれているのを見たことがない。チクショウ、小学校3年生のときに野グソさえしていれば、あんな**侮辱**を受けずに済んだはずだ。私がいかに砂漠で野グソを**堪能**しているか、いかに野グソが**洗練**された営みなのか、朝の**お通じ**を通して力説しよう（ウンコの話をするのはなぜこんなにも楽しいのだろう）。

フィールドワーク中の朝、**もよおしてきたら**、ズボンのポケットにトイレットペーパーをねじ込み、**おもむろに**野営地を離れる。

このとき、ウンコをしに行くことをチームメイトに悟られないように、ゆっくりした歩調で、あたかも朝の散歩に出かけるかのように演じるのがコツである。これは、みんなの清々しい朝を護る、私なりのエチケットである。

難易度▼物事の難しさを示すレベルのこと。
大惨事▼最大級の悲惨なこと。ウンコがらみのトラブルは精神的なダメージが大きく、大惨事になる。
雄大▼デカいスケールで堂々とゆったりしていること。
野蛮▼野生のままで暴れまくるイメージ。
束縛▼しばりつけること。例：彼女の束縛がひどくて、他の女性と話ができない。
社会道徳▼社会で生きていくために身につけなければならないマナーや思いやりのこと。
理不尽▼こちらは間違っていないのになぜか怒られたりして、納得がいかないこと。
侮辱▼見下して、バカにすること。
堪能▼心ゆくまで味わうこと。51ページでも説明したけど、覚えてた?
洗練▼ムダなものが削ぎ落とされて、磨き抜かれた状態のこと。
お通じ▼ウンコすることを上品に表現した。口から入った食べ物が体内を「通じ」て出ていく。
もよおしてきたら▼あれ、なんかおしっこ（またはウンコ）したくなってきたんじゃね？　と発射スタンバイができたことを上品に表現した。
おもむろに▼じつはすでに準備していて今すぐにでも披露できるのだが、そんなそぶりは見せずにゆっくりと何かを始めるときのことを「おもむろに」と表現する。単なる「ゆっくりと」とは違う。

発射地は、野営地から離れていれば離れているほどよい。歩いて10分ほど離れるのがベストだが、それは**理想論**である。もよおしてから発射までのカウントダウンは驚くほど短い。可能な限り離れようと**誠心誠意**小走りするが、**肛門括約筋**が耐えきれず、大体は志半ばで、ウンコがケツから顔をのぞかせてくる。慌ててズボンとパンツを**一心同体**にずり下ろし、しゃがみこむ。

こんなとき、私は自分に言い聞かせる。

「もれたのではない。もらしたのだ」

ウンコの最中も、研究の手を休めることはない。バッタを見ながらウンコするのだ。なるべくバッタが潜む植物の前にしゃがみこみ、下腹部に力をこめる。ときとしてアイデアも一緒にひねり出ることがある。バッタに辿り着く前に、やむを得ずベストポジション以外でしゃがみこんだとしても、地平線まで広がるバッタの生息地を観察しながらのお勤めは**壮観**だ。どんな場所でもそれぞれの楽しみがある、それが野グソだ。

脱糞中はずり下ろしたズボンが足かせとなっているため**機動力**が低下し、いざというときに**逃避**できないが、あえて**無防備**なその身をさらけ出し、身も心も自然に**委ねる**のが吉だ。風向きによっては、ウンコの香りが鼻を直撃する。普段は気にも留めない風向きを強く意識することになる。よほどの物好きではない限り、なるべく風上に顔を向けるのがよい。ときにそよ風が優しくケツを撫で、普段は気づかない小さな自然に気づかせてくれる、それが野グソだ。

ひねり出したら、お次は別れの儀式だ。ケツについたウンコを、調査のお供に連れて行くことはできない。ケツを拭き、ウンコに**セイグッバイ**。

現地のトイレットペーパーはピンク色だ。この色選びが実に計算し尽くされ、感激する。白色は清潔の**象徴**だが、ケツを拭くときに白色は**いかがなものか**。茶色とのコントラストが際立つため、それを隠すために余計に紙を消費してしまう。**ところがどっこい**、ピンクと茶色が奏でる**ハーモニー**は見た目も美しく、はないけど、大変**マイルド**だ（ただし、現地の紙は巻きが甘くフワフワで、一ロールあたりの紙の長さがやたらと短く、一週間で使い切ってしまう。日本

理想論▼現場の問題を理解していない人が抱く想像のこと。実際にやってみると色んな問題があることに気づく。

誠心誠意▼心をこめること。とくに謝るときに誠心誠意やらないと、相手がますます怒ってしまうことがある。

肛門括約筋▼ウンコするときに大活躍する筋肉の名前。

一心同体▼身も心も一緒だよ、という意味で友情を深めるときによく使われる。

壮観▼スケールがでかくて見晴らしがよいこと。

機動力▼動きっぷりのことをカッコよく言うときに使う。

逃避▼逃げ方を専門的に言うときに使う。

無防備▼ノーガードのこと。逆に無防備だと怖くて手を出せない。

委ねる▼全面的に任せてしまうこと。

セイグッバイ▼サヨナラをカッコよく言うときに使う。「セイ＝言う、グッバイ＝サヨナラ」。

象徴▼代表的なもの。例：ハトは平和の象徴。

いかがなものか▼「それってダメじゃね？」を大人っぽく表現。

ところがどっこい▼「そうじゃなくて、こうなんスよ！」を説明するための前フリ。

フンコロガシ

地面に穴を掘って巣作りを始めるフンコロガシ

のトイレットペーパーの巻き方は、確かな知恵と技術が凝縮している匠の技であることを忘れてはならない）。力加減一つで濃くも薄くも、コントラストをつけられる。ちぎった紙には一瞬で**現代アート**が刻み込まれる。誰でも芸術家になれる、それも野グソだ。

拭き終わったら来客のお相手だ。ウンコを投下した瞬間から、どこからともなくフンコロガシが飛んでくる。彼らは私のウンコに群がり、夢中になって手ごろな大きさのクソ球を作る。完成したら後ろ向きに逆立ちしながら、球を器用に転がしていく。彼らは気に入った場所を見つけると、穴を掘り、球とともにその中に立てこもる。クソ球は彼らの食料となり、また、卵を産みつけ、そこから生まれた幼虫のエサにもなる。私のウンコが未来への**懸け橋**となるのだ。ときに10匹以上のフンコロガシがやってきて、私の分身は打ち上げ花火のように**四方八方**へと散らばり、大地へと還っていく。日本では嫌われ者のウンコだが、砂漠では争奪戦にまで発展する人気を誇る。喜んでくれる者がいる限り、私は野グソをし続ける。砂漠では、ウンコしただけで一日一善を達成できる。優しさと幸せの本当の意味を知る、それが野グソだ。

しかしながら、良いことばかりは続かない。せっかく遠くで野グソしたのに、フンコロガシたちが**律儀**に、それを野営地まで転がしてくるのだ。想像してみてほしい。優雅に朝飯を食べているときにウンコが貴方に迫ってくるのを。ただただ恐怖である。わざわざ遠くまで用を足しに行った私の努力を台無しにしないでほしい。クソ球の表面は砂でコーティングされ、見た目は砂団子だが、**所詮**はウンコの塊である。

フンコロガシといえばファーブルが研究したことで有名だが、ファーブルはどれだけの勇気

ハーモニー▼二つ以上のモノが組み合わさること。
マイルド▼濃くもなく薄くもなくほどよいこと。
現代アート▼奇抜な美術作品のこと。
懸け橋▼「未来への懸け橋」など、次に繋がる表現。
四方八方▼あちらこちら。
律儀▼受けたお礼を義理堅くお返ししようとすること。
所詮▼「キサマはせいぜいこの程度なんだよ」と、バカにした感じで中途半端な姿を罵る言葉。

を振り絞って、ウンコに立ち向かっていたのだろうか、さすがは憧れの昆虫学者、もはや勇者である。

こうして私は、野グソのおかげで、実に様々なことを考えさせられる。現代の日本のトイレは排泄を目的とし、清潔さが追求されているが、もっとレジャー感覚で楽しんでもいいのではないだろうか。明日は一番高い砂丘に登ってかまそうか、何匹フンコロガシがやってくるだろうか。野グソの楽しさを知ってからというもの、次回をどうするか待ち遠しくて仕方がない。その上、私は重大なことに気づいてしまった。

「人は腹が減るから飯を食うのではない、ウンコをするために飯を食っているのだ」

私に大切なことを教えてくれたもの、それが砂漠の野グソだ（ふぅ、こんなにも野グソについて**熱便**したのは初めてであり、何たる充実感！　どうか貴方様も自分だけのスタイルを極めて下さい）。

左手の挙動

ウンコがらみの話は**まだ終わらない。終わらせない**。ケツを拭くとき、私は紙を使うが、街中のレストランや空港にも紙が置かれていない。当初、モーリタニアの人々は不親切で紙は**持参**するものだと思っており、どこに行くにも**常備**していた。だが、ティジャニたちは、そもそも紙を使わずに用を足していたのだ。水を入れたやかんやペットボトルを持って用を足しに行く。人力でウォシュレットをしているのだ。自然にも肛門にも優しいやり方だ。
ウンコを拭くのには、利き腕は関係なく、必ず左手を使う。**イスラム圏**では左手は「**不浄**の手」であり、左手で食べ物をつまんで食べてはいけないし、握手を求めてはいけない。左手で握手を求めるのはタブーの一つで大変失礼な行為なので気をつけましょう。

熱便▼熱く何かを訴えかけることは「熱弁」だが、ここではあえてウンコを示す「便」を誤用した。「どんだけウンコ話に集中してんだよ!」とツッコミを受けたかったのだが、気づいてくれた読者の皆様ありがとう。
まだ終わらない。終わらせない▼いつまでもウンコ話をしたい熱意が溢れてしまった表現。
持参▼何かを持ってイベントに参加すること。
常備▼いつも持ち運んでいること。折り畳み傘を常備している人は準備がよい。
イスラム圏▼「圏」は、エリアのこと。例：首都圏。
不浄▼けがれていて、汚れていること。

第3章 旅立ちを前に

読者の皆さんは、著者はさぞかし足を踏み外しながら人生を歩んできたと思われているに違いない。否定はしないが、何ゆえこんな事態に陥ったかを知ることは、あなたのお子さんがアフリカにバッタを研究しに行きたい、と言い出すのを未然に防ぐためにも意義深いことだと思われる。アフリカに旅立つ前の著者がどんな半生を送ってきたのか、本章では紹介したい。

彼女が見つめるその先に

その日は三回目の**デート**だった。

お相手は、友人が**クラブ**を貸し切って開催したパーティーで出会った4歳年下の女子。ヘアアーティストを**生業**にする彼女は、運営スタッフの一人として、薄暗い会場で女性客の髪を**夜の蝶**仕様にゴージャスに盛っていた。写真係を務めた私は愛想よく席を回ってシャッターを切っていたが、ファインダー越しに覗いた彼女に一目惚れした。カメラマンという、誰にでも気軽に声をかけられる特権を活かし、彼女に迫った。

私はつくば、彼女は東京住まい。短期間のうちに二回もデートをした。会うたびに彼女をどんどん好きになっていく。彼女もまんざらではなさそうだ。私は、経験値はないものの、恋愛の**座学**は極めていた。ものの本によれば、なんでも三回目のデートまでに男が何らかのアクションを起こさないと、女性は恋愛の扉を閉ざし、単なる友人で終わってしまうそうだ。

物事には順番があり、恋愛もスキンシップのレベルを上げていくことになる。一回目のデートでは見つめ合い、二回目のデートでは手をつないでいたので、三回目の今回は**キッス**の出番だ。タイムリミットとなる今回のデートで、彼女の唇を奪わねば2人の関係は終わってしまう。今日こそ大人の階段を登ろうと鼻息荒く、2人の中間地点となる秋葉原の綺麗な夜景が見える居酒屋に入った。

今思うと、酒を飲んでいる間、彼女は何度もサインを出していた。昔のひどい彼氏の話とか、

デート▼気になる人と一緒に公園に行ったり、遊んだりする行為。
クラブ▼うす暗くて、オシャレな夜の宴会場のこと。
生業▼お仕事のこと。
夜の蝶▼夜の華やかな女性のこと。蝶の翅のように綺麗なお洋服を着て、飛び交っている。
座学▼座りながら勉強して、主に本で得た知識のこと。現場を知らないことをほのめかす言葉。
キッス▼キスするときは首を右か左に傾けないとお互いの鼻がぶつかって唇が重ならないから気をつけて。目を閉じるのが礼儀。

そろそろ彼氏が欲しいなとか。「へぇ～、そうなんだ」と受け流すだけの自分。好機を逃しまくり、あっという間に時が経ち、我々の足はすでに駅に向かっていた。

心なしか彼女の足取りが遅い。明らかな**遅延行為**に、彼女も今回のデートの重要性を理解していたに違いない。後はタイミングを見計らって行動にうつすだけだ。歩幅を合わせつつ、チラチラと彼女の横顔を盗み見する。あぁ、なんてかわいいんだ。貴方の名前は、エンジェルですか？　性格が良く、こんなかわいい子が彼女になってくれたら、どれだけ幸せだろう。先ほどから手をつないでいるので、**２人の距離は10㎝のまま。左手がドキドキしている。**全てのお膳立てが整ったが、残された時間は少ない。タイミングを窺っていると、あと少しで駅が見えるところで、彼女が立ち止まった。

「ねぇ、コウちゃん。あれ」

彼女が見上げた先に目をやると、ビルから垂れ幕が下がっている。

「あなたは恋人と夢、どちらを選びますか？」

唐突な重い質問に、ロマンスの世界から現実へと引き戻された。それは、彼女からの最後のパスだった。私の夢は、恋愛との両立が極めて難しいものだった。

私の昆虫学者になる夢は、アフリカに行ってバッタの研究をしなければ叶えられないものだった。このとき30歳のポスドク（１１４ページで解説）。今年は給料があるけれど、来年以降の収入の目途は立っていない。こんな夢追い人の就職が決まるまで、年頃のお嬢さんを大陸が違う遠距離恋愛で、何年も待たせるわけにはいかない。

バッタの研究をしていることは、初対面時に伝えており、適度に気持ち悪がってくれてはいたが、今後の夢については話していなかった。

「ねぇ」と彼女がうるんだ瞳で答えをせがんでくる。

「まずは夢だな。夢を叶えてから、彼女を選べたらいいな」

「えっ？　それっていつ叶うの？」

「んーーー、わかんねーな」

「そおなんだ……」

30歳過ぎなのに、いつ職が得られるかどうか不明とは、我ながらどういうことだろう。彼女は勇気を振り絞ったというのに、自分の情けなさに哀しみを覚える。

「これからオレの夢について語りたいんだけど、長くなりそうだから朝まで付き合ってくれる？」なんて気の利いたセリフも咄嗟に出てこず、最初から自分は彼女を幸せにできないと決めつけ、説明義務を怠った。彼女の手はするりと離れ、ホームの人ごみに紛れて消えていった。

遅延行為▼時間稼ぎのこと。
2人の距離は10㎝のまま▼ロックバンドLINDBERG「恋をしようよ Yeah! Yeah!」から拝借。
左手がドキドキしている▼私は右利きだが、女の子と手をつないでいるときに何かキケンが迫ったら、とっさに彼女をかばえるように利き手じゃない左手で手をつなぐのが男の務め。

終電の中、なぜ恋人を選ばなかったのか、なぜ好きなのに好きだと言えなかったのか、自分の**ふがいなさ**に**落胆**した。「就職できる自信がなく、好きな子を道づれに**路頭に迷う**のはあまりにも**不憫**だから、彼女の幸せのためにはこれしかなかったんだ。これがオレなりの優しさなんだ」という言い訳だけが頭の中で繰り返された。

さすが、ものの本に書かれていた通り、その日を境に彼女からのメールの頻度は激減し、しまいには来なくなった。**ラブ・イズ・オーヴァー**。あの道を歩いていなかったら、秋葉原のビルが余計な垂れ幕を下げていなければ、などと不幸を呪うばかり。そもそも、なぜあんなメッセージを見せびらかす必要があったのだ。**誰トク**なのだ（怒）。もしや、彼女が……。

いや、恋しようだなんて思った私が間違っていた。私にはするべきことがあった。最後の恋は桜とともに散っていった。

私は気づいたら、人との恋より虫への愛が勝っている成人になっていた。どんな人生を歩んだら、こんなことになってしまうのか。うっかり足を踏み外したわけではなく、**確信犯**的にこちらの路線を歩んできたのは、幼少時代から抱いてきた夢を叶えるためだった。

ファーブルを目指して

幼少時代、私はかくれんぼで、鬼から隠れようと小走りするだけで息が切れる肥満児だった。

足が遅いため、鬼ごっこでも、ひとたび鬼になると誰にもタッチできず、永遠に鬼役をやるハメになった。私が鬼になるとゲームが成立しないため、心優しき友人たちはあえて私を見逃すようになり、いつしか私は空気のような存在になっていた。頭数要員として脇役的に走り回るも、勝手にくたびれそっと戦線離脱し、道端に座り込む。友達と満足に遊べない情けなさでうつむいていた自分の目に止まったのが、昆虫だった。

暇を持て余しているから、まじまじと見つめるうちに、彼らが疑問の塊であることに気がついた。なぜそんな動きをしているのか、なぜそんな体の形をしているのか。次々と疑問が湧き起こってきた。「なぜ」がたまりにたまったとき、母が地元の秋田市立土崎図書館から、『ファーブル昆虫記』を借りてきてくれた。求めていた答えが、そこにはあった。

主人公である昆虫学者のファーブルは、自分自身で工夫して実験を編み出し、疑問に思った昆虫の謎を次々に暴いていく。なんてカッコいいんだろう。私は、どんなヒーローよりもその

ふがいなさ▼ダセーこと。
落胆▼ガッカリ。
路頭に迷う▼人生の迷子のこと。単なる迷子とは違う。
不憫▼すごく気の毒なこと。
ラブ・イズ・オーヴァー▼欧陽菲菲の曲名＝恋が終わったこと。悲しいけれど、相手の幸せを願おう。
誰トク▼「そんなことをして誰が得するのか？」＝「無駄なことをしやがって」。
確信犯▼良くないことが起きそうだと薄々気づいていながら、そのままやってしまうこと。

姿に憧れを抱き、将来は自分も昆虫学者になって昆虫の謎を解きまくろうと決意した。

故郷の秋田は草原に林、田んぼに山脈と自然が豊かで昆虫の宝庫だ。クワガタやカブトムシの死体を板に釘ではりつけにし、夏休みの自由工作として提出、それが教室の片隅で腐って異臭を放ったり、スズムシが鳴くまでについて観察した作文が秋田市の作文コンクールで佳作を受賞したりするなど、人生が少しずつ虫にまみれはじめた。いつしか昆虫学者になるのが夢となり、その熱い思いを小学校の卒業文集に刻み込む。ファーブルの魅力は子供心をつかんで離さず、虜にされたまま大人になった。

しかし、夢を語るのは大いにけっこうだが、社会で生きていくためにはお金を稼がないといけない。あのファーブルですら昆虫の研究だけでは食べていけず、教師をして生計を立てていた。現代の日本で、昆虫を研究してはたして給料をもらえるのだろうか。幸い、昆虫学者は職業として存在していた。大学、研究所、博物館、昆虫館、企業、農業試験場などなど。「自称」ではなく正式な昆虫学者になるためには、大学で学位を取得し、博士になる必要があった。大学の学部4年間、大学院の修士課程2年間、博士課程3年間の計9年間、大学・大学院に通い、研究成果をまとめた学位論文が受理されると、めでたく博士号を取得できることを高校時代に知った。

当時、インターネットはまだ普及していなかったので、大学の情報は人づてや本などでしか調べようがなかった。各大学を紹介する通称「赤本」で調べると、昆虫の研究は農学部や理学部で行われているようだ。

米どころの農業県として知られる秋田だが、なぜか秋田大学には農学部がなかった。昆虫の研究室が近くにないものかと調べたところ、お隣は青森県の弘前大学に発見した。高校3年生の夏休みに弘前大学のオープンキャンパスに参加し、初めてのリアル昆虫学者、のちの指導教官となる安藤喜一教授に出会った。虫のことなら何でも知っているし、何よりも嬉しそうに虫について話す姿に、とてつもない憧れを抱いた。

オープンキャンパスで研究室を訪れる意識が高い者は私だけかと思っていたら、もう一人、自分よりもすごい虫マニアがいた。コイツに勝たなければ安藤先生の研究室には入れない。秋田に帰ってから猛勉強をはじめた。

その年、2人はそろって大学受験に落ちた。ヤル気はあっても学力が伴わない。残念だった。当時、秋田には有名予備校がなかったので、私は仙台の河合塾文理予備校に寮から通った。一浪の末、安藤先生の元に通うことができた。風の噂では、ライバルは別の大学に進学したという。

大学に入ってからというもの、部活にサークル、バイトに明け暮れ、思う存分バラ色のキャンパスライフを満喫し、満を持して3年生の秋から研究室配属となった。

念願の昆虫学を専攻し、イナゴの研究をはじめた。研究の醍醐味を教わり、ますます虫にはまっていく。

その後、田中誠二博士（現・農研機構）の勧めで、サバクトビバッタというアフリカに生息する外国産のバッタの研究をはじめることになった。見よう見まねで研究を進めるうちに、ファーブルのように工夫して新発見をすることができ、論文も発表した。そうして全世界の研究者とバッタの新たな秘密を共有できることに快感を覚え、ますます研究にのめり込んでいく。このままバッタを研究していくことができたら、どれだけ幸せだろうか。とにかく博士になったら憧れの昆虫学者に近づけるはずだ。脇目も少ししかふらずに大学院に進学し、神戸大学で学位を取得した。

苦労の末に手にした博士号は、修羅の道への片道切符だった。

夢の裏側

博士になったからといって、自動的に給料はもらえない。新米博士たちを待ち受けるのは命懸けのイス取りゲームだった。イス、すなわち正規のポジションを獲得できると定年退職まで安定して給料をもらいながら研究を続けられる。だが、イスを獲得できるのはほんの一握りどころか、わずか一摘みの博士だけ。夢の裏側に潜んでいたのは熾烈な競争だった。

一般に、博士号を取得した研究者は、就職が決まるまでポスドクと呼ばれ、一、二年程度の任期付きの研究職を転々としながら食いつないでいく。早い話が、ポスドクは博士版の派遣社員のようなものだ。

ポスドクにも色んなタイプがあり、正規職員が運営する研究プロジェクトの一員として一時的に雇用されるものや、日本学術振興会（通称：学振）の特別研究員として3年間の任期で国内の研究機関に身を置き、自分のやりたい研究テーマを進めていくものなどがある。国外版の学振もあり、そちらは2年間の任期付きだ。国内外の学振を連続してとると、5年間は自分のやりたいテーマを研究できる。浪人・留年せずにストレートでいけば、27歳で博士号を取得し、その後、学振の恩恵に与ったとしても、32歳を過ぎると研究生活を保障する制度は皆無となる。

私の定義する「昆虫学者」とは、昆虫の研究ができる仕事に、任期付きではなく任期なし（パーマネント）で就職することだ。学振は倍率が高いし、雇われポスドクの口を見つけるのさえ厳しい現状で、新米博士はどうしたらいいものか。

流離の博士たちが目を光らせて欠かさずチェックするのが、研究職に関する求人求職情報サイト「JREC-IN（ジェイレック・イン）」だ。日本の科学技術振興を目的として設立された文部科学省所管の科学技術振興機構（ＪＳＴ）が運営しており、あらかじめ「昆虫」などのキーワードを登録しておくと、それに関する公募が出たときに、自動的にメールで案内が届く。公募は、大学や研究所に所属する正規の研究員の定年退職や異動などでイスが空くと行われる。たった一つのポスト目がけて、我こそはと思う博士たちが殺到し、１００人以上が応募してくることはザラである。博士の数に対して、イスの数が圧倒的に少ないため、博士たちはいやでもギラギラしていなければならない。
この本気のイス取りゲームの勝敗のカギを握っているもの、それは「論文」である。

さもなくば消えよ

論文は新発見を報告する「場」であり、学術雑誌に掲載される。学術雑誌は分野ごとに数多あり、せちがらい話だが、どの雑誌に掲載されたかが研究者の運命を左右する。レベルの高い雑誌に論文が掲載されると、より多くの読者の目につき、全世界に大きなインパクトを及ぼすことができる。さらに各雑誌には「インパクトファクター」と呼ばれるポイントがついている。例えば、とある雑誌は5点、とある雑誌は25点といった具合だ。一般に「レベルが高い雑誌＝ポイントが高い」場合が多い。論文を投稿すると査読され、それぞれの雑誌が求めるレベルをクリアできていた場合に限り、受理（アクセプト）される。

職のイス取りゲームの際には、それまでに発表してきた論文のインパクトファクターで、研究者の実力が客観的に評価されることが多い。また、発表した論文が他の論文に引用された数も、その論文の価値を示す指標として考慮される。すなわち、論文は研究者の命そのものであり、分身と言っても過言ではない。出版できぬ者は消え去る運命にあり、「Publish or Perish（出版せよ、さもなくば消えよ）」

などと、研究者が抱えるプレッシャーを表した恐ろしい格言も存在する。

納得のいく渾身の論文を準備するにはどうしても時間がかかるが、先を越されて二番煎じになってしまうとインパクトはガタ落ちしてしまう。論文は就職だけではなく、研究費を申請するときにも重要視される。せっかく素晴らしい研究アイデアを持っていても、論文をまったく発表していなければ審査員からは相手にされない。

論文が求められるあまり、逆転現象も起きている。昔は新発見を発表する手段が論文だったが、現在は論文を出すために新発見をするという風潮がある。もちろん、論文を出すことだけが研究ではない。誰にも真似できない職人技を極めていたり、最先端のテクニックを使えたりするなど、技術も就職へのアピールポイントとなる。

ここまで博士事情を説明してきたが、国内学振3年目を迎えたポスドクである私も、任期満了まで残すところ数カ月。次の身の振り方を考えなければならなかった。

この先、どの道で勝負すべきか決断を迫られていた。そして、夢と生活の折り合いをつけなければならない悩ましい人生をより複雑なものにしたのが、研究材料に選んだ「バッタ」だった。

幼き日の約束

あれは小学校低学年の頃に読んだ、子供向けの科学雑誌の記事だった。外国でバッタが大発生し、それを面白がって見たがる外国人のために「バッタ見学ツアー」が企画された。一団は目的通りにバッタの群れを見学することができたが、その中に巻き込まれてしまう。飛び交うバッタがぶつかってくるだけでは済まず、緑色の服を着ていた女性は、腹を空かせたバッタにエサの植物と勘違いされ、無残にも服を食べられてしまった。私はバッタの貪欲さに恐怖を覚えるとともに、女性を羨ましく思った。

「自分もバッタに食べられたい」

その日以来、緑色の服を着てバッタの群れに飛び込むのが夢となった。

大人になるにつれ、バカげた夢などすっかり忘れていたが、再び思い出したのは、バッタを研究しはじめて2年ほど経ってからだった。2年間、毎日のようにバッタを触りまくる生活を送っていたところ、バッタアレルギーになってしまった。バッタが腕を歩くと、その足跡通りにじんましんが出る特異体質になっていた。

そして、エサ換え中にバッタが顔に飛びついてきて、慌てて振り払った瞬間、初めてのことのはずなのに、なぜかこのシチュエーションに懐かしさを感じた。そういえば！　頭の片隅に追いやられていた夢を突如思い出した。

顔に浮かんできたじんましんを撫でながら、大人になった自分の置かれている立場を冷静に振り返る。すると、バッタまみれの日々を過ごしており、どう考えても幼き日の夢に向かって着実に進んでいるではないか。とはいえ、普通にバッタの研究をしていても、外国でバッタの群れに遭遇することなんてないだろう。夢は幻に終わるはずだった。

だが、運命はこのとき、すでに私を幼き日の夢に引きずり込んでいた。自分の研究しているバッタこそ、アフリカで大発生することで世界的に有名なサバクトビバッタだったからだ。

「神の罰」＝バッタの大発生

バッタは漢字で「飛蝗」と書き、虫の皇帝と称される。世界各地の穀倉地帯には必ず固有種のバッタが生息している。私が研究しているサバクトビバッタは、アフリカの半砂漠地帯に生息し、しばしば大発生して農業に甚大な被害を及ぼす。その被害は旧約聖書やコーランにも記され、ひとたび大発生すると、数百億匹が群れ、天地を覆いつくし、東京都くらいの広さの土地がすっぽりとバッタに覆い尽くされる。農作物のみならず緑という緑を食い尽くし、成虫は風に乗ると一日に１００km以上移動するため、被害は一気に拡大する。地球上の陸地面積の20％がこのバッタの被害に遭い、年間の被害総額は西アフリカだけで４００億円以上にも及び、アフリカの貧困に拍車をかける一因となっている。

バッタの翅には独特の模様があり、古代エジプト人は、その模様はヘブライ語で「神の罰」と刻まれていると言い伝えた、ともの本にある。「蝗害」というバッタによる被害を表す言葉があるように、世界的に天災として恐れられている。

なぜサバクトビバッタは大発生できるのか？　それはこのバッタが、混み合うと変身する特殊能力を秘めているからに他ならない。まばらに生息している低密度下で発育した個体は孤独相と呼ばれ、一般的な緑色をしたおとなしいバッタになり、お互いを避け合う。一方、辺りにたくさんの仲間がいる高密度下で発育したものは、群れを成して活発に動き回り、幼虫は黄色や黒の目立つバッタになる。これらは、群生相と呼ばれ、破滅の化身として恐れられている。成虫になると、群生相は体に対して翅が長くなり、飛翔に適した形態になる。

長年にわたって、孤独相と群生相はそれぞれ別種のバッタだと考えられてきた。その後１９２１年、ロシアの昆虫学者ウバロフ卿が、普段は孤独相のバッタが混み合うと群生相に変身することを突き止め、この現象は「相変異」と名付けられた。

大発生時には、全ての個体が群生相になって害虫化する。そのため群生相になることを阻止できれば、大発生そのものを未然に防ぐことができると考えられた。相変異のメカニズムの解明は、バッタ問題解決の「カギ」を握っているとされ、１世紀にわたって世界的に研究が積み重ねられてきた。バッタに関する論文数は１万報を軽く超え、昆虫の中でも群を抜いて歴史と伝統がある学問分野であり、現在でも新発見があると超トップジャーナルの表紙を飾る。

ちなみに、バッタとイナゴは相変異を示すか示さないかで区別されている。相変異を示すものがバッタ（Locust）、示さないものがイナゴ（Grasshopper）と呼ばれる。日本では、オンブバッタやショウリョウバッタなどと呼ばれるが、厳密にはイナゴの仲間である。Locustの由来はラテン語の「焼野原」だ。彼らが過ぎ去った後は、緑という緑が全て消えることからきている。

　アフリカに行きさえすれば、サバクトビバッタの群れに出会えるかもしれない。しかし、私はしがないポスドクのため、職を得るためには論文を発表し続けなければならない。アフリカに行ったからといって論文のネタとなる新発見ができる保証はどこにもない。なぜなら、室内の実験設備が整っておらず、研究の全ては野外で行われるからだ。自分の運命を自然に委ねるのは、あまりにも危険すぎた。しかし、日本には、給料をもらいながら自由に研究できる制度はもはや皆無だった。

安定か、本物か

　生物の研究は、大きく分けて屋内と屋外のどちらかで行われている。屋内は温度や湿度、日照時間の長さなどを人工的に制御しており、安定した環境で実験を行うことができる。ノイズとなる余計な要因を排除でき、綺麗な状態で実験できる上、研究者は自身の都合でいつでも自由に研究できる。

　一方の屋外では、予期せぬ事態が起こることが往々にしてある。不安定な環境に加え、研究対象の生物と同じ環境に己の身を投じなければならないため、研究者の都合はお構いなしで野外に束縛される。しかし、生物を研究する本来の目的は自然を理解するためなので、野外での観察は基本中の基本であり、研究の礎となる。

私は実験室で研究をしてきた。安定して実験できたため、論文のタネとなるデータを出しまくっていた。バッタを育てるだけでも、脱皮の回数や成虫になるまでにかかる発育日数、体の色はどうなっているのか、何個卵を産むのかなど、生活史に関わるいくつもの生物現象を同時に研究できる。一匹のバッタから様々な生命データを採ることで、効率よく研究を進めていた。周りの研究者たちにも大いに助けられ、続けざまに論文を発表して研究生活は順調だったが、やはり野生のバッタをまともに見たことがないことが気がかりで、恥ずかしく思っていた。

狭いケージの中でもバッタは本能のままに動くが、なぜそのように振る舞っているのか理解しかねていた。例えば、バッタはなぜかケージの天井にいることが多い。野外には天井などないので、この行動の意味は不明だった。また、飼育室の照明が消えると立ち入り禁止になるため、扉の向こう側で繰り広げられている夜の秘め事には迫れなかった。いくら妄想力に長けていたとしても、現場を知らないため、机上の空論の域を超えられない。生息地で過ごす本来のバッタの姿を知らなければ、実験室でいくら緻密な実験をやろうが、誤解したまま研究を進める恐れがある。しかし、現場には不安定さがつきまとう。私はなんとしてでも論文を出し続けなければならない。

このままでは本物のバッタ研究者になれないのでは、と悩んでいた。だったら迷うことなくアフリカに行けばいいではないかと思われるだろう。だが、以前に一度、モーリタニアのバッタ研究所を訪れたことがあったが、飼育室はないし、生活は過酷そうだし、安定した研究はできそうになく、論文を出せる確証はなかった。

進むべき道は二つ。誰かに雇われてこのまま実験室で確実に業績を積み上げていくか、それとも未知数のアフリカに渡るか。安定をとるか、本物をとるか。どちらに進んだほうが自分のなりたい昆虫学者、ファーブルに近づけるだろうか。アフリカに渡ってもやっていける勝算があれば……。気持ちはアフリカに傾いている。何か後押しとなる勝算がないか考え込むと、かすかな光が見えてきた。

実は、サバクトビバッタの野外観察はほとんど行われておらず、手つかずの状態だった。簡単な観察でも新発見ができそうだし、フィールドワーク初心者の私でもやっていけるのではないか。発見の数だけ論文にできたら、念願の昆虫学者にもなれる。業績も上げられるし、本物のバッタ研究者にもなれる。しかも、人類の悲願であるバッタ問題の解決をこの手で成し遂げられるかもしれない。

たぶん、人生には勝負を賭けなければならないときがあり、今がそのときに違いない。自分ならどうにかなるだろうという不確かな自信を胸に、アフリカンドリームに夢を賭けることに決めた。

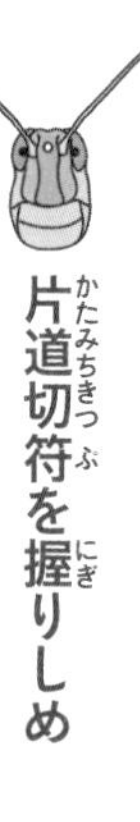

片道切符を握りしめ

アフリカに行くにしても、先立つものが必要だ。若手研究者を外国に派遣する制度である「日本学術振興会海外特別研究員」を利用してモーリタニアに行くことにした。年間380万円（生活費と研究費込み）を2年間の任期で支援していただける。計画書を提出し、**厳正なる審査の上**、運良く倍率20倍を勝ち抜いた。

このアフリカ滞在中の成果を引っ提げて、安定した給料が得られる常勤の昆虫学者になるのだ。論文を出したからといって、確実に就職が決まるわけではないが、論文を出さなければ、確実に路頭に迷う。2年後の予定はまったくないが、とりあえず行ってみようやってみよう。

アフリカ遠征の準備に着手した矢先に、東日本大震災が起きた。東北出身ということもあり、大勢の友人たちが被災した。私がこれから使う研究費を支援に回したほうがよっぽど有効活用されるのでは、とも思った。だが、それは数人にしか行き渡らないだろう。一瞬の気休め程度にしかならない。それよりも、舞台は違えどもともに闘い、励まし合っていくことにした。友人、両親への安否確認の意味も込めて「砂漠のリアルムシキング」というブログをはじめ、アフリカ生活の模様を定期報告することにした。

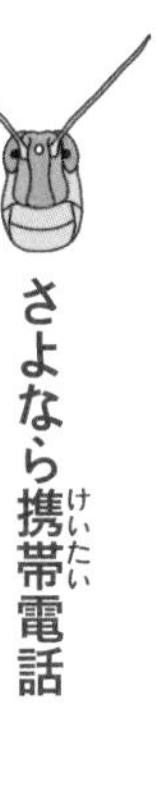

さよなら携帯電話

モーリタニアは実家から1万3000㎞ほど離れており、飛行機で35時間、片道60万円の運賃がかかる（往復の航空運賃だとなぜか半額近くになり、そのシステムは謎である）。

モーリタニアには成田空港からフランス経由で向かう。モーリタニアに到着したら速やかに研究をはじめられるよう、必要そうな研究資材と生活用品を詰め込んだダンボール8箱を持っていく（一箱の運賃2万5000円なり）。出国手続きを済ませ、両親に別れの電話をかけ、友人たちにはメールを送る。無事に日本に戻ってくることができるだろうか。

待合室は、フランスにバカンスに行く人たちでごったがえしている。カップル、ツアー客たちは、これからのお楽しみに期待で胸を膨らませ笑顔でいっぱいだ。神妙な面持ちなのは私だけ。定刻になり、機内に乗り込む。

お隣の研究室の日本語ペラペラフランス人コルネット・リシャール博士（現・農研機構　生物機能利用研究部門　主任研究員）にフランス語を教えてもらい、挨拶だけはマスターしていた（このとき、入国早々に本場仕込みの「ボンソワー（こんばんは）」が活躍するとは、思いもよら

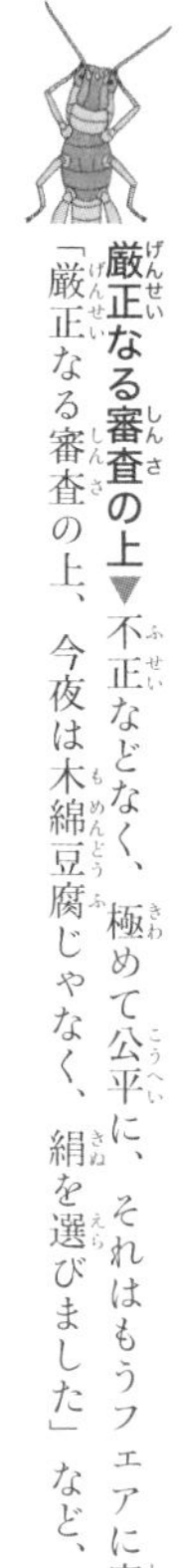

厳正なる審査の上▼不正などなく、極めて公平に、それはもうフェアに審査しました！　を伝えるときに使う。「厳正なる審査の上、今夜は木綿豆腐じゃなく、絹を選びました」など、普段使いには大げさすぎる表現。

なかった）。

機内では、お手持ちの電子機器の電源を早く切れとアナウンスが響く。握りしめた携帯電話は、電源を切ればもう電話としての役目を終えることになっていた。すでに解約手続きを済ませ、翌日には契約が切れることになっている。もう着信を告げるメロディを奏でることも、小刻みに振動することもない。10年間も連れ添ってきた電話番号は、いずれ誰かのものになってしまうだろう。もしこのまま日本にいられたら、一生付き合っていただろうに。私の都合で携帯電話としての天命を奪ってしまうことに罪悪感を覚えるとともに、ここまで苦楽をともにしてきた相棒に労いの言葉をかける。

アフリカに持っていった食料。舌がダシを求めてくる

友人たちから武運を祈るメールが続々と届きはじめたが、もう電源を切らなければならない。返信が間に合わなかった友人からのメールは、一体どこに行ってしまうのだろうか。自分もこの先、どこに行ってしまうのだろう。再び、日本に帰ってこられるだろうか。みんなから忘れられたりしないだろうか。不安とさみしさがどっと押し寄せてくる。

電源に指をかけたまま気持ちの整理をする。日本への未練と不安を断ち切る覚悟を決め、指先に力を込めた。携帯電話の画面は暗くなり、ただの金属の塊と化した。もう定位置のズボンの左ポケットに戻ることはない。

たとえ自分が帰らぬ人になっても、友人たちはバカ騒ぎをして「やりたいことやって死ぬんなら、本望だべ」と、あの世へ送り出してくれるはずだ。

飛行機は容赦なく離陸し、もう戻れない帰れない。気持ちを切り替え、映画を見ながら、支給されるビールを片手に一人宴会を決行する。出国前は、引っ越しに出国準備などいろいろ重なり、バタバタしていた。ゆっくりと映画を眺めながらビールを飲むのはいつぶりだろう。モーリタニアはイスラム圏のため、宗教上、アルコールが禁じられている。もう自由にビールは飲めなくなる。荷物に仕込んだビールを大切に飲んでいかねばならない（このとき、没収されてしまうとは、まだ知る由もなかった）。飲み納めに、次々にビールを胃へと流し込んでいく。やがて照明が落ち、人々は寝静まっていった。私も、酔いの助けを借りながら、闇にまぎれて眠りについた。

闘いはこの日からはじまった。修羅の道へと続く男の闘いが。

第4章 裏切りの大干ばつ

8月の雨に期待を寄せて

サハラ砂漠では乾季と雨季がはっきりと分かれている。雨季といっても数日間だけの降雨だが、ドシャ降り具合がハンパない。地面をえぐりとる勢いで豪雨が降り注ぎ、大地は水浸しになる。粘土質の一帯では、地面がドロドロの田んぼ状態になるため、車では通行不能になり、あちこちが陸の孤島と化す。この短期集中型の強い雨は、地表の栄養分に富んだ土壌を洗い流してしまい、土地が痩せる原因の一つになっている。

だが、一年にたった数回降る雨が、眠っている大地を叩き起こす。どこにそんなに種が埋もれていたのかと驚くぐらい、大地は緑に覆われる。モーリタニアは7、8月が雨季で、それ以外はほとんど雨が降らない。私がモーリタニアに来る前年は、大雨が例年よりも長く続き、普段ならとっくに枯れるはずの植物が長生きしたおかげで、4、5月でもバッタが見られたそうだ。

雨季直前の7月に入ると、気温がさらに上がり大地は最高潮に乾燥する。500kmドライブしても、バッタのエサとなる植物のほとんどが枯れており、バッタの姿を見かけない。こういう場合に備えて、保険として実験用のバッタを飼育しておかなければならなかったが、気づいたときにはもうバッタは消え去っていた。

調査に行くのもタダじゃない。むやみやたらに動き回って軍資金を浪費し、来たるべきときに金欠で身動きがとれないとか、アホの極みだ。すでに幸先の良いスタートを切っているので、焦る必要はない。ここはバッタに会いたい気持ちをぐっとこらえて、もうすぐ降るであろう雨に期待を寄せるのが得策だ。加えて、バッタを育てる飼育ケージを作ったり、エサの草を調達するシステムを開発したりと、やるべき準備は山ほどあった。

研究所では、職員が年に一カ月ほど「コンジェ」と呼ばれる長期休暇をとる。ティジャニも、コンジェをとって別居中の第一夫人と子供たちに会いに行きたいと申し出てきた。ティジャニの離脱に備えて、私はもう一人アシスタントを雇いたいと考えていた。2人のうちどちらかが働けないときに、どちらかがカバーしてくれれば、私にかかる負担が軽くなるからだ。しかし、ティジャニは休まず働くからと豪語し、私が別の人を雇うのを阻止してもう一人分の給料を受け取り続けていた。そこからの「休みたい」である。話が違うではないか。そもそも、休まずに働けるわけがなく、ティジャニは腹が痛いとか役所に行くという理由でこまめに休ん

浪費▼使いまくって失ってしまうこと。

でいた。だが、彼のように気の利く男はそうそういまい。私も彼に依存していたので、ズルズルと代打の準備を怠っていた。

心地よい労働環境を考えるのは雇い主の務めであり、妥協案を出すことにした。バッタが発生する繁忙期に休まれると本気で困るので、「バッタがいない時期に長期休暇をとる」という条件で合意した。今の時期はバッタが発生する前でタイミングがちょうどいい。ティジャニはさっそくタクシーに乗って夫人たちの元へ旅立っていった。

ティジャニ不在中、街に買い物に行くときには別のドライバーが対応してくれるので、何不自由なく過ごしていた。そんなとき、ババ所長から一報が。砂漠の奥地で大雨が降ったという。雨が降るとすぐに芽吹くそうなので、エサを求めてバッタがどのように集まってくるのか、ものすごく興味がある。

研究所は、モーリタニア全土を効率よく管理するために各地域に支所を設けている。雨が降ったエリアを担当している支所で、責任者を務めているセ・カマラと呼ばれる男に依頼して、現場に視察しに行くことになった。セ・カマラは英語もしゃべれるし、バッタの生態に精通しており、なんとしてでも我がバッタ研究チームに引きずり込まなければならない重要人物の一人だ。

普段は茶色の大地に緑のじゅうたんが敷き詰められている

緑のじゅうたん

砂漠は少し前までは茶色一色だったのに、緑のじゅうたんが敷き詰められていた。車で走り回ってもバッタはなかなかいなかったが、ようやく一匹の成虫に巡り合えた。バッタを採ろうと捕虫網を構えると、ドライバーのシディナが「オレにやらせろ」と捕虫網を奪っていく。バッタ採りはいつも大人気で網の争奪戦となる。私としては自分の楽しみが減るので**ありがた迷惑**だ。

バッタ採りにはいくつか流派がある。私は網を振り上げたまま静かにバッタに近づき、射程距離に入ったら有無を言わさず網を振り下ろ

ありがた迷惑▼相手は親切なつもりで何かをしてくれているが、ぶっちゃけいらない余計なお世話。人の善意を断るのは難しいため、やっかいな行為の一つ。

捕虫網を振りながらバッタに迫るシディナ

すスタイル。現地人たちはバッタの背後に回り込み、網を腰の位置に構えて左右に振りながら静かにゆっくりと近づいていく。そんなに網を動かしたら余計に目立って逃げられそうなのだが、彼ら曰く、バッタは動く網に気をとられ、人が近づいているのに気づかないから採りやすいそうだ。

バッタは一度逃げると警戒心が強くなり、近づくとすぐに逃げるようになる。ファーストコンタクトが肝心だが、シディナはあえなく失敗。一発で仕留められなかった汚名を返上すべく、バッタを追いかけ回し、息を切らしながら執念で捕まえ、誇らしげに渡してくれた。たった一匹だが、少なくともバッタがいることで我々は大いに勇気づけられた。さぁ、数は少ないけれど採りまくるぞ。

ところが、気合い空しく後が続かない。**走れども、休めども**バッタが見当たらない。降雨直後だったので、来るのが早すぎたのかもしれない。

ということで、一週間後にまた砂漠に行ってみたが、まだバッタはいなかった。探索場所を拡大し、ヤギを放し飼いにしている草原も、ソルガム（もろこし）が植えられている畑も、ナツメヤシの畑も訪れたが一向に見当たらない。モーリタニア中に散らばっている調査部隊たちも、バッタを発見できていなかった。2回の空振りに**不穏な空気**が流れはじめる。雨が降ったらすぐにバッタがやってくると聞いたのに、おかしいではないか。

私の不安をよそに、リフレッシュしてツヤツヤになったティジャニが帰ってきた。

幻滅のオアシス

「3m歩くと5匹バッタがいたぞ」(40歳/団体職員)
南のエリアからのミッション帰りの職員のとれたて情報を、ティジャニが朝一番で持ってきた。**キタコレ！** 待ってた！ 野外にバッタがいなくても、自分で飼育すれば何かしらの研究はできる。この好機を逃してなるものかと、緊急ミッションに出発することにした。長期戦に備えて、一週間は寝泊まりできるだけの食料やら燃料やら装備を整え、情報を受け取ってから2時間後には、砂漠の中を突っ走っていた。
私はミッションの態勢を変えていた。緊急出動に備えて、車の中には常にキャンプ道具一式を詰め込んでおり、食料、水、ガソリンだけを補充すればいいようにしておいた。

走れども、休めども▼「休んでいるのだからバッタを見つけられなくて当然だよ！」という冷静なツッコミをいただくための小ボケ。

不穏な空気▼何やら良からぬことが起きそうな雰囲気が漂っているときに使う。読者のハラハラ感をムダに煽るのに便利だし、「良くない出来事をこれから話します」、という前フリ。

キタコレ！▼待ちに待っていたことが訪れたことを大喜びする状態を表すネット用語。

木陰にその身を寄せるラクダ

本来ならキャンプ道具は、毎回研究所に貸し出しの手続きをしなければならない。だが、必要な道具が貸し出し中だったり、係の人間が不在で倉庫のカギがなかったりと手間取ることが多く、ババ所長にお願いして、特別にずっと一式を借り続けることにしていたのだ。

さらにミッションのメンバーはドライバーのティジャニのみ。人が増えるとその分手間取るので、必要に応じてメンバーを加える少数精鋭にしていた。

これまでの調査は、モーリタニア北西部で集中的に行ってきたが、今回は職員の情報に従って南下することにした。南だったらバッタがいるかもしれない。期待を胸に、いざ砂漠に繰り出した。

草原地帯や砂丘を疾走し、GPSを頼りに職員がバッタを見たという目的地へと向かう。

普段の砂漠は風が強く、砂埃がもうもうと舞っていて、靄がかかったようにどんよりしているが、今日は珍しく快晴で、青い空が透き通っている。気持ちも晴れ晴れしてウキウキしてきた。

木陰で遊牧民たちと休息。誰とでもすぐに仲良くなるティジャニ

木陰で休んでいるラクダたちを尻目に、時速100kmオーバーで道なき道を突っ走る。

　草原のど真ん中に、樹木が生い茂っている場所が現れた。見慣れぬ光景に近づくと、**かの有名な**オアシスだった。砂漠の友はオアシスと相場が決まっており、実際に見たかったものの一つだ。さすがは砂漠の憩いの場だ。ラクダを引き連れた旅人がすでに休憩していた。我々も一息つこうと車を降りる。ティジャニはすぐに彼らと打ち解け、お茶をごちそうしてもらうことになった。日陰は涼しくさわやかな風が吹いている。木陰に身を隠し、草原を眺めながらいただくお茶は格別だ。

　モーリタニアのお茶は、中国茶に砂糖をたっぷり入

かの有名な▼なんだこの「かの」って？　自分で使っておきながら説明できない用語の一つ。グーグル先生（339ページ）に相談すると、「話し手と聞き手の両方がともに知っている事物をさす語」とある。ふーん。

れ、仕上げにミントと一緒に沸騰させる。そして、ショットグラスのような小さいグラスでいただく。暑いときに熱いお茶を飲むと、不思議とさっぱりする。甘ったるいので喉が渇くかと思いきや、しっかりと煮出すため渋めのお茶に仕上がり、後味すっきりだ。砂埃をたっぷり吸いこんだ、喉のイガイガを鎮める効能もありそうだ。

お茶は、3回に分けて飲むのが慣習だ。みんなに注ぎ終わると、再び水から湯を沸かしはじめるので、一度のティータイムに30分はかかる。オアシスでのんびり休憩できるとはなんたる贅沢。遠くでヤギが鳴いており、あまりに平和すぎて、自分の任務をしばし忘れてしまう。親切には親切で応えるのが我がバッタ研究チームの掟。ラクダ以外のみんなにバナナを振る舞う。一息ついたところで、オアシスを探検してみることにした。

我々日本人がオアシスに抱くイメージは、透き通ったエメラルドグリーンの池を、金色に輝くサラサラの砂地が囲み、そのほとりにはヤシの木が立ち並び、ビキニ姿の美女がキャッキャ

異臭漂う不快なオアシス

マメハンミョウ

ツワイワイしているというものではないだろうか。それはそれは爽やかで、すがすがしく、清潔感に満ち溢れたものだろう。

だがしかし、現実のオアシスはそういうイメージとはかけ離れたものだ。ドス黒く濁った水を茶色の泥が囲み、そのほとりは、水を飲みに来た動物たちの足跡だらけの糞だらけで、とにかくクサい。こんなところで薄着の女が騒いでたら、何かの儀式に違いなく、早急にその場から撤退しないと呪われかねない。オアシスの正体は、不愉快な水たまりという悲しい現実を知ってしまった。

気を取り直して周りを探索すると、ブンブンと無数の小昆虫が飛び交っている。近寄ってみると、マメハンミョウの成虫だった。この昆虫は、成虫期はマメ科植物の葉をメインディッシュにするが、幼虫は地中でバッタの卵を食べて育っている。農学的には、成虫は害虫で

だがしかし▼単体の「しかし」よりも逆のことを力強く言うときに使う。

ラクダの首って長いよね

幼虫は益虫、というなんとも扱いが難しいポジションにいる。

また特筆すべきは、この虫は危険な毒を持っている。成虫は体内に「カンタリジン」を含んでおり、これは殺傷能力のかなり高い強力な毒だ。日本にもマメハンは生息しており、**一説によると**、忍者はこの毒を暗殺に用いたそうな。

マメハンが無数にいるということは、大量のバッタの卵が近くにあったことを意味している。バッタ遭遇への期待が高まってきた。

ティジャニともども身も心もリフレッシュでき、旅人たちに「ショッコラーン（ありがとう）」を伝え、旅を続ける。

しばらく行くと、30頭ほどのラクダの群れがくつろいでいた。今日は絶好の写真撮影日和だ。のどかな風景でも撮っておこうと、車を停めて撮影をはじめようとしたら、ラクダが一斉に立ち上がり、ゆっくりとこちらに向かってきた。

巨大ラクダ、襲来

「ラクダは決して怒らせてはならぬ。一番体の大きいやつが群れのリーダーで、人を蹴り殺すこともある」

以前ティジャニに教えてもらった砂漠の注意事項だ。おとなしそうに見えるラクダだが、大きいものだと身の丈2mを超え、威圧感たっぷりだ。リーダーが群れを代表して襲ってくると思いきや、全員、一致団結してこちらに向かってくるではないか。車ごと潰されるという恐怖がよぎり、ティジャニにすぐさま脱出するように伝えると、笑顔で問題ないという。コイツラはただエサをねだりにやってきたそうだ。乾季中はエサの草があまり生えていないので、飼い主が車からエサをあげており、今回もエサをもらえると勘違いして近寄ってきたのだ。座っているラクダに歩いて近づくと、彼らは慌てて立ち上がって逃げるが、車には寄ってきてしまう。ラクダの写真を撮るなら車から、というマメ知識を得た。

再び、目的地に向けて疾走。すると、フッと未確認飛行物体が車を横切った。ヤツだ！　ヤツがいたぞ！　緊急停止し、ティジャニと二手に分かれ、辺りを探索する。

一説によると▼自分の説明以外に別の説がある可能性もあり、間違っていても責めないでね、という前フリ。

サバクトビバッタの孤独相の成虫。5㎞歩いて一匹しかいない状況では、交尾相手に巡り合うのも大変そうだ

バッタがほとんどいない低密度のときは、ひたすら歩き回り、人に驚いて飛んだバッタを執拗に追いかけ回して採集するしかない。この戦法は、運と体力がものを言う。すぐさま先ほど逃げたバッタと思しき個体を捕獲する。やはり、サバクトビバッタのオスの成虫だ。

歩き回ってみるが、やはりバッタはほとんどいない。しばらく歩いてようやく一匹発見。そのまま捕獲してもいいが、せっかくの快晴なので、記念撮影をすることにした。バッタは臆病ですぐに逃げてしまうので、そっと近づかなくてはならない。ファインダー越しに覗くバッタの勇ましさよ！　青空にこんなにも**映える**生物は、果たしてこの世に他に存在するのだろうか。青空はバッタのためにあるのではなかろうか。あらためてウットリしてしまう。

ティジャニも一匹捕まえ、我々は確かな手ごたえとともにバッタの巣窟へと向かった。

精が出るゴミムシダマシのカップル

ガセネタに振り回されて

しばらく進むと、古めかしい井戸があった。中を覗き込むと水がたまっている。家畜の水飲み場だ。井戸の縁にびっしりと黒い小さな塊が密集しているのに気づく。ゴミムシダマシだ。この虫を**雑に紹介する**と、親指の第一関節くらいの大きさの角なしカブトムシだ。ゴミムシという昆虫とはまったく別の種類だが、なぜか「ダマシ」という不本意なネーミングをつけられている。

日本での知名度は低いものの、砂漠を代表する昆虫の一つで、とてもユニークな方法で水分を得る。ナミビア砂漠に生息するゴミムシダマシは、その特徴的な水の飲み方から「**キリアツ**

映える▼何かと組み合わせることで、より一層良さが際立つときに使う。最近は、単体でもオシャレ感を意味する「ばえる」のほうがよく使われている。

雑に紹介する▼ゴミムシダマシのことを詳しく説明されて喜ぶ人は少ないとみて、特徴だけを述べることにした。

精が出る▼一生懸命に何かを行う。

「バッタに会いたいなら、あちらに進むがよい」遊牧民はバッタの元へいざなってくれる

メ」と呼ばれている。霧が立ち込める日に、尻をあげて前傾姿勢をとる。すると、体にまとわりついた水分が前方の口にしたたり落ちてくる。その水を飲むのだ。乾いた砂漠で自らの体を使って水分補給する面白昆虫だ。

余談だが、昆虫には「ニセ○○○」「○○○ダマシ」「○○○モドキ」などという、**心外**なネーミングをされている者たちがいる。このゴミムシダマシもその一つだ。

そうこうしているうちに、目的地近くの小さな村に到着した。

オアシスに近いこともあり、緑が豊富なこの村では、大量の家畜を放し飼いにしている。ちょうど20名ほどの村人が集まって**井戸端会議**をしており、ティジャニが村人から最新のバッタ情報を収集する。現地人は、貴重なバッタの情報源だ。そこで、村から20km離れた地点でもバッタが発生しているとの情報を得た。

まずは、当初の目的地に行くことにする。もう少しでバッタパラダイスだ。GPSがピーピー鳴きはじめ、目的地に到着したことを告げる。先ほどからの風景となんら変わらないが、きっとここにはバッタがいるはずだ。そう信じ込んで歩き回るも、2km歩いてようやく一匹確保できただけ。

これはもしや……。片道300kmをはるばるやってきたというのに……。そんなまさか……。ティジャニのほうもさっぱりだ。3m歩けば5匹は見つかるという話だったのに、全然いないではないか！　歩くのがかったるくなったので、車で縦横無尽に走り回るもバッタがいない。

「こんなことありえない。あいつめ、**話を盛りやがって！**」とティジャニが**憤慨**している。私の怒りがティジャニに向く前に、すかさず**怒りの矛先**をネタ元の職員の男に向けた。やりおる。

「いいよティジャニ、もう運転しなくても。ここにバッタはいないいんだよ」

我々は厳しい現実を素直に受け止め、2人**肩を並べて**沈みかけの太陽をしばらく眺めていた。

キリアツメ▼外国の昆虫のため和名がなく、分類学者の中條道崇氏が1993年に命名したもので、名前が水を飲むための行動の特徴を物語っており、とても素敵なネーミング。
心外▼不本意で嬉しくないときの気持ちを表す。
井戸端会議▼昔、井戸から水を汲んでいた頃、井戸の周りで女性たちが顔を合わせる機会が多く、そこで色々と議論を繰り広げていたことから。
話を盛る▼実際には大したことがないのに大げさに言うこと。
憤慨▼めっちゃ怒ること。憤慨中の人には近寄ってはいけない。
怒りの矛先▼怒ろうとするときのターゲット。

夕日を独り占めするサバクトビバッタ

この日、砂漠の夕焼けはとても美しいことを知った。

日も暮れてきたので、野営することにする。野宿は実に気楽でよい。寝ようと思ったところが寝床になる。今夜は、砂丘の上にチェックインだ。

迫りくる黒い影

今夜のホテルは地平線の彼方まで一望できる草原ビュー。無限の広さを誇る寝室で、ゆったりくつろぐ。天気がいいのでテントも張らず、砂丘の上に折り畳み式のパイプベッドを設置し、そのままの自然を体感することにした。自由気ままな男2人旅だ。

だが、すっかり日が落ちてからテントの重要性を知ることになる。食事係のテイジャニが晩飯のスパゲティを調理しはじめたのだが、その手元をライトで照らすと、無数の虫が鍋に飛び込んできたのだ。なるほど、テントの中だったら予期せぬ「オカズ」を増やさずに済んだのか。マメハンミョウの毒の例もあり、得体の知れない砂漠の昆虫をむやみに食べるのは危険だ。しかたなく、ティジャニは暗闇で料理する。

日本とモーリタニアとでは、スパゲティの茹で方が大きく異なる。麺類のコシを**こよなく愛する**日本人は、余熱で芯まで火が通ることを計算し、アルデンテ（髪の毛ほどの細さの芯が残るくらい）になるように茹で上げる。一方、モーリタニアでは、そんなことはおかまいなしで30分は茹で続ける。おかげでスパゲティはブヨブヨに水ぶくれし、コシなんてあったもんじゃない。街のレストランでも、スパゲティをナイフで細かく切ってから、スプーンですくって食べるのが一般的だ。

ティジャニはスパゲティを大量に茹でるクセがある

肩を並べる▼並んで立つこと。同じような力を持つこと。

こよなく愛する▼「他の物に比べて圧勝で好きなんです」を示すときに。

せっかくのスパゲティが台無しかと思いきや、モーリタニア流は食べやすいし、消化によい。何より少量の乾燥麺でも腹いっぱいになれる。学生時代、カップラーメンを意図的にふやかして1・5倍にして食べていたので、さほど違和感はない。

一瞬、ティジャニを照らすと、なにやら黒い塊に囲まれている。井戸の周りにいたゴミムシダマシ（以後、ゴミダマと呼ぶ）だ。ティジャニが散らかした野菜くずを食べている。人間が近寄っても逃げようとしないのでじっくり観察できる。暗くなった途端に動きはじめたので、夜行性なのだろう。暑い日中を避け、涼しくなってからエサを求めて深夜徘徊しているのだ。私も若いときは、深夜に**ネオン街**をよく練り歩いたものだと思い出にふけっていたところで、我々も晩餐会だ。

缶詰のトマト、ミックスベジタブル、ツナ、タマネギを一緒に煮込んだソースを、スパゲティにぶっかけて食べる。この組み合わせでマズイわけがない。出された料理は残したくないが、ティジャニがてんこ盛りにして出してきた。とてもじゃないけど食いきれないので、自分で好きな量をとるバイキングスタイルに変える。

まずはクーラーボックスに仕込んでおいた冷えたコカコーラで乾杯だ。

前「いやー、それにしても何が3m歩けば5匹いるだよ。全然いねーし」

テ「バッタがどっかに飛んで行った可能性もあるが、バッタを目撃した次の日に来てこれだけ探してもいないということは、あいつが悪い。あいつの頭が悪い。あいつと同行したやつにも本当にいたのかどうか聞いて、確認すればよかった」

ティジャニは、私に嘘の情報を流してしまったことに**負い目**を感じているらしく、懸命に**ガセネタ**職員に**罪を着せよう**としていた（後日談になるが、そいつと同行した職員はバッタを見ていなかった。我々はガセネタに振り回されていた）。

我々のお腹が膨れた後も、腹ペコなゴミダマたちはウロウロしており、心なしか数も増えてきたようだ。スパゲティも食べるかなと、食べきれなかった分を地面に置き、おすそ分けする。すると、続々とゴミダマが群がり、むさぼり喰っている。見事な喰いっぷりで、どんだけ飢えていたのよ、と気の毒になる。

観察していると、20分かからずに満腹になるようで、食後のゴミダマはヨロヨロしながら闇へと消えていく。明らかに喰いすぎである。中には、スパゲティから数十cmのところで、ピクピクしながら食休みをしている奴もいる。喰い溜めしたのだろう。お腹いっぱいに食べたときの振

ネオン街▼ネオンとは夜にきらびやかに光っている電光看板のことを指し、それが連なる大人の夢と欲望がうずまくエリアのこと。楽しいところだが、ハマりすぎると身を滅ぼす。
負い目▼相手に悪いことしちゃったなぁと気まずく思っていること。
ガセネタ▼嘘の情報のこと。ガセの語源は「お騒がせ」の「がせ」とのこと。本物ではないのに人騒がせなものということで、「偽物」の意味になったとのこと。へぇ〜。（ネット上の「語源由来辞典」より）
罪を着せる▼無罪の人に罪をなすりつけるときの表現。

黒に染まった落とし穴

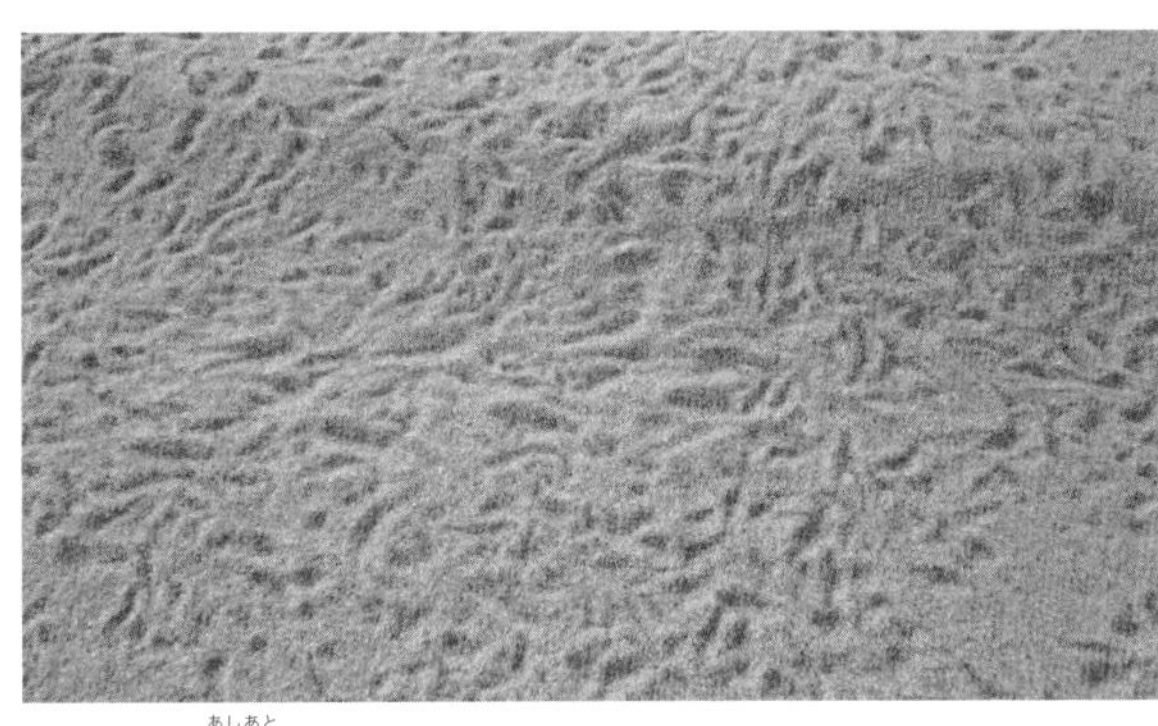
ゴミダマの足跡

る舞いが人間的で、なんとも言えない親近感が湧いてくる。

カワイイ子にはイタズラをしたくなるのと同じ心理で、彼らにちょっかいを出してみた。スパゲティの傍らに落とし穴を掘ると、匂いにつられてやってきたゴミダマたちが一目散に落ちていく。落とし穴は、地表徘徊性の昆虫を採集するのによく使われる方法だが、見ている目の前でこんなに引っかかるのも珍しい。どうせなら二度と這い出られないようにと、スコップで横幅、深さともに40㎝ほどの穴を掘り、その中にもスパゲティを投げ入れて、どれだけトラップされるか試してみた。今日は誰かさんのおかげで歩き疲れていたので、早々と眠りについた。

翌朝、落とし穴を覗くと、黒色に染まっていた。ただただ黒い。比較用に、スパゲティを入れていない落とし穴も掘っていたが、そちらにはほとんど落ちていない。匂いに誘われたようだが、ソースもかかっていない素のスパゲティがこれほどまでに魅力的とは、砂漠の生き物はいったいどれだけ飢えているのか。彼らの食生活が心配になる。数百匹のゴミダマがモゾモゾと蠢いているのを凝視する。これは何かに使えるかもしれないと思い、根こそぎバケツに入れて持ち帰ることにした。

私のパイプベッドの周りの砂は、彼らの足跡で埋め尽くされていた。はたして彼らは、エサを求めてたまたまベッドの周りを歩き回っただけなのか。それとも私の体臭がエサとして認識され、ゴミダマを引き付けてしまったのか。私が食べられたいのはバッタであってゴミダマではないので、今後もご遠慮願いたい。

バッタ高価買い取りキャンペーン

次の日はどんよりとした天気だった。目的地にバッタが全然いなかったため、昨夜村人に聞いた、20km離れたポイントに向かう。途中、ヤギを引き連れた遊牧民に尋ねると、彼らも村人と同じ方角でバッタを見たという。期待が高まる。

だが、行けども行けどもバッタの群れには遭遇できない。途中、何回も立ち止まり、成虫で

毒バッタ。体の脇から泡状の毒を出す。意外とクセになる臭いで嫌いじゃない

はなく小さい幼虫がいるかもと、くまなく探してみたが、一向に見つかる気配なし。目的のポイント近辺を走り回っても、目に飛び込んでくるのはゴミダマのみ。彼らは木の根元、割れ目、地面の穴の中にも潜んでいる。どうやら日中は隠れているようだ。

ゴミダマの研究者にとってここはパラダイスだろうけど、あいにく私はバッタを求めている。これだけ走り回って見つからないということは、本格的にサバクトビバッタはいないと結論付けても**差し支え**あるまい。

それにしても、手ブラで研究所に帰るとは情けない。たとえガセネタだったとしても、デキる男なら機転を利かせてどうにか獲物を手に入れるはずだ。悩んだ挙句、ターゲットをサバクトビバッタから別のバッタに変更することにした。

先日、研究所の裏の畑で毒バッタを採集していた。砂漠には、動物に食べられないように毒を持つ植物がよく生えているが、この毒バッタは毒植物をメインに食べ、植物由来の毒成分を体に貯えることができる。敵に襲われると、腹部の脇の毒腺から泡状の毒を分泌して敵を撃退する。

毒の木の枝を折ると白濁した汁が溢れだす

今回のミッション中に、道路わきに毒植物がたくさん生えている村を覚えていたので、帰りがけにそこに寄り、この毒バッタを捕獲する作戦を企てたのだ。

お目当ての場所で、ティジャニと一緒に20分歩き回って、ようやく2匹捕獲できた。いることにはいるが、なんとも効率が悪い。すると、子供たちの騒ぎ声が聞こえてきた。20人近くの子供たちが、先日の雨でできた水たまりで泳いでいる。漁師は魚が獲れなかったとき、魚を買うと聞く。ならばバッタも買えばいいじゃないか！　ということで、バッタ高価買い取りキャンペーンを実施することにした。

ティジャニから子供たちに、バッタ一匹１００ウギア（35円）で買い取るよと告げてもらう。子供たちは

差し支え▼何かをするのに抵抗や問題があること。

全員水遊びを止め、一目散に散らばっていった。日本人の金銭感覚では、100ウギアは300円ほどだろう。自分も子供の頃にそんなオイシイ話があったら、夢中でバッタを探すはずである。まぁ10匹採れたら御の字だと思っていたが、砂漠の民の底力を甘く見ていた。

一人のチビっ子がバッタ片手に駆け寄ってきた。

「え？　もう採ってきたの？　早いな。じゃあ、約束のお駄賃だよ」

よほどこの子は運が良かったのだろう。これで駄菓子でも買ってくれればと、ほのぼのした気持ちでいたら、次から次へとチビっ子たちがバッタを持ってくる。すぐに100ウギア札がなくなり、大きい額のお札しかない。両替できるお店も見当たらないので、誰かリーダーにまとめて払って、みんなで分けてもらえばいいやと考えたが、大間違いだった。

続々と押し寄せてくる子供たちを前に、もはや収拾がつかなくなっていたのである。途中から捕獲者の名前をノートに書いて、採った数を記録するようにしていたのだが、この制度を導入する前に捕まえてきていた数人の子供たちが、すぐにお金をよこせとせびってくる。ティジャニに採ってきた数を申告するように伝えたら、チビっ子たちはしたたかで、一匹しか採ってないのに10匹採ったと言いはじめ、挙句に、採ってない子まで採ったと言い張る始末。ティジャニを囲む集団は膨れ上がり、ティジャニは完全に**テンパっている**。

そして、事態は**悪化の一途をたどる**。あちこちでバッタの強奪、殴り合いのケンカが勃発し、仲裁に走ら**ざるを得ない**。100ウギアは人を狂わすほどの価値を秘めていた。もっと安いお駄賃にすべきだった。弱者は敗北あるのみ。私の目の前でデカい子がチビっ子からバッタを奪い取り、笑顔で盗品を**横流し**してきた。砂漠が**修羅場**と化した。

「このバッタはあの子のだからダメだぞ」

と**教育的指導**を与え、チビっ子に頭を撫でながらバッタを返す。

「今度は気をつけるんだよ。さぁこれを持ってティジャニのところにお行き」

「うん。ありがとう。お兄さん」

チビっ子は泣き止み、笑顔に戻り、今度は奪われないようにと力任せにバッタを握り潰す。やめてぇぇ〜〜〜〜〜〜。手のひらからはみ出したバッタはグッタリしている。遠くを眺めながら、どうしたらいいものかと途方に暮れた。もう、色んなものに謝りたい。

あいかわらず、チビっ子は私に群がり、服を引っ張ってくる。後でまとめて払うから、と説明しても、まったく聞き入れてもらえない。不服に思った誰かが私を殴った。するとどうだろ

テンパる▼切羽詰まっていて（追い込まれていて）、あたふたしてパニックになっている様子のこと。

悪化の一途をたどる▼悪くなる一方で、どうしようもない様子のこと。

○○ざるを得ない▼どうしてもしなくてはいけない状態のこと。何かをしなくてはいけないときを冷静に表現するのに便利。

横流し▼自分は大して苦労せずに人からもらった（奪った）ものを別の人に渡すだけで金儲けするズルい行為。

修羅場▼浮気がばれた大人の男女が激しくケンカするときに使われるくらい、壮絶な闘いが行われる場所のこと。

教育的指導▼その人の成長を祈り、厳しく注意すること。

う、他の子たちも私をポカスカやりはじめた。痛くはないが、人を殴るのはよくない。怒ったふりをして「誰だ‼　お前か、殴ったのは？」と拳を振りあげ威嚇する。怯える子供を見て、我に返る。いかん、暴力はさらなる暴力を生むだけだ。「殴るのは禁止」という男の約束をとりつけたが、完全に収拾がつかない。私が最初から秩序ある取引を提示していたら、平和に事が運んだのに……。

富は争いを生み、争いは哀しみを生む。世界から戦争がなくならない縮図を垣間見たような気がした。

これはたまらんと、最年長（20歳くらい）の若者にまとめるように依頼すると、あろうことか、彼までもが採ったバッタの数を上乗せしはじめた。もう誰も信用できない。計算上ではすでに110匹になっているが、手元のバッタの数は明らかに少ない。

空を見上げ、世の中にはどうしようもないことがあると、自分に言い聞かせる。困り顔のティジャニに「帰ろっか」と伝え、逃げ去ることにした。正直者の2人を責任者に抜擢し、不満が出ないよう多めの報酬を渡して、後はよろしくと事態の収拾を押し付けた。

車内に逃げ込むと、チビっ子たちが車を取り囲み、一斉に「ジャッキー」と叫びながら、車をバンバン叩く。東アフリカに滞在していた先輩の髙野俊一郎博士（現・九州大学　助教）の話によると、アフリカではブルース・リーが超有名で、モノマネをすると大ウケするそうだ。だが、ここ西アフリカはジャッキー・チェン派だと読んだ私は、ジャッキーの真似をして脱出を試みた。

座席に座ったまま刃渡り20cmの手刀を素振りし、その切れ味の鋭さを見せつける。チビっ子は本場のカンフーを見るのが初めてなのだろう（私はカンフーの経験はないが、**空手初段〈補〉**だ）。今日一番の盛り上がりを見せ、皆大喜びしている。

彼らがジャッキー・チェンコールで疲れた隙をつき、ティジャニが脱出に成功した。リーダーたちの正当な采配に期待しよう。オレもう知らない！

なるほど、小額のお金を大量に準備し、その場で現物交換をしなければスムーズに取引できないことを学んだ。帰宅後、すぐにバッタを数えたら53匹しかいなかった。どこが110匹やねん！　チビっ子たちにまんまと**一杯食わされて**しまった。さらにほとんどの個体が握り潰され、静かに横た

車に張り付いてきたチビっ子たち

空手初段〈補〉▼初段になるための昇段試験を受けたものの、実力不足で初段にはなれないが、かといって一級のままなのも気の毒なので補欠扱いされた応急措置。大人の計らいはときに子供心を傷つける。

一杯食わされる▼騙されてしまうこと。一説によると、昔の人がキツネやタヌキに騙されて偽物のご飯を食べさせられたことから、この言葉が生まれたとか。

わっており、まさに虫の息だ。

私は「バッタを捕まえてきたらご褒美をあげる」とは言ったが、「生きたバッタに限る」とは言っていなかった。普通は生かして持ってくるだろうと、自分の常識を相手に押し付けていた。とくに異文化では、物事を正確に伝える必要がある。私の「普通」など、世界では所詮「例外」なのだ。

結局、**ボウズ**は免れたものの、十分な**サンプル数**を確保できず、毒バッタを使った実験もできそうにない。毒バッタの有効活用法はないものかと考えていたら、**妙案**を思いついた。毒バッタを使って、飼育アシスタントにバッタ飼育のなんたるかを学んでもらうのはどうか。昆虫を飼育して研究するためには、昆虫のコンディションを常に同じように保つ必要がある。エサの質や量など、なるべく同じ環境をキープすることで、狙いとする実験処理の影響を見ることができる。

単純だが、これがなかなか難しい。細部にまで注意を払わねばならず、様々な技術と気配りが要求される。いつの日か大量のバッタを飼育することになったとき、自分一人では手が回らなくなる。そんなときに自分を支えてくれる相棒が必要だ。今のうちから、バッタ研究チームの飼育部門の責任者を育成しておく必要がある。

「私はこれからこの毒バッタを飼育するので、誰か手伝ってくれる人を雇うつもりだ。誰を雇えばいいか心当たりがあるか？　月に3万ウギアの給料を考えている」

3万ウギアは研究所のドライバーの1カ月分の給料に相当する。労働時間は、一日たった1時間なので、割のいい仕事だ。すると、ティジャニ本人がやりたいと言いだした。バッタ飼育は過酷で、決して手抜きや**妥協**をしてはいけないと伝えたが、それでもやりたいと言う。その熱意を買い、今の給料に上乗せして、ティジャニに飼育アシスタントに就任してもらうことにした。これから毎日のようにエサを与え、掃除をしなければならないが、はたしてティジャニにバッタ飼育の適性があるのだろうか？ それも見極めねばならない。

サバクトビバッタがいない以上、毒バッタに賭けるしかないが、今のままでは数が少なく、十分な飼育のトレーニングにならないので、再び採集に行くことにした。

リベンジ

毒バッタを採集するため、再び砂漠に戻ることにした。ただバッタ採集のために戻るのではなく、かねてから準備していた秘密兵器の威力を確かめようとしていた。

ボウズ▼釣りの用語で一匹も釣れなかったときのこと。
サンプル数▼調査した事柄の数のこと。
妙案▼ナイスなアイデア。
妥協▼満足はしていないが、まぁいいかと甘んじて受け入れてしまうこと。

実は、バッタで「ライトトラップ」ができるかどうか、検討を積み重ねていたのだ。ライトトラップとは、「飛んで火に入る夏の虫」のごとく、夜間に白いシーツをライトアップし、飛んでくる虫を捕獲する昆虫採集の定番の手法だ。発電機や大型のライトが必要な、大人の昆虫採集である。街のミシン職人に、横４ｍ、縦２ｍの特注の白いシーツを仕立ててもらい、よさげなライトを買っていた。以前、砂漠でライトトラップを試そうとしたところ、

「コータロー、頼むからライトをすぐに消してくれ。こんな砂漠でライトをつけたら、ここに我々がいるのをテロリストに宣伝しているようなものだ」

と、ティジャニに言われて慌てて消した。

真っ暗な砂漠では、わずかな光でも遠くから見えるため、それをめがけて悪党がやってくるというのだ。虫ではなくテロリストをトラップするとは**あな恐ろしや**。砂漠で最も恐ろしい動物は人間なのだ。せっかく作ったのに使えないとはなんたることか。どうにかならないかとババ所長に相談したところ、砂漠に点在しているデザートポリスがいる付近なら、テロリストはあまりいないから大丈夫だろうという。今回の目的地は比較的デザートポリスに近く、安全に試すことができそうだ。

今回のミッションには力持ちが必要なので、普段は研究所で倉庫番をしているムキムキのモハメッドをスカウトし、３人態勢で前回と同じエリアを訪れた。シーツにつけたロープをピンと張るように木にくくりつけるのだが、木が生えていない平坦な場所では、シーツを張るための

棒が必要だということに気づく。やってみなければ気づかないことが多い。

　3人でワイワイやっていると、車で通りかかったおじさんが手伝ってくれた。彼はどうやら金持ちらしく、この先の草原でバカンスをしているからヤギを食いに来いと誘ってくれる。明日挨拶しに行くよと約束し、我々は仕事に戻る。

　日が暮れるのを待ってから発電機を始動し、ライトオン。発電機がサハラの静寂を打ち破る唸り声をあげ、暗い夜空に白いシーツが怪しく浮かび上がる。なかなかいい出来栄えではないか。

シーツを木に張るのを手伝ってくれた通りすがりのおじさん

もしかしたら、あちこちに散らばっているサバクトビバッタが飛んでくるかもしれないぞ。そんな下心を抱きつつ、とりあえず今回は、うまく動くかどうかを見極めるのだ。

　ティジャニとモハメッドが晩飯の支度をしている間、ライトトラップの前にビール片手に陣取り、飛んでくる虫たちを鑑賞する。はたしてバッタはやってくるだろうか、砂漠にはどんな虫がいるだろうか。

あな恐ろしや▼「めっちゃコエーよ！」を古風に言うときに。

虫をおびき寄せる白いシーツ

そんな心配をよそに、次から次へといろんな虫たちが飛来してきた。ハエにハチ、大きいやつだとフンコロガシまで飛んできた。地色が緑で白い水玉模様のカマキリもやってきた。なかなか大盛況だ。

すると、地面からローアングルで照らしているライトから煙が出て、香ばしい匂いが漂ってきた。ライトに飛び込んだ虫たちが、焼け死んでいたのだ。恐ろしいほど熱くなるライトだなと感心していたら、突如、「バーン」という威勢の良い音とともに爆発した。稼働時間わずか30分である。この役立たず！

そういえば、研究所で試運転したときも煙が出ていた。これはドッキリ用のライトかもしれない。もう一つの同じライトも煙を出しはじめたので、コンセントを抜いた。残りは蛍光灯だけになり、格段に光のパワーが落ちてしまった。

お次は、仕込んでおいた落とし穴を見に行く。明るいうちに、モハメッドにたくさん掘っておいてもらったものだ。一つ目の穴を覗くと、今までに見たこともない大きめの生物が落ちている。手持ちのシャベルですくい、バケツに入れると、危険な生物でお馴染みのサソリだった。突然の

危険な香りに我に返る。ここは一致団結しなければ生きて脱出できない。チームの皆に注意を促す。

前「大変だ、危険な動物がいたぞ！　みんな気をつけろ」

とサソリを見せると、

テ「あっ、スコーピオン。気をつけとくわー」

くらいの反応で、まったく緊張感がない。一刻も早くこの地から立ち去るのかと思いきや、モハメッドにいたっては先ほどから裸足で歩いている。サソリがいるのを知っても靴下すら履こうとしない。

モーリタニアには2種類のサソリがいて、刺されてもいいやつと、刺されたらマズいやつがいるとババ所長から聞いていた。2人のぬるい対応から、どうやらこのサソリは大丈夫そうだと判断した。刺されても痛いだけで済むのなら、そこまで神経質になることはない。調査を続行することにした。

晩飯は定番のトマトスパゲティだ。お皿を片手にラ

サソリがいた。白黒の虫はドミノタイガービートルと呼ばれ、日本で4000円で売られていた

危険な香り▼「キケン」は匂いなどしないのだけど、危ない感じがすることをこう表現する。

イトトラップ前に陣取り、やってくる虫たちを眺めながらの晩餐会となる。お目当てのサバクトビバッタの姿は見えないが、そのうち数種類のバッタがやってきた。バッタがトラップにかかるということは、サバクトビバッタにライトトラップが効かないわけではなく、もともとここにはいないだけかもしれない。少なくとも他のバッタが誘引できたのは好感触だ。今回の試運転で、ライトトラップにいくつも改善点が見つかったので、次回、改良してこよう。

今夜の野宿では、簡易ベッドから足がはみ出たり、毛布が地面に落ちたりすると、サソリが登ってくるかもしれない。そこで、ドーム式の蚊帳をベッドの上にセットして、鉄壁の防御態勢で寝ることにした。

一方、ティジャニたちは、ベッドがあるにもかかわらず、地面に敷いたゴザに寝転んでいる。いつものティジャニならパイプベッドの上で寝るのに、今回はモハメッドに対抗して度胸試しでもしているのだろうか。一人冷静に眠りについた。

野外調査中はパイプベッドで寝る。寝相が悪いとサソリに刺される恐れあり

朝霧の中で

朝の5時半起床。サソリにやられず朝を迎えられた。散歩をしようと靴下を履こうとすると、不愉快なくらいに濡れている。靴下だけでなく、身の回りのもの全てがびしょびしょだ。雨など降っていないのになぜ？

湿度計に目をやると90％を超えている。計器の故障ではなく、間違いなく湿度が高い。朝方は冷え込み、高湿度と相俟って霧が発生したようだ。普段はサラサラの砂丘がじっとりと濡れ、草木には水滴がついており、それをゴミダマたちが夢中で飲んでいる。日が昇るにつれて砂漠は再びカラカラに乾いていく。砂漠の生物はどうやって水分を獲得しているのか謎だったが、なるほど、砂漠には瞬時に消えてしまうオアシスがあったのか。

今回の調査では、ライトトラップの試運転以外に、ゴミダマを捕獲する目的もあった。前日に仕掛けた落とし穴は、ゴミダマで満員御礼だ。回収し終えたら、きちんと埋め直す。誰かが落ちたらかわいそうだから、マナーを大切にする。

ふと、砂上にたくさん穴が空いているのに気づいた。ちょうど一つの穴から砂が掻き出されている。観察していると、犯人はチビサソリだった。凶悪なサソリも小さいとカワイイ。身動きせずに見惚れていると、他の穴の中に隠れていたチビサソリたちが、一斉に穴掘りを再開しは

身動きしないサソリの赤ちゃん。小指の爪サイズ

じめた。チビでも毒は持っているだろう。たくさんの穴を見ながら、ババ所長から教わった砂漠豆知識を思い出した。

「砂漠では穴にむやみに手を突っ込んではならない。なぜなら毒を持った生物がよく潜んでいるからだ」

日が昇ると、灼熱の太陽が無言の暴力を振るってくる。その前に穴の中に隠れ、暑さから逃れようとしているのだろう。

今回も砂丘はゴミダマの足跡だらけだった。その中に、見慣れぬS字の足跡があった。ティジャニに聞くとヘビらしい。どこに行ったのか、ヘビの足跡を追いかけてみる。進行方向はわからないが、とりあえず追跡する。50m歩いてもまだ続いている。いったいどこまで行くのだろう。行き着いた先は、我々のテントから数mしか離れていない植物の根元の穴だった。ここから出ていったのか、それともやってきたのか。

後日、ババ所長にこの話を伝えると、

「砂漠のヘビは水を求めて深夜徘徊する。ベッドの脇に水を置くのはヘビを呼んでいるようなものだ。寝るときは必ず水をベッドから離すこと。そして、ベッドは砂丘の頂上にセッティングするのがベストだ。草木の周りにはヘビがよく潜んでいるから、襲われやすいぞ」

ラクダのミルクを勧めてくる金持ちのおじさん。手に持つボールはミルクを飲むための伝統的な木製の器だが、材料となる木が激減してきている

とのことだった。命を守る大切な豆知識だ。

帰り支度をして、前日にライトトラップの設置を手伝ってくれたおじさんのもとに、お礼がてら立ち寄ることにした。詳しい場所は聞かなかったが、白いテントは砂漠によく映えるので、5km先からでも発見できる。大きな白いテントが三つ張られ、地平線の彼方からでも金持ちっぷりが伝わってくる。近づくと、ランドクルーザーが2台停まり、ヤギ20匹、ラクダ3頭がいた。相当な金持ち一家のようだ。

我々に気づいたおじさんは、さっき搾ったばかりだというヤギのミルクを、伝統的な木のボールになみなみと注いで持ってきてくれた。「んん、トレビアン」と、ティジャニがすさまじい勢いで飲みはじめ、ギョッとする。一気に飲み干してしまった。モーリタニア人はミルクに目がないのだ。

さらに、今からヤギをさばくから食っていかないかと誘われるも、丁重にお断りし、出発することにした。我々は先を急がねばならない。

第二回バッタ買い取りキャンペーン

実は、今回はもう一つ大がかりな罠を仕掛けていた。来る途中、小さな村に立ち寄り、チビっ子たちにある依頼をしておいたのだ。そう、第二回毒バッタ買い取りキャンペーンである。

今回は前回の問題点を考慮し、

村に着くなりバッタ片手に押しかけてきた子供たち

・大量の100ウギア札を準備
・買い取り価格は前回の半額（高価すぎると人は欲に狂うため適正価格に変更）
・生きているバッタのみ買い取りの対象
・事前にビニール袋を渡しておき、かつ中にエサを入れておくように依頼

これなら待ち時間をセーブできるし、生きた毒バッタを大量かつ安上がりにゲットできる。チビっ子たちも平静を保ちながら、お小遣いを稼げてみんなハッピーになるはずだ。

しかし、これだけ準備しても、まだ甘かった。

村に着くと、すでにチビっ子たちが待ち受けており、出だしからパニックになった。チビっ子たちは、我先に我先にと、奇声をあげ、車をたたき、車の荷台に乗り込んでくる。しまいには、投石をはじめるまでにエスカレートしてきた。一刻も早く処理しなければ死人が出そうだ。子供でこれだから、大人の暴動は本気で怖いんだろうなとぼんやり想像する。

バッタ採りに協力してくれた村の子供たち。モーリタニアの男性には肥満児はほとんどおらず、皆スタイルが良い

あまりの勢いに、バッタが生きているかどうかをチェックする暇もなく、次々に買い取るしかなかった。チビっ子たちのバッタ発見能力は本当に高い。前回を上回る120匹のバッタが手に入った。本当に感謝である。さらに、バッタ買い取りの噂を聞きつけた近隣の子供たちまで、毒バッタを牛乳パックやペットボトルに入れて持って来てくれていた。報酬を受け取った子供たちは、笑顔がかわいい普通の子供に戻っていった。ようやく場が収まったので、勝利の記念撮影を行う。二回目の戦果は、大変満足のいくものであった。

すぐに研究所に戻り、ウキウキしながら毒バッタを飼育ケージに移す。これでなんとか実験ができそ……ん？　あれ？　あれあれ？　多くのバッタがほとんど動かず、グツタリしているではないか！　保管状態が悪かったのか？　何ということだ、オレの、オレのバッタが……。買い取り価格は前回の半額だったが、生き残ったバッタは前回よりも少なく、結局高値のバッタになってしまった。

ごめんよ。毒バッタ。毒バッタ。ごめんよ。金で解決して楽しようとしたワイがアホやった。遠くを流れる白い雲を眺め、自分の犯した**罪を悔い改める。頼みの綱**の毒バッタもダメだった。ダメな流れのときは、何をしてもとことんダメである。

とき同じくして、追い打ちをかけるように、バッタ研究用の大がかりな仕込みが台無しになっていた。

星クズになった鉄クズ

私は、いつでも好きなときに緑色の服を着てバッタに食べてもらえるように、研究所のお抱え工作職人のジブリに、巨大な飼育ケージを作ってもらっていた。4m四方で高さ1・8mのケージを四つである。優に人間が入れる大きさだ。2カ月前から準備していた。

バッタの大あごの力は大変強く、プラスチックの網だと噛みちぎられてしまうので、金属製でなければならない。費用はかさむわ、時間はかかるわ、準備が大変だった。バッタが発生してからでは間に合わないと思い、早めに準備していた。

朽ち果てたケージ（30万円）を前に、好きなだけ途方に暮れる

ところが、そのケージに異変が起きていた。

完成から数日後、銀色だった網が茶色に変色し、小さな穴が空きはじめていた。その後も、崩壊はとどまるところを知らない。ケージの扉は閉まっているはずなのに、中に鳩が入り込んでいる。金網の一部が崩れ落ち、そこから侵入していたのだ。

そして、3カ月経った昨日、ケージたちの様子を見に行き、愕然とした。金網が腐食して、もろくも崩れ落ちている。**4台のケージが全滅?!** 腐ってやがる。金網が地面に落ちて朽ち果てている。一体なぜ……。

実は、潮風の仕業だった。首都のヌアクショットは海沿いにある。ただ、研究所からは車で30分ほど離れているので、あまり気にしていなかった。風

罪を悔い改める▼すごく反省し、次は同じ失敗をしません、と決意を大人っぽく表現するときに。

頼みの綱▼苦しいときや困ったときに期待を込めまくっていること。

「○○台（機）の～が全滅?!」▼機動戦士ガンダムの名ゼリフから拝借。

が運んでくる塩の威力を甘く見ていた……。モーリタニアで最高級品とされる金網を見つけ出し、万全を期したつもりが、３カ月しかもたないとは……。しかも、実験に使う前に……。人件費、材料費を合わせて総額30万円の自腹の出費だ。自分的には、目玉プロジェクトのつもりだった。

　実験する前に、星クズになってしまったケージ。このケージの中にバッタを解き放ち、彼らの行動をじっくり見ながら喰われる予定だった。得られるであろうデータのグラフに思いを馳せ、ニヤニヤしていた。それはもう叶わぬ願いだ。涙は出ないが、心底泣けてきた。無残な姿に変わり果てたケージから離れられなかった。ただただ、ケージを呆然と眺めるだけでときは過ぎていった。

　そうだ、枠組は残っているので、金網だけ替えてもらえばいいんだ、と気づいた。ケージを追加するときに備えて、金網を大量に買っておいたのだ。さっそく資材置き場に向かう。ところが、ジブリが金網を野ざらしにしていたため、すべて腐っていた。しかも道路にはみだして置かれていたので、車にひかれ、使い物にならない。

　ケージの一件をババ所長に嘆くと、

「この研究所のビルを建設するときに埋め立てをしたのだが、そのときに持ってきた土が塩を含んでいたので、潮風にプラスして地面のせいで鉄が錆びてしまったのだろう。すまないコータロー、我々もここでケージを使ったことがなかったので、そんなことが起こるのを予測できなかった。次はうまくいくことを祈ろうではないか。**インシャラー**」と、「神のおぼしめしのままに」をいただいた。

我々が住んでいる地は、ナウシカの「酸の海」さながらだった。野菜を作ろうとしても一向に育たないのも塩害のせいだった。どうやら豪快に空振りしたようだ。金網がなくなっても、けなげに立ち続けるケージたち。

そうだ。私はウルドだ。こんなことでくじけてどうする。軍資金はまだあるではないか。志半ばで倒れたケージたちの分までがんばらねば。

完全に運から見放されている。バッタはいないわ、ケージは壊れるわ。気丈に振る舞ってきたが、生まれて初めてバッタに愛想がつきた。先に裏切ったのはサバクトビバッタのほうだ。**バッタの馬鹿！　もう知らない！**

「インシャラー」▼神様のおぼしめしがありますようにという意味だけど、「なるようになるさ」というニュアンスが込められている。難しいことにチャレンジするときに言う「グッドラック」に近いかな。ティジャニに「これ明日までにやっておいて」とお願いすると、「なるようになるさ」という意味を込めて「インシャラー」と言われる。ちゃんとやってくれるかどうか不安になる。

「○○の馬鹿！　もう知らない！」▼スタジオジブリ好きならピンとくる名ゼリフ。『となりのトトロ』に登場する姉が妹に向かって吐いた暴言。

浮気

　バッタがいないことは、私にとって死活問題だった。このときポスドクの私は、業績、すなわち論文を出さなければ死ぬ運命にあった。ライバルの博士たちは、着実に業績をあげているのを知っていた。この時代、多くの若い博士は自分専用のホームページを持っており、そこに自分の業績を載せてアピールしている。たまに敵情視察をすると、論文数が増えていたり、一流の科学雑誌に掲載されたりしていて、互いに刺激を受けつつ与えつつ**切磋琢磨**していた。

　今はまだ、モーリタニアに来てから採ったデータがあるので、これを元に論文が書ける。しかし、ほんのわずかしかバッタを観察できていないので、あっというまにネタ切れだ。万が一、このままバッタが現れなければ、論文が書けず、先が閉ざされてしまう。実験には時間がかかるので、ネタ切れ状態に陥る前に何としても先手を打たねばならない。

　研究対象が野生のバッタということで、研究計画書に書いた以外にも、幼虫や成虫、エサを食べる行動や交尾行動などありとあらゆる状況を想定し、すぐにその場で臨機応変に研究できるように、実験計画をたくさん準備していた。だが、自然は私の予想を遥かに超えてきた。まさか「バッタがいない」という状況になるとは。最悪だ。大発生すると評判のバッタが不在になるなんて、一体何しにアフリカにやってきたのか。今途方に暮れずに、いつ途方に暮れろというのだ。

バッタを失い、自分がいかにバッタに依存して生きてきたのかを痛感していた。自分からバッタをとったら何が残るのだろう。私の研究者としての魅力は、もしかしたら何もないのではないか。バッタがいなければ何もできない。まるで翼の折れたエンジェルくらい役立たずではないか。

研究が進められなければ、就職戦線からはあっさりと離脱する。戦場で死ねないサムライが無念と思うように、バッタの研究ができずに社会的に死んでいくのは我ながら不憫だ。

冷静になって自分を見つめ直す。嘆いている暇などない。ライバルたちに置いてけぼりを食わないためには、新たなる一歩を踏み出さねばならない。初心に戻って考え直す。

そもそも私はファーブルに憧れて昆虫の研究をはじめたのだ。そのファーブルはどんな研究者だったのか。彼の代名詞でもあるフンコロガシの研究をはじめ、彼は様々な虫たちの研究をしていた。私はたまたまバッタの研究をすることになり、そのままバッタ一筋で研究してきた。他の虫の面白さをわかってもいないのに、バッタに**首ったけ**になっていてもいいのだろ

切磋琢磨▼お互いに頑張っている姿を見せあい、ともに成長していこうぜ！　という前向きな意気込みのこと。ライバルは、成長するために欠かせない存在。良きライバルを見つけることが成長の秘訣。

首ったけ▼大好きでハマりすぎている状態のこと。

うか。もっとバッタ研究にのめり込むためにも、他の虫のことを知る必要がある。
そして、研究者が研究者であるためには、腕を磨き続けなければならない。ただでさえ、足りない頭をフル回転させても研究活動に支障をきたすというのに、なまくら頭になってしまっては、この先、闘っていくこともままならない。となれば、打つべき手は一つ。他の虫を研究してしまおう。実は私には気になる虫がいた。

バッタが家出中の浮気のお相手はゴミダマだ。前に大量に乱獲してきた奴らを、屋根つきの駐車場で大量に飼育していた。情報がまったくないため、**固定観念**に縛られることなく、ゴミダマを通して自分自身の研究能力がなんぼのものかを見極めることができる。きちんと論文にまでまとめることができるかどうか、研究者としての力試しもできるではないか。

さっきまで思い悩んでいたのに、目的が見つかりなんだか楽しくなってきた。簡単にはうまくいかないだろうけど、はたして自分は、ゴミダマでどんな新発見ができるのだろう。

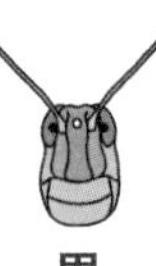

男女関係のもつれ

出会ったばかりなので、まずは相手を知ることからはじめましょう。外で飼育していたゴミダマの一部を部屋に持ち込み、**同棲**生活をはじめた。
寝食をともにすることで、徐々にゴミダマの魅力が見えてきた。日本の学会発表の場でも、ゴミダマの研究については聞いたことがなかったので、先入観はまったくない。噂話などに左右されずに、本当に自分がやりたいことをやれる。それに大量の個体数があるのも魅力の一つだ。実験を効率よく遂行するためには、サンプル数がものをいう。落とし穴を掘るだけで千匹単位のゴミダマを捕獲できるのは強みだ。しかも、野菜でも虫の死骸でもなんでも食べてくれる。

さらにさらに、人間を見てもビビって逃げたりしないので、近づいての観察も容易だ。おかげで、すぐに気づいたことがあった。ゴミダマは、昼はほとんど動かず、夜になると動きはじめる。典型的な夜行性だ。一般的に動物は、エサを探し求めて動き回ると、天敵に見つかり襲われやすくなる。いつ活動するかは、生物学的に極めて重要な問題だ。手はじめに、いつ活動をはじめて止めるのかを調べてみることにした。

昆虫研究の基本として、雌雄を判別してから実験を行う。雌雄で活動する時間帯や場所が異なる場合があるので、雌雄をごちゃ混ぜにすると活動パターンを正確に評価できないからだ。幼虫はまだしも、成虫はとくに交尾行動をするため、雌雄の行動には大きな違いがある場合が多い。今回の研究対象のゴミダマは全て成虫なので、雌雄分けは必須である。ところが、雌雄の見分けがつかないではないか！　こんな初歩的な問題に悩まされるとは。

固定観念▼「これはこうなんだ！」と思い込んでいる意識のこと。人は固定観念に捉われ、縛られる。
同棲▼誰かと一緒に生活すること。

カブトムシは、オスに角があるので、一瞬で雌雄の判別ができる。ところが、ゴミダマは、外見から雌雄の区別がつかない。失礼ながら、交尾中のカップルを引き離して解剖すると、それぞれ卵巣か精巣を持ち、まぎれもなく雌雄が存在する。しかし、体の大きさ、色つや、形状など、外見からは性別判定ができない。活動パターンを記録した後に、その個体を解剖して雌雄を確認する手もあるが、それでは手間がかかるし、殺すのは本意ではない。もっと気軽に、生かしたままで性別判定できないものか。この壁を乗り越えられるかどうかに、研究者としての真価が問われている。

欲望のままに

ゴミダマには、エサとしてスパゲティとキャットフード、それに野菜くずをあげていた。私の食事の残り物ではなく、私が彼らの食事の残り物を処分していた。私は米派だが、彼らに気を遣ってスパゲティを食べる日々を過ごしていた。最近、大量にスパゲティを茹でるもんだから、ついつい食べすぎてしまう。早く研究を進めなければ肥満になる恐れがある。新発見が先か、私が太るか、**時間との勝負**だ。

腹を空かせて動き回っていたゴミダマは、エサのスパゲティを腹一杯食べると、歩くのを止めてその場でダラけている。中には食べ過ぎて苦しそうに脚をピクピクさせている者もいる。心配になってつまみ上げると、普段は腹の中に引っ込んでいる生殖器が、腹部の先から少しはみ出ていることに気がついた。生殖器は交尾に使用するもので、雌雄で形が異なる。もう少しはみ出てくれたら、雌雄の判定が可能になるのに……。

さらによく見てみると、お尻だけでなく、頭まで飛び出ている。水鉄砲の要領で、指で頭を体の中に押し込んでやると、お尻の先から生殖器が完全にはみ出てきた！　オスの生殖器が丸出しだ。他の満腹ゴミダマも同様に押してみると、今度はメスの生殖器が出てきた。キタコレ！　ゴミダマは、腹がはち切れるほど「食い溜め」し、エサで膨れた内臓が生殖器や頭を押し出す特徴があることを発見した。このゴミダマの「食い意地」を利用すれば、彼らを殺さずに性別判定できる。こんな雌雄判別方法は今まで聞いたことがない。

さっそくこの手法を４００匹に試してみたら、ほぼ１００％の確率で雌雄判別でき、メスが９割を占めているという羨ましいシチュエーションであることがわかった。これは論文のネタになるぞ。私は浮気の味を知ってしまった。

時間との勝負▼締切までの時間が迫ってきており、ハラハラした緊迫感をムダに演出するのに便利。

ゴミダマに優(やさ)しい雌雄判別方法(しゆうはんべつほうほう)

決定的証拠

・茹でていない硬いスパゲティを与えてもゴミダマは食べられず、腹が膨らまないため性別判定できない
・炊き上げた白米を食べさせても性別判定できる
という追加の実験を特急で行い、論文発表に備えた。

研究者は、実験データが出そろったからといってすぐに論文を書きはじめるわけではない。研究対象の生物に季節性がある場合、データを採りまくる「稼ぎ時」と論文を書きまくる「オフシーズン」とに分かれている。今回はゴミダマの寿命がわからないため、速攻で実験を進める必要があった。性別判定の論文執筆は後回しにして、次の実験、最初の目的である活動パターンを調査する研究に着手することにした。

ババ所長に事のあらましを伝えたところ、大笑い。

「せっかくモーリタニアに来たのに、バッタがいなくてさぞかしコータローが困っていると思っていたら、あっという間に論文のネタを仕上げたな。ハイテクの国から来たのにスパゲティを使って新発見するとはさすが日本人だ。それにゴミダマは我々にとっても重要な昆虫だぞ。バッタを退治するために殺虫剤を撒布するが、その後に殺虫剤による環境汚染のレベルをゴミダマの数で評価している。ゴミダマはバッタと密接な関わりがあるからいい狙いだ。お前はリアルサイエンティストだな。ガッハッハ」

と褒めてくれた。

ゴミダマは翅が退化して飛べないため、移動範囲が限られており、環境汚染の指標として好ましい、と過去の論文に書かれていた。以前の研究では、数を調査するのに目視あるいは落とし穴を仕掛けていたが、重要なことが見落とされていた。それは、「いつ」調査するかだ。

ゴミダマには昼行性の種と夜行性の種がいる。夜行性の種を昼間に調査しても当然見当たらない。そこだけを見てしまうと、ゴミダマがいないので深刻な環境汚染が起こっていると誤解する恐れがある。つまり、きちんと数を調査するためには、調査地域に生息するゴミダマがいつ、どのように活動しているのかを前もって知っておく必要がある。研究するための大義名分も見つかり、俄然やる気が湧いてきた。

過去の文献を読むと、バッタ被害国のゴミダマが実際にいつ動いているかを調査した研究は見当たらなかった。ゴミダマとの同棲中の経験と野外観察から、ゴミダマは夜になるとどこからともなく現れて動き回り、朝方にはいずこかへと消えることがわかっている。研究者はデータで語る必要があるので、「ゴミダマは夜行性である」という仮説を検証する実験を組むことにした。

昆虫の活動量を測定するときは、赤外線ビームを利用した装置がしばしば使われる。

まず、目的とする昆虫を容器の中に一匹入れ、動く昆虫が容器中央を横断するレーザーを遮断した回数を自動で記録する。レーザーを遮った回数が多ければ、活発に動いていることを意味する。正確に測定できるが、特殊な装置は高額で100万円近くもする。モーリタニアでは売ってないし、そもそも貧乏な私には買えない。ここにきて、実験装置の壁にぶち当たった。今度はこの問題を解決するぞ。

工作活動

研究者は、ときに自分で実験装置を工夫して手作りすることがあるが、特殊な装置や設備を扱うには高度な知識と職人技が要求され、それを兼ね備えた人は「テクニシャン」と呼ばれる。アメリカでは「テクニシャン」としての専門のポジションがある。今まさに私のテクニシャンとしての能力が問われていた。安上がりで簡単に、すぐに準備できる活動記録装置を開発しなければならない。

とりあえず、容器が欲しい。虫を一匹ずつ入れて観察したいので、手頃な大きさのプラスチック容器があったら最高だ。外国人御用達の高級スーパーマーケットに行ったら、ちょうどよい大きさのタッパーがあった。だが、三つで700円とは貧乏人泣かせだ。日本には百円ショップがあるが、ここモーリタニアでは、プラスチック用品は輸入に頼っているため割高だった。現

魚と野菜のスープを飯にぶっかけたチェブジェン。お皿が観察容器に使える

地で安く買えるもので代用できないか考え、お店を見て回るもちょうどいいものがない。日本だったら、研究機器を取り扱っている業者に発注すればすぐに済む話なのだが、ここではそうはいかない。

モーリタニアでは、定番の商品でない限り、同じ商品が入荷することが少ない。また後で買えばいいやと思うと二度と入荷しないことがしばしばある。「ほしいものは即買い」が鉄則だ。実験は同じ容器を使うのが好ましいため、**大人買い**して大量の材料を確保しておくか、それともいつでも購入できるものを買い足していくか、どちらかしかない。

この際、見た目は気にせず、「容器」の機能さえあればいい。何かいいものがないか、ティジャニと相談しながら遅めの昼食をとっていた。今日のメニューは、買ってきたチェブジェンだ。チェブジェンは、トマトソースで煮込んだ魚と野菜（キャベツ、ナス、ダイコン、ニンジン、カボチャなど）のスープを、トウガラシと油と一緒に炊いた真っ赤なご飯にかけた米料理で、私が一番好きなものだった。

食べ終えた長方形の使い捨てのプラスチック皿を、ティジャニの分と重ねて捨てようとしたとき、ハッとひらめく。向かい合わせにくっつけると、これはもはや容器ではないか！

「ティジャニ！　このお皿って売ってる？」

「そこらへんで買えるよ。え？　皿を容器に。ドクターは天才だな！　このお皿は安いしモーリタニアで気に入られてるから、いつでもどこでも買えるぞ」

手に持っているお皿は**油ギッシュ**なので、すぐにティジャニに新品を買ってきてもらう。鉢合わせならぬ皿合わせをし、ホッチキスで端を留め、天井になる皿の底をくりぬいて上から観察しやすくする。ゴミダマも脱出不可能な観察容器の完成だ。

さぁ、お次はどうやって活動を記録するかだ。

観察装置を大量生産中のティジャニ。正確無比なホッチキスさばきがうなりをあげる

大人買い▼欲しいものをまとめて買える大人の特権のこと。例えば、子供のときはおこづかいが少ないから欲しいマンガを一気に全巻買えないけど、大人は財力にものを言わせてそれができる。

油ギッシュ▼油だらけのこと。「油ギッシュな課長」などと、中年の男性の悪口に使われることがある。

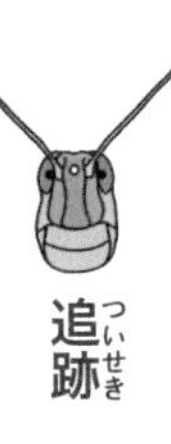

追跡

活動を記録するための**秘策は、すでに温めていた。**野宿のときにゴミダマの足跡が砂丘を埋め尽くしていたのをヒントに、砂に残った足跡を手掛かりにすれば、いつ活動しているか判明すると考えていた。砂漠では、足跡からどんな動物が歩いたのかわかる。観察容器の中にサラサラの砂を敷きつめ、そこにゴミダマを一匹だけ放す。足跡はもちろん残るし、容器を軽くシェイクすれば砂上の足跡は消え、簡単にリセットできて再利用可能だ。おまけに、砂はタダなのだ。砂漠からごっそり採ってきておいた。

お次は、ゴミダマにとって居心地のよい寝床を作ってあげねばならない。ゴミダマは昼間、穴などの暗いところに隠れているので、安らぎの空間となる「家」を提供する必要がある。

行動観察をするとき、飼育容器はなるべく均一にしなければならない。野外のように砂に穴を空けるとなると手間だしバラツキが生じてしまうし、そもそも飼育容器が巨大化してしまう。穴を探さなければ。

ティジャニの友人が営む雑貨屋さん

身辺調査

どこかにいい穴は落ちていないか街に繰り出す。

コンクリートの土管は残念ながらでかすぎだが、店先に立てかけられた塩ビの水道用のパイプに目をつけた。こいつを輪切りにしたらちょうどいい穴が簡単にできそうだ。色んな太さのパイプを色んな長さにカットし、ゴミダマが昼寝用の穴として気に入ってくれるかどうかを見てから、ジャストサイズを決めることにした。

ティジャニは顔が広く、買い物は大体、彼の友人のお店ですることが多かった。友人に少しでも儲けさせてあげようという思いと同時に、私がぼった

策はすでに温めていた▼策を隠し持っておく行為のことを「温める」と表現する。策をさらけ出すことをとくに「冷める」とは言わない。

後先考えずにパイプを大人買いすると持ち帰りが一大事になる

くられないようにしてくれていた。

「ヘイ、ブラザー、こんなに大量にパイプを買って水道屋でもおっぱじめようって気かね？」

「いやいや、家のトイレが壊れちまってね。いちいち買いに来るのが面倒なのでまとめて買ってるだけさ（虫のために買うとか説明できんよ）」

みたいな会話は一切できていないが、買い物の雰囲気は和気あいあいとしている。

試作品が完成したところで、さっそくゴミダマをリリースすると、すぐにパイプの中に潜り込んで出てこない。どうやら気に入ってもらえたようだ。バッタ研究チーム工場長のティジャニに依頼し、大量生産してもらう。ワンセット（容器、パイプ、ホッチキスの針、砂）でしめて50円と驚きの安さだ。

お次は、いつ活動していたかを定期的に記録しなければならないが、電気を使用した自動記録装置なんかはひっこんでな。私が「人間レコーダー」となり、人力で①動いている（ゴミダマを直接観察）、②動いていた（足跡を観察）、③不動（足跡なし）のいずれかを観察すれば、機械をも凌駕できる。そもそも機械の大半は人間が楽するために作られたものだ（偏見かもしれないが）。労を惜しまなければ、停電などのアクシデントにも強い。

この実験は野外で行うことに意義がある。繰り返しになるが、現代の昆虫の実験は屋内で行われることが多い。屋内での実験は、気象条件（温度、湿度、日照時間など）を人工的に制御でき、いつも同じ条件で効率良く行えるメリットがある。その反面、風雨や、一日のうちに30℃も変化するサハラ砂漠の気象条件を完全に再現するのは難しい。今回のように自然の中にいるゴミダマがいつ動いているのかを知りたいときには、屋外で観察するのがベストだ。

初めての野外での実験だが、ここまで用意周到に準備したのだから、**うまくいかないわけがない**。

失踪

ゲストハウスの前にある駐車場の一角を借りて、地面に並べた行動記録装置にゴミダマを一匹ずつ入れ、予備実験を行う。実験は、通常「予備実験」と呼ばれる小規模のお試し実験を行い、不具合を改良した後で大規模な「本実験」を行う。不具合に気づかずいきなり本実験を行

うまくいかないわけがない▼「この後、失敗しますよー」という前フリ。ネット用語で「フラグを立てる」と表現される。今後の展開をほのめかし、読者の期待感を高めるために使う。

迫りくる謎の生物の足跡

うと、豪快に失敗して労力が無駄になる上、せっかくのサンプルを台無しにすることがある。念入りな予備実験こそが実験成功のカギを握っている。

エサや交尾相手を探すとき、動物は活発に動き回る。野外のゴミダマはおそらくエサを探し求めて動き回っていたと推測し、実験には、一度エサを与えてから3日以上エサ抜きにして、腹ペコ状態にしたメスのみを使用した。このように、実験前に虫の生理的なコンディションを整えておくのも大切だ。

朝5時に起き、整列させておいた行動観察装置（元お皿）にゴミダマをリリース。3時間後には、ほとんどのゴミダマがパイプの中に隠れている。野外で観察したように、日中はそのまま穴の中に隠れたままで、日が暮れるとパイプから出てきて活発に動きはじめた。夜中も動き回っている。予備実験で確かな手ごたえを感じ、これで安心して本実験に臨めるぞと眠りについた。

ところが、夜が明けると、足跡だけを残し、多数のゴミダマが忽然と姿を消していた。失敗である。夜中にゴミダマは超活発になり、容器から脱走したのだろう。製品に不備が見つかったので工場長に依頼し、容器のフタに**「ネズミ返し」**をつけて逃げられないようにして、再び予備実験を行う。にもかかわらず、次の日も止まらない失踪。

おかしい。設計は完璧なはずだ。誰かが私の成功を妬み、妨害しているとしか考えられない。

研究所のセキュリティ係にゴミダマを盗まなかったか聞こうかと思ったが、そんなもの欲しいわけがない。ぬぅ、**忌々しい**謎の失踪劇の裏には何かあるはずだ。

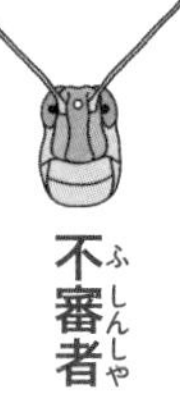

不審者

あくる日、無残にも噛みちぎられたゴミダマを容器内で発見した。何者かがゴミダマに襲い掛かった決定的な証拠だ。犯人の手がかりが残されていないか現場検証をすると、容器の周りの地面には小動物らしき足跡があった。小動物はかわいい**と相場が決まっている**が、我が実験を妨げる者は何人たりとも許さん。とっつかまえてこらしめてやる。

犯行推定時刻は夜間だ。今夜、確実に捕まえてやる。勝利は犠牲の上に成り立つ。ゴミダマ

ネズミ返し▼ネズミが下から登れなくした仕掛けのことで、古くからの人間の知恵。
忌々しい▼簡単にいくと思っていたのに、思いのほかてこずってしまったときのイラつきを表現するとき、自分よりも弱いと思っていたヤツがはむかって来たときによく使われる。悪者のボスが「ええい、忌々しいヤツめ」と正義の味方によく文句をつけてくる。
○○と相場が決まっている▼「普通なら」という表現。相場はお金関係の用語だが、日常生活で使うと堅苦しくてかしこまった感じでなんだかカッコいい。

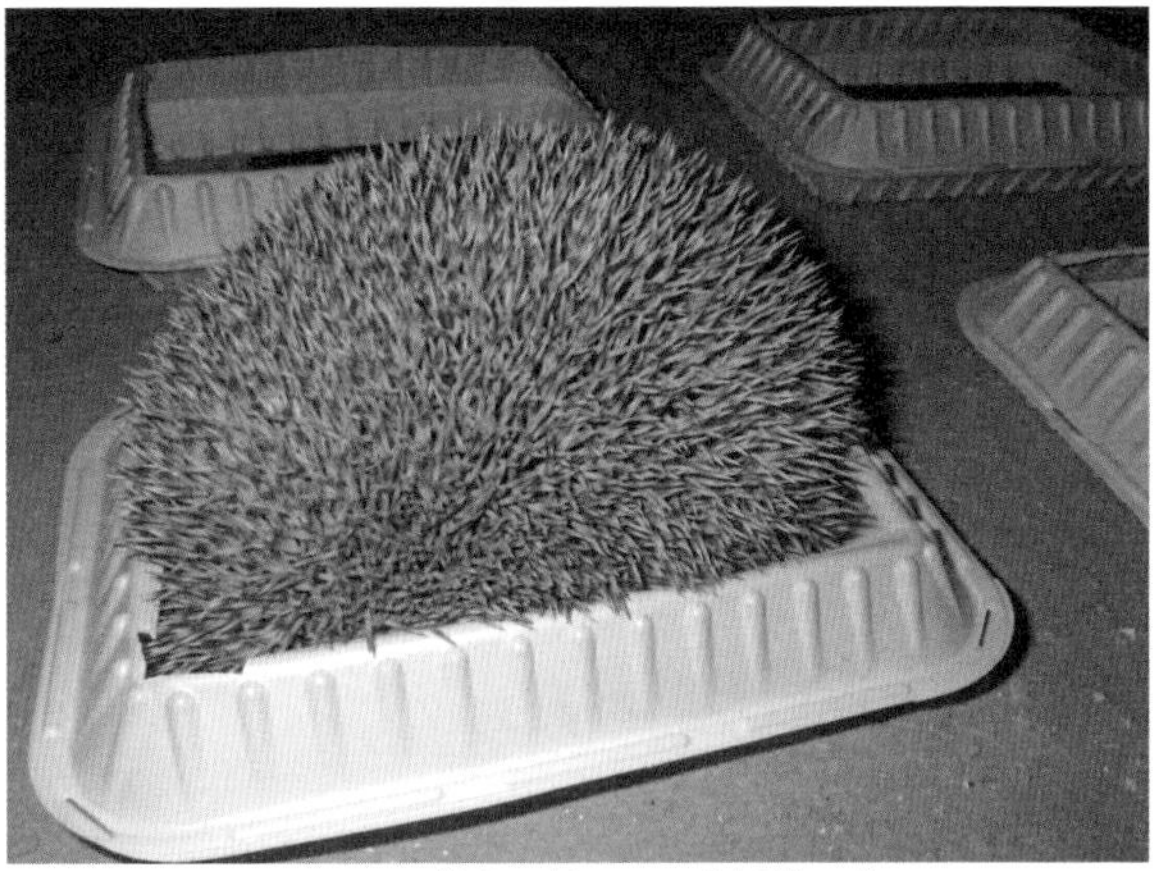

「何してんの？」見知らぬ生物に対しての第一声は冷ややかなものであった

に囮になってもらい、犯人をおびき寄せる。張り込みを開始し、一時間おきにパトロールすることにした。犯人らしきものは現れないが、眠い。余計な手間暇かけさせやがってと怒りが込み上げてくる。

3回目のパトロール中、ライトで照らすと、得体の知れないトゲの塊が。えっ？　トゲ？　何故こんなところにトゲが？　なんとハリネズミだ。野生のハリネズミが家の前にいることに唖然とする。犯人のほうも突然、自分より大きい動物が近づいてきたので、動揺を隠せない。丸まったままの鉄壁の防御状態でやり過ごそうとしている。

扱いに困り、とりあえず容器ごと家に持ち込む。そのまま廊下に放置し、一度部屋に入って扉の隙間から眺めていると、ハリネズミは恐る恐る動きだし、体に似合わない細い足でチョロチョロと駆け出した。

「めっちゃかわいい！」

最初は犯人を踏み潰してやろうかと思っていたが、**胸キュン**のあまり怒りを忘れた。ただ、こ胸キュン▼かわいいモノを見たときの胸のトキメキを表現したもの。

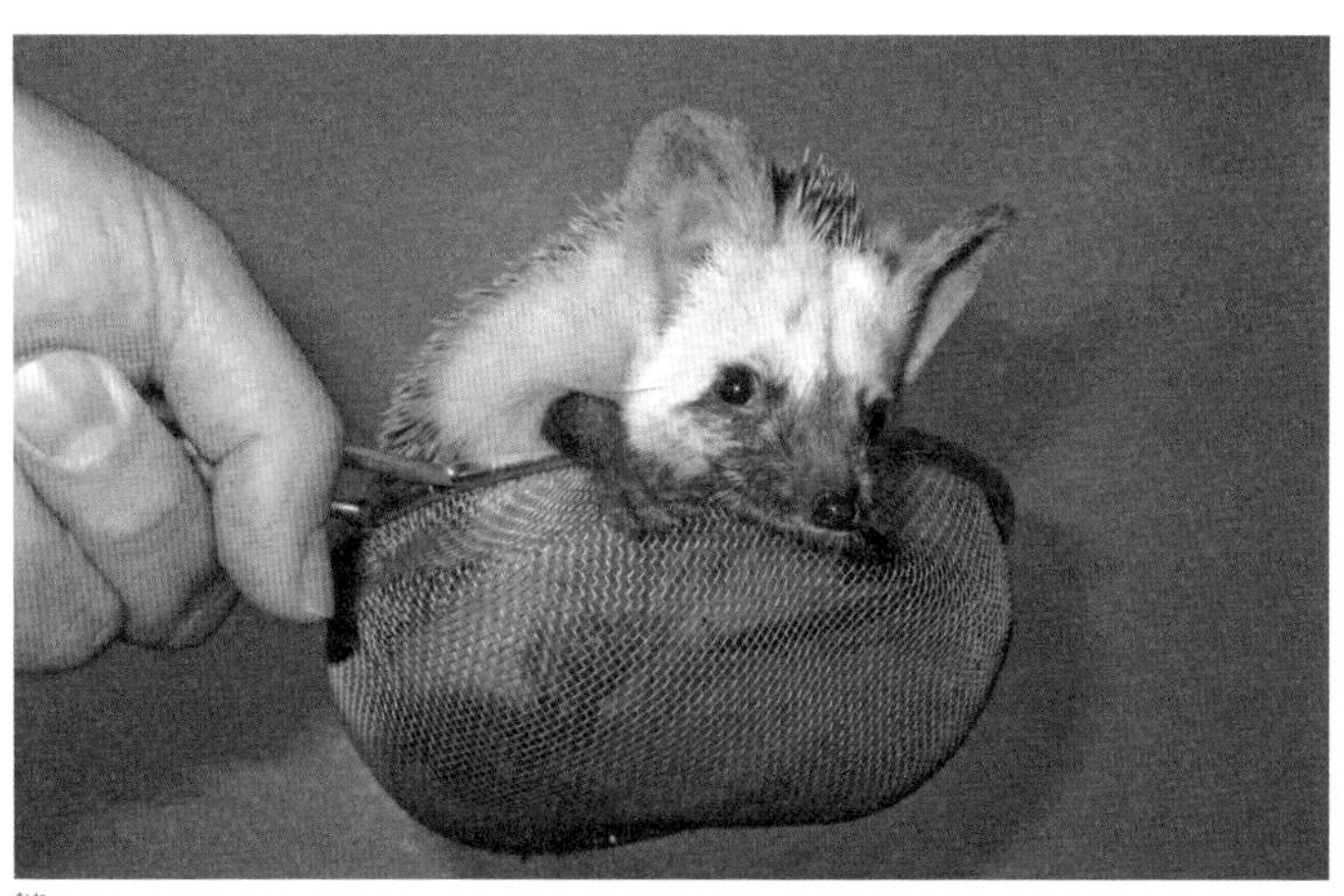
胸キュンなハリネズミ

のまま外に逃がすとまたゴミダマを喰われかねないので、しばらくハリネズミと同棲することにした（どうやら自分には同棲癖があるようだ）。

この予備実験を通し、私は大きなミスを犯していたことに気づいた。そう、「天敵」の存在を忘れていたのだ。ゴミダマが夜行性なら、ゴミダマをエサとするハリネズミも夜行性だ。今回の一件で、野生では当たり前の「喰う―喰われる」のシビアな関係を身をもって体験できた。温室育ちの私にとって、この出来事はすさまじく新鮮だった。

ひとまず天敵を排除できたので、これで本実験ができると思っていた。しかし、自然はことごとく私の予想を超えていく。

さすがに今度はうまくいくだろう。次の日、念には念を入れて予備実験をセットし最終確認を行ったところ、またハリネズミが出現した。そいつも同棲の刑に処す。徹底しないと自然に打ち勝つことはできない。

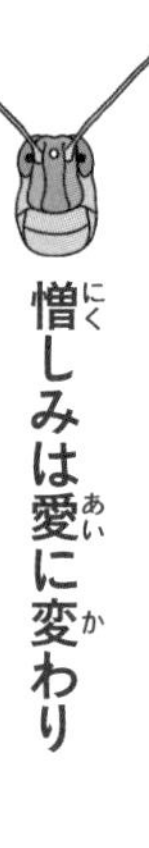

憎しみは愛に変わり

観察容器の周りにバリケードを作り、天敵が侵入できないようにした。これでようやくゴミダマを失うことなく本実験をすることができる。2時間おきの観察を3日間ぶっ通しで行い、見事にゴミダマの活動パターンから夜行性であることを裏付けるデータが採れた。

2匹のハリネズミたちには、私の部屋の前の縦横4mの廊下で生活してもらうことにした。日中はダンボールで作った隠れ家に潜み、日が暮れるとエサを求めて歩きはじめる。せっかくなので名前をつけることにした。前野家では、代々男子には「郎」がつく。2匹ともオスとみなし、一匹目にはハリネズミの頭文字「ハ」をとり「ハロウ」、二匹目は親父の「勇一郎」から「ユーロウ」と名付けた。思いがけずかわいいペットが、バッタ研究チームに加入した。

ハロウたちには、実験終了後のゴミダマをエサに与えていたが、ゴミダマの数にも限りがある。試しにゴミダマ用に買ってきていたキャットフードをあげたら、ポリポリと食べている。同棲初日は怖がって近寄ってこなかったが、腹が減ったら四の五の言ってられないはずだ。申し訳ないけど、一日エサを与えず腹ペコにしてやったら、私の手のひらから直接エサを食べはじめた。どうやら、私の安全性を認識してくれたようだ。かなり世渡り上手で賢い動物である。ならば、芸を仕込んでみようではないか。

犬は、エサをあげるときに笛を吹いたり、手拍子をし続けたりすると、それらの刺激がエサをもらえるサインだと学習する。ハリネズミは何の刺激を学習できるだろうか。

私は、家の中で履いているサンダルで床をシャカシャカこすってから、エサをあげるようにしてみた。すると一週間ほどで、ハロウがサンダルの音色に誘われてエサをねだりにすり寄ってきた。なんと賢い。そうか、この学習能力の高さで、連日ゴミダマを**失敬**しに来ていたに違いない。

その後も我々の距離はどんどん縮まり、しまいには腹が減ると、私の部屋の扉をガリガリとノックし、

手なずけられていく野生動物

失敬▼ここでは、申し訳ない思いを抱きつつ、奪い取っていたという意味。「無礼」という別の意味もあるけどね。

部屋に遊びにやってきたハロウ

エサをねだりにやってくるまでになった。
「コータローのゴミダマをゴンブー（ハリネズミ）が食べていた」
ティジャニが研究所中に言いふらしたので、会う人みんなに大笑いされた。予備実験の失敗を、笑ってもらえるとは。
それにしても、自然は驚異の塊だった。このゴミダマの観察を通して、野外では、実験室では想定できないことがたくさん起こっていることを改めて思い知らされた。

今回の一連の出来事をババ所長に報告したところ、自然の本当の姿を思い知らされるクイズを出された。

バ「問題！　電線に小鳥が5羽止まっています。銃には弾が3発。さぁ、何羽仕留められますか？」

前「もちろん3羽！」

バ「ノン！　正解は1羽です。他の鳥は一発目の銃声を聞いたら逃げるだろ？　いいかコータロー、覚えておけ、これが自然だ。自然は単なる数学じゃ説明できないのだよ。自分で体験しなければ、自然を理解することは到底不可能だ。自然を知ることは研究者にとって強みになるから、これからも野外調査をがんばってくれ。ガッハッハ」

前「あああ、所長おお」

以前の自分も含め、大勢の若い研究者はパソコンの前で、オフィスの中で研究している。自然を理解せずに生物学を勉強することが、どれだけ多くの危険に満ちていることか。気をつけなければならないと強く感じた。ハロウは私に自然の大切さを教えに来てくれた、砂漠からの使者だったのだ。

この後、ゴミダマを使ってさらに研究を進め、バッタ以外の虫でも研究できる確かな手ごたえを感じていた。

ただ……。ゴミダマの研究は確かに面白い。面白いが、やはりバッタの研究のほうがやり甲斐があり、インパクトも大きい。今回得られた臨機応変に研究する能力を、バッタ研究に活かすつもりでいた。しかし、事態は静かに悪化の一途を辿っていった。

干ばつの脅威

２０１１年、モーリタニアは国家存続の危機に直面していた。雨がまったく降らないのだ。皆が口をそろえ、こんなに雨が降らないのは初めてだと言う。皆の不安は恐怖へと変わっていった。モーリタニアが60年前に独立して以来、建国史上最もひどい大干ばつになった。雨が降らないので、家畜のエサとなる植物が育たない。遊牧民にとっては致命的である。植物に葉っぱがないとき、ヤギは根までことごとく食べてしまう。植物は根をやられると養分を吸収できずに枯れてしまう。ヤギの放牧は砂漠化の一因となっている。

干ばつの影響は各方面に出はじめていた。一部の地域の住民は食糧不足や栄養不良に悩まされていた。そこに追い打ちをかけるように、隣国マリで勃発した武力紛争を逃れた難民が、モーリタニアに流入し続けていた。街中でもマリの民族衣装を見かける機会が増えていた。

治安が不安定な国境沿いに、支援物資を届けるのは容易なことではない。ティジャニ曰く、

「マリの国境に面している他の国々は、国境にガードマンを配備して難民の流入を拒んでいる。マリの難民を受け入れているのはモーリタニアだけだ」

モーリタニアはただでさえ自国の干ばつで苦しんでいる。それなのに他国の難民のためにキャンプ地を準備し、受け入れている。そこまでして人を助けようとする理由がわからずババ所長に話を聞いたところ、

「我々モーリタニアの文化は、そこに困っている者がいたら手を差し伸べ、見殺しにすることはない。持っている人が持っていない人に与えるのは当たり前のことだ」

という。

自分たちがどんなに大変な目に遭っていても、自分よりも困っている人がいたら、自分の身を削ってでも助けようとする。このモーリタニアの**献身的**な精神は、いついかなるときでもぶれな

い。厳しき砂漠を生き抜くために、争い奪い合うのではなく、分け与え支え合う道を選んできた。この国民性が、サハラ砂漠という厳しい環境でも生きることを可能にしてきたのだろう。だが、このままずっと雨が降らなければ、モーリタニアも難民も共倒れになってしまう。事態が好転するように祈るしかない。私にとってもこの大干ばつは、死活問題であった。

去りゆく愛人

その頃、私は**苦境に立たされて**いた。私に許されたモーリタニア滞在期間は2年間。この間に得られるであろう成果に、昆虫学者への道、すなわち就職を賭けていた。ところが、なんということでしょう。60年に一度のレベルの大干ばつが、どストライクで起こり、モーリタニア全土からバッタが消えてしまった。私はアフリカに何をしに来たのだろうか。私の記憶が確かならば、野生のバッタを観察しに来たはずだ。我ながらなんと気の毒な男だろうか。飢えに苦しむ人たちにしてみれば、バッタのことなどちっぽけな問題かもしれない。だが、こちとら人生を賭けており、バッタが出なければ路頭に迷ってしまう。

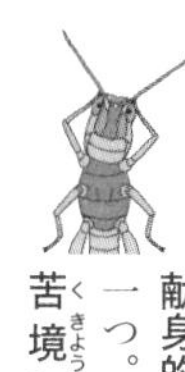

献身的▼自らが何らかの損をしてでも他人に親切な振る舞いをすること。人間にとって最も尊敬される行動の一つ。

苦境に立たされる▼ピンチに直面していることをヒーローっぽく表現したいときに便利。

悩みどころは違えども、この大干ばつの被害に皆が頭を抱えている中で、命拾いしている者がいた。バッタである。

バッタが猛威を振るう地には、古の言い伝えがある。それは、外国から研究チームがやってくると、バッタの大発生がパタリと止むというものだ。

1987、88年に歴史的なサバクトビバッタの大発生が起こり、アフリカは壊滅的な被害を受けた。事態を重く見たドイツは大型の研究プロジェクトを発足させ、モーリタニアに研究チームを派遣した。ところが、すぐにバッタの大発生は終息し、研究チームは現地入りしたものの、バッタの大群に遭うことなく、空しくときだけが過ぎていった。

けっきょく空振りのまま研究チームはモーリタニアを去った。手ぶらで帰った研究者たちへの世間の風当たりは、さぞかし強かっただろう。

翌年、あろうことかモーリタニアでバッタが大発生した。

「バッタの大発生は極めて稀な問題であり、どうせバッタ研究を支援しても実りは少ない」

一度失った信頼を取り戻すのは容易ではなかった。巨額の予算を使って目立った成果を上げられなかった研究者たちは、政府からの支援と信頼を失っていた。研究者にとって絶好の研究の機会となるバッタの大発生を、ドイツの研究者たちはその目で見ることすら許されなかったのだ。

バッタにとって最大の天敵は研究者だ。研究者は、今はまだ知られていないバッタの弱点を暴く能力を持っている。バッタがこの先も大発生し続けていくためには、研究者の前に姿を現し、弱点を握られてはいけないのだ。つまり、今回も私に恐れをなし、バッタは身を潜めたにちがいない。「神の罰」は、数億円の予算を携えた巨大プロジェクトと同様に、**一介の**ポスドクにも恐れをなしているようだ。バッタも本来ならば大発生し、砂漠を支配したいはずだ。私が去るか、バッタが大発生するか。誰も知らない水面下で、私とバッタとの我慢比べがはじまった。

このまま引き下がっては、ドイツの研究者たちの**二の舞**だ。私にとってはつらく長い持久戦になるだろうが、この間にすべきことは、来たるべき決戦に備え、己の研究者レベルを上げ、研究資金を確保しておくことだ。この苦難を乗り越え、バッタの弱点をつかんだときこそ、昆虫学者への道（就職）が開き、アフリカを飢餓問題から救えるはずだ。私は振り返らずに前に進む決断を下した。それが、修羅の道だということも知らずに……。

一介の▼大したことのない人物を表すときに。
二の舞▼前の人たちの失敗に引き続き、またもや失敗しそうなことを表すときに。

第5章 聖地でのあがき

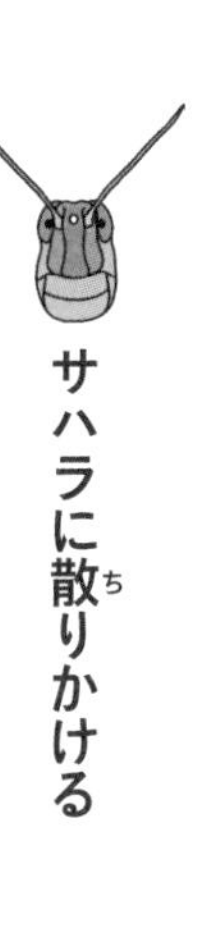

サハラに散りかける

アフリカに来て、初めての年越しだ。持ってきた乾燥蕎麦を茹で、海老のてんぷらを作り、年越し蕎麦を堪能する。正月を祝うためにカップのおしるこも持ってきていた。日本人であることを忘れないように、祝い事には積極的に参加するようにしていた。年賀状は出しようがないので気楽な年越しだ。

友人が結婚するため、幹事からサプライズ用のビデオレターを頼まれていた。せっかくなので異国情緒たっぷりの映像を送ろうと、研究所から一番近い砂丘で撮影会を行った。激しい砂吹雪の中、素顔を見せようとサングラスをとり、まぶしい中、目を細めて何度も撮り直し、ようやく撮影を終えた。そして、部屋に戻ってビデオを編集していると、尋常ではない頭痛と寒気が襲ってきた。それから3日間、ひどい頭痛とダルさで寝込んでしまった。モーリタニアに来る前に17万円分の予防接種を受けているので、危ない感染症にはかかっていないだろうが、一向に症状が改善しない。こんな症状は日本でも経験したことがなく、不安だけが募っていく。手持ちの薬にすがってみるものの効果なし。強制帰国の４文字が顔を覗かせる。なぜ、もっと薬を持ってこなかったのか。志半ばで日本に強制送還されるのだけは勘弁してほしい。

ビデオレターの撮影中。砂埃と熱砂の中で調子こいたので、この後３日間熱を出して寝込んだ

　これまで健康だったので、医療系の準備を怠っていたことに気づいた。フランス語を話せないので病院に行っても症状を伝えることができないし、どの病院に行ったらいいものやら見当がつかない。すると、陽気なティジャニがお見舞いに来た。

前「今日はオレ、マラリー（病気）なので寝てるから」

テ「熱があるときは料理用のオイルを頭に塗れば治るぞ」

　ティジャニが役立たずな民間療法の知恵を授けてくれる。私は気持ちの込もってないメルシーを返した。

　本格的に具合が悪い。手遅れになる前に、在モーリタニア日本大使館の原野和芳医務官に相談したところ、診断してもらえることになった。そこでいただいた薬を飲んだ次の日から、みるみるうちに改善していく。お医者様は神様だ。

それにしても、健康とはなんとありがたいものだろうか。異国で怪我や病気になると、とんでもない診察料がかかったりして、何かと不便だ。モーリタニアで大怪我した場合、ジェット機をチャーターして日本に緊急搬送されると2000万円かかるそうだ。保険に入っているので破産の心配はないが、日頃の注意は何よりも大切だ。もう二度とこの健康を手放すものか。日本の友人たちからは変な病気にかかることをリクエストされていたが、危うく期待に応えてしまうところであった。私が大変な目に遭ったことなど、新郎新婦は知る由もないだろう。

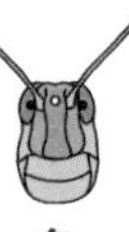

冬の砂漠に打ちひしがれて

砂漠にも冬が訪れた。年中暑いのかと思いきや、夜は凍えるほど寒い。あまりの寒さに、ある夜「その温かいクリームシチューを僕にかけてください」と定食屋のおかみさんにお願いする夢を見た。寝ながら凍えていたのだろう。温まりたい深層心理がよくわかる。

砂漠の気温の変化は実に興味深い。日中はあいかわらず30℃を超え、半袖半ズボンで元気よく過ごしているが、日が落ちるとみるみる気温が下がり、長袖長ズボンに加えて毛布を体に巻きつけないとやってられない（実は、部屋のエアコンが暖房機能を備えていることを知らず、無駄に寒さで震えていた）。朝方は10℃近くまで冷え込む。体が一日の温度変化についていけない。
砂漠の気候は、季節と一日の温度変化が組み合わさって豪快に変化する。ティジャニによると「モーリタニアには暖房器具がなく、寒くなると病院が人でいっぱいになる。雪が降ると大勢が死ぬ」とのこと。暑さに適応しすぎたので、寒さには**からっきし**弱いのだろう。

基本的に虫は暑い季節に多い。砂漠は、冬でも日中は日本の夏並みの暑さだが、虫たちはめっきりいなくなってしまった。ゴミダマたちも寿命なのか全滅した。浮気相手たちがいなくなり、私は生き甲斐を失くしていた。

せっかくアフリカに来ているのに、デスクワークだけをやるのは**気が滅入りそう**だった（これを機にフランス語を勉強しようという選択肢は思いつかなかった）。研究者の精神はとてもナイーブなので、簡単に壊れてしまう。

日本から持ってきた食料もどんどん減ってきており、心細くなってきた。時間と金の節約を兼ねてもっぱら自炊をしており、中でもめんつゆは**心の友**だった。何にかけても日本風味にしてくれる万能調味料。チャーハンを作るときも最後の風味づけに使うのだが、少しでも節約したいので、「こち亀」（集英社）で、両さんが節約のため、チャーハンにライスを混ぜてかさ増し

からっきし▼まるっきり、まったく。
気が滅入る▼元気を失い、落ち込む様。
心の友▼ジャイアンの名言。これを使うヤツは、都合の良いときだけ親友面することがあるから気をつけよう。

して食べていたのを思い出し、**半チャーハン**をオカズに白米を食べるようにしていた。煮物はめんつゆを大量消費してしまうので**タブー**。週末にめんつゆのお湯割りを楽しむのが何よりの贅沢だった。

それにしても、自然に人生を委ねる職種というのはなんと不安定なことか。不漁になると仕事がなくなってしまう。いや、自然の驚異を甘く見ていた自分が悪いのだ。命を落とさなかっただけでもよかったと考えよう。それにしても、極度の**手持ち無沙汰**になったのは全てバッタのせいだ。バッタよ、なぜ消えた？ 今頃は、バッタの分身とでもいうべき大量のデータに囲まれ、喜びに満ち溢れた優雅な生活を送っているはずだったのに、懐まで寒い。何か身も心も燃え上がるようなことはないものか。

モーリタニアに来て、フィールドワーク初日に採れたなけなしのデータを解析し、その結果を論文にまとめるのが、このところの主な作業だった。以前、研究所を訪れたフランス人研究者のシリルとメールでやりとりし、**統計**解析を依頼していた。彼は私の置かれている切ない状況を把握しており、一度フランスに来ないかと誘ってくれていた。どうせバッタもいないし、別の研究所も視察したいので、とても魅力的な話だ。だけど、私の不在中にバッタが発生したら悲しすぎる。

モーリタニアのバッタ事情をババ所長に聞くと、バッタが本格的に出るのは例年9月以降とのこと。8月の雨次第でバッタの発生が決まるそうだ。1月の今だったら安心して旅に出られる。

2報目以降の論文をまとめるにも、シリルの統計の力が必要となる。いつまで経っても頼りっきりはよくないので、これを機に統計の技術をものにしてしまおうと考えた。

シリルは統計の専門家で、歳が近い（彼が一つ歳上）こともあり、今後も長い付き合いになるだろう。それに、彼自身はまだバッタ研究で論文を出しておらず、彼にとってもバッタのことを議論できる私が近くにいるのは好都合だろう。

フランスの農業研究機関CIRADは、世界の中でも歴史あるバッタ研究室として有名であり、私の力がどこまで通用するのか試すことができる。それに、本場のフレンチキッスを学べたら、今後の人生ウハウハではないか！

シリルと相談し、3カ月後の4月からフランスに行くことになった。先の見通しが立ったので俄然やる気が湧いてきた。

半チャーハン▼ラーメンなど料理を一品頼んだ者だけが注文することが許される、サイドメニューで選べる半分の量のチャーハンのこと。注文するときに「ラーメンと半チャー」と言うと通っぽくてカッコいい。ちなみに私の友人のだいすけ君の好物は半ライスである。

タブー▼決して言ったり、やったりしてはいけないこと。

手持ち無沙汰▼やるべきことが見つからないが、その場にいなければならず気まずい思いをするときの様。大人数でパーティーをしたときの後片付けタイムに手持ち無沙汰になりがち。

統計▼ある集団に関するデータを基に、その傾向について考える際に行う行為のこと。

神が与えし時間

まとまった時間がある、この時期にしかできないことはなんだろうか。思えば、こんなに時間が空いたことはなかった。日本にいた頃は毎日バッタの世話に追い立てられていて、実験のスキマ時間を見つけてデスクワークをしていた。時間に余裕があるのが不慣れなので、戸惑うのも無理はない。

思いを巡らし、ひらめいた。本だ！　本を書こう！　ちょうど東海大学出版部から、若手研究者がフィールドでの研究記を綴る「フィールドの生物学」シリーズの執筆のお誘いを受けていた。今一度自分を見つめ直すのにもちょうどよい。ただ、「フィールド」なのに、手持ちの研究内容は実験室のものだけで、趣旨に沿ってない。そうだ、現在執筆中のフィールドワークに関する論文の話を盛り込めばいいではないか。

この一年間、ブログを使って文章のトレーニングをしていた。ブログは、一日に何人が閲覧したかがわかる。面白い記事を書けば、ツイッターなどのSNSを介して人が人を呼び、大勢の人たちが訪れてくれる。ちょうど、読者に好まれる文章や内容の感覚がつかめてきていた。その成果を試すなら今だ。

バッタの論文を投稿し、続いてゴミダマの論文も投稿した。経験上、査読には早くとも1カ月、遅いと3カ月はかかる。先に時間のかかるものを仕込んでおき、査読結果を待つ間に本を書くことにした。

それにしても、目標とは生きていく上でなんと重要なのだろう。あるとなしとでは毎日の充実感が大違いだ。いきなり「アフリカのバッタ問題の解決」などと、果てしない目標を掲げてしまった日には途方に暮れてしまう。まとめやすいものから順に形にしていき、完成の喜びを味わい、調子に乗ったところで次にもっと時間のかかるものにチャレンジしていく作戦をとった。やれやれ、自分で自分のご機嫌をとるのも一苦労だ。

小説家たちはひなびた旅館にこもって本を書くと聞く。私の場合、容赦のない隔離環境が整備されており、雑音に惑わされることなく集中して本を書き進めることができた。

ファーブルの聖地

これから一カ月過ごす南フランスのモンペリエは、なんとファーブルが学位を取得した地だ。ファーブルが研究していた地で、自らも研究できるとはなんと感慨深い。彼と同じ空気を吸えるかと思うと呼吸すらありがたかった。

フランスでの滞在はシリルが手配してくれ、クラウディアおばさんの家にホームステイすることになった。4畳ほどの一室がマイルームとなり、風呂とキッチンは共同だ。クラウディアさんは一人暮らしの美術家で、絵画や彫刻を創作しており、ちょうど私が到着した日から個展を開いていた。家の中もすんごいオシャレ。いたるところに彼女の作品がある。

家は街の中心地にあるが、周辺の道は中世ヨーロッパを思わせる石畳で舗装され、情緒ある風景に囲まれていた。山中にある研究所へは、路面電車とバスを乗り継いで1時間弱。生活の基盤はバッチリだ。

ＣＩＲＡＤのバッタ研究チームは、３人の研究者、テクニシャン、エサ換え係、資料管理者、秘書という布陣だ。二つの飼育室に、実験室と資料室があり、担当者が膨大な量の資料の管理をしている。バッタに関する論文は、過去一世紀にわたって数万報にも及ぶという噂を耳にしていたが、こちらの資料室は、英語、フランス語、中には日本語で書かれたものも含め、約2万報も所蔵していた。その量にバッタ研究の歴史を感じた。

フランスでの生活は、私の生活態度をたるませるのに十分だった。ビールが安いし、飯が美味い。研究所のカフェテリアでは、研究所が補助してくれているおかげで、３００円払えばデザート付きの日替わり定食をたらふく食える。

シリルとの論文の準備も順調だ。次の論文の準備ができたところで、モーリタニアに戻る日が迫ってきていた。フランス滞在中もババ所長とは連絡を取り合っていたが、まだバッタは出ていないという。

ＣＩＲＡＤのメンバーも私の身の上を心配してくれており、バッタが現れるまでは、ここに

フランスの農業研究機関CIRADのいでたち

約2万報のバッタ関連の文献を管理している

モンペリエの優雅な広場。噴水とか贅沢すぎる

シリル一家とモンペリエ観光

チャリに乗りながら論文を読むフランスの研究者。レベルの高い「ながら運転」に二宮金次郎もびっくり

カフェテリアでの日替わり定食

残って実験を進めたらどうだ、というありがたいお誘いをもらった。CIRADで飼育しているサバクトビバッタは、前年にモーリタニアから送ったものなので、都合がよい。少しでも研究を進めたい身の上としては、願ってもないオファーだ。

ババ所長にも相談し、一度モーリタニアに帰った後、再びCIRADに戻り、バッタが出現するまで実験しながら待機する作戦に切り替えることにした。

黒の出現

ほどなくして、モーリタニアの我がゲストハウスに辿り着き、玄関の扉を開け、灯りをつけた。その瞬間、衝撃が。廊下の床に蠢く黒い塊。なんとゴキブリが大量発生していた。盛大に歓迎されている。これがバッタだったらどれだけ嬉しいことか。

廊下の時点でこれということは……と、恐る恐る台所に行ってみると……、あぁぁぁ、占拠されてる。フランスに行く前は成虫2匹しか見てなかったのに……。一カ月間、閉め切ったゲストハウスで繁殖していたようだ。

自室は、さすがにドアを閉め切っていたから大丈夫だろうと思ったが、風呂場からガサゴソ音がする。排水管から登ってきたようだ。14時の時点で、外気が43・7℃ある。砂埃が入らないよう、窓を閉め切っていたので、ゲストハウス内はゴキの発育を促進する環境が整っていたようだ。ティジャニと一緒に撲滅に勤しむ。

ベッドにもたれかかりながら、「やっぱ我が家はいいね」と定番のセリフを言う予定だったが、このバタバタ具合で、逆にモーリタニアに帰ってきたことを実感できた。

美女の定義

久しぶりにティジャニと朝食をとる。コーヒーをすすりながら不在中に何か問題がなかったか尋ねると、2人目の妻との間に大問題が発生し、困ってるという。

モーリタニアは一夫多妻制をとっており、夫は最大4人まで妻を持つことができる。ティジャニには2人の妻がいた。第一夫人は南の地域で彼女の家族とティジャニの子供たちと一緒に暮らし、ティジャニは研究所の側で、第二夫人のマリアンと自分の家族と一緒に生活していた。そのマリアンとうまくいっていないという。詳しく聞くと、そこにはモーリタニアならではの文化が複雑にからんでいた。

日本では細めの女性が好まれる傾向にあるが、逆にモーリタニアでは、ふくよかなほうがモテる。そのため、少女時代から強制的に太らせる伝統的な風習がある。これは「ガバージュ」と呼ばれるもので、現在は、健康によくないからやめるようにと政府が呼びかけている。

日本では、太っていると自己管理がなっていないととられがちだが、こちらでは「太っている

＝金持ち」となる。自分の妻が痩せていると旦那は**甲斐性なし**と思われるので、妻を太らせるために気を遣うそうだ。このような文化的背景が異性に対する好みに働きかけ、いつしか男性は太っている女性に美を感じるようになっていったのだろう。

ティジャニも、ドライブ中に体格が良すぎる女性を発見すると、度を超えた脇見運転をし、唸り声をあげる。

前「日本では細い女がモテるよ。例えば、ほら、あそこにいる女とか」

テ「全然ダメだね。女はでかくないと」

お互いの嗜好が極端に異なっているので、一緒に**合コン**に行っても争うことはないだろう。ただ、ティジャニ曰く、大きければ大きいほどよいというわけではなく、「自分自身でかつげる範囲内」がよいらしい。以前、妻を病院に運ぶときに一人で持ち上げられず、3人がかりでようやく運び出し、ひどく苦労したそうだ。

何を食べたらそんなに大きくなれるのか、ティジャニにインタビューしたところ、6歳の女の子の基本的な一日の食事メニューは、ミルク8リットルと2kgのクスクス（粒状のスパゲティ

甲斐性なし▼「甲斐性」はお金を稼いで生活する能力のこと。時代劇を見ていると、奥さんが博打に手を出すろくでもない亭主に「この甲斐性なし！」と文句をつけている。

合コン▼恋人が欲しい血気盛んな見知らぬ男女が一緒にする合同コンパのこと。開催日時やお店を決めるために連絡を取り合う幹事同士が付き合う確率が高い。

「娘が言うことをきかぬときは、こいつでつねってミルクを飲ませます」容赦ないおしおきについて力説するじいさん

の一種）、それにオイルだそうだ（その量はさすがに無理だ、間違いだろうと問いただしても、この量で間違いないとティジャニは言い張る。実際に確認する必要がある）。

フードファイターでなければ食べきれない量なので、もちろん女の子は嫌がるが、無茶な量を食べさせるための秘密道具がある。以前、イスラム第七の聖地として知られる、モーリタニア北部の街シンゲッティを訪れ、伝統的な民芸品を見学したときに目にしたものだ。その道具は、30cmほどある木製のピンセットで、食べるのを嫌がる女の子の太ももをつねるものだという。要は、おしおきをして強制的に食べさせるのだ。また、1cmほどの太さの木の棒もあった。それを指の間に入れて、その手をギュッと握るのである。鉛筆で簡単に再現できるので試してもらいたいが、拷問以外の何物でもない。

また、女の子を太らせるための塾もあるそうだ。ウシやラクダがよく乳を出す雨季になると、女の子を南の地域にある塾に預け、肥満合宿によって徹底的に太らせる。ガバージュには、肥満による健康被害の他に、食べ物がのどに詰まっての窒息死や、胃の破裂による死亡例もあるそうだ。

昔は車がなく、生活の中で長距離を歩かなければならなかったので大量に食べてもカロリーは消費できたのだろう。だが昨今は、自力で歩く機会が減り、ガバージュは健康上、非常に危険なものになっている。街中では、若い女性ほど痩せている人の割合が高いような気がするので、ガバージュをする人は減っているのだろう。

ふくよかな女性に心奪われるティジャニだが、自分の子供にガバージュをさせるとなると話は別だ。このガバージュがティジャニの身に悲劇を招くこととなった。

ガバージュの悲劇

ここからはティジャニの説明を元に綴っていく。

ティジャニの第二夫人、マリアンには6歳になるサティという連れ子の女の子がいる。マリアンは田舎出身なので未だにガバージュがいいと思っており、サティにガバージュをしていた。サティが食べるのを嫌がるとマリアンはビンタをし、太ももをつねり、サティの太ももには青あざが絶えなかった。サティは泣きながらティジャニに救いを求め、見かねたティジャニが無理に

フードファイター▼大食いや早食いをする食のスポーツに果敢に挑む人のこと。

食べさせることをやめるように忠告すると、夫婦喧嘩が始まる。

マ「これはあたしの子供だから何したってあたしの勝手でしょ！」

テ「いや、ここはオレの家だからマリアンのほうこそオレの言うことに従うべきだ！」

　何回言っても、マリアンは一向にガバージュをやめようとしない。皆が寝静まった頃、サティはこっそりと家を抜け出し、外で吐いてくる。ティジャニは気づいていたが知らんぷりをしていた。しかし、とうとうマリアンにバレてしまい、それ以降、家から抜け出せなくなった。このままではサティの身がもたない。ティジャニは事態の解決に向け、勝負に出た。

テ「ガバージュをやめなきゃ離婚するぞ！」

　マリアンはもともと超心配性だ。ティジャニがバッタ研究所に来て仕事をしているのを、他の女と会っているのではないかと疑って、一時間おきに電話をしてくる。たまに抜き打ちで、「仕事してるんだったら、その証拠にコータローの声を聞かせてよ」と言ってくる。ティジャニは申し訳なさそうに、「コータロー、すまないがマリアンに声を聞かせてやってくれ」と頼んでくる。かなりの束縛だが、これはマリアンがティジャニを愛している裏返しでもある。好きになりすぎて不安なのだ。離婚と聞いて驚いたマリアンは、すぐにガバージュをやめた。その日だけは。

　どうしたものか困り果てているティジャニから相談を受けた私は、

「ガバージュは健康に良くないし死ぬかもしれないので、危険だからやめたほうがいいとオレは思う。そもそも外国人は細い女性も好きだから、べつに太ってなくても結婚相手は見つかるし、ガバージュをやめても問題ないのでは？」

とアドバイスをしていた。

ティジャニの愚痴を聞き続けた数日後、とうとう事件が起こった。マリアンが全ての家財道具を持って、サティと一緒に家出したのだ。日中、ティジャニがバッタの飼育ケージを洗っていると、彼の母親から、マリアンが家出の準備をしているから大至急帰れと電話がかかってきた。

前「一大事だから帰っていいぞ。飼育ケージなんか洗ってる場合じゃないぞ」

と伝えても、

テ「大した問題じゃないから平気さ」

と、余裕をぶっこき、洗い続けるティジャニ。この余裕が**命取り**となった。

その日、帰宅したティジャニが目にしたのは、すっからかんになった家だった。テレビ、ステレオ、カーペットに寝具一式、食器類はもちろんのこと食用油5kg、米10kgまで消えていた。全てマリアンに持っていかれてしまったのだ。

翌日、

テ「モーリタニアでは、嫁が家財道具を全部準備して旦那の家に行くのが通例だ。しかし、私

命取り▼取り返しがつかないこと。

には一番目の妻もいて、すでに家財道具は揃っていたので、必要以上にお金をかけることはないと、マリアンに何一つ買わせなかった。友人たちもこのシステムを絶賛し、なんという素晴らしいアイデアだと褒めてもらったのだが、今はっきりと気づいたことがある。このシステムはダメだ」

と、目に涙を浮かべながら**気丈に**語ってくれた。慰めの言葉も見つからなかった。気の毒すぎたので、これでテレビでも買ってくれと、いくらかそっと包んだ。

この家出劇はマリアンの駆け引きだった。マリアンはティジャニにガバージュの大切さを再認識してもらうために、家財道具を人質にとり、ティジャニが謝ってくるのを共通の友人宅で待っていたそうだ。事情を知った友人が、ティジャニを説得しようと話し合いを進めたが、「オレは悪くない、悪いのはあっちだ！」と、**頑な**にマリアンに電話しなかった。

とうとうマリアンのほうが先に音をあげ、泣きながら戻りたい旨を伝えてきた。しかし、ときすでに遅し。ティジャニは、こんなおっかないことをする女とはもう二度と一緒に住みたくないと**憤慨**し、そのまま別れることになった。風の噂では、マリアンはサティを連れて田舎の実家に戻ったそうだ。

生物の世界では、異性に好まれるために、生存に不適な極端な形質が進化することがある。クジャクのオスの派手な羽なんかがその典型例だ。大きすぎて動きにくいったらありゃしない。

モーリタニアでは太る方向に選択が進んできたが、逆に日本では細い方向に進み、過剰なダイエットで健康を害する女性が増えるなどの問題が起こっている。

人間の場合、異性に対する好みが一方の性の体型に影響し、不健康で極端な体型が好まれることがある。昔の話だが、ヨーロッパではウエストを締め上げ、細く見せるためのコルセットが流行ったり、中国では女性の足が大きくならないようにするため、小さい靴を履かせる纏足が行われたりした。いずれも不健康な特徴が美しいと考えられていた。

同じ人間でも、文化や時代の影響で「異性に対する好み」が極端に違っている。男の美意識が女性を苦しめている。これはゆゆしき問題ではないか。日本人男性諸君、日本人女性が過度のダイエットで苦しんでいるのを、このまま見過ごしてもいいのだろうか！　我々は痩せ気味を好みすぎてはいないだろうか。ぽっちゃりぐらいに美を感じ、女性に優しい新しい美を創りあげていこうではないか。

電撃結婚

ティジャニは運転だけではなく、立ち直りも早かった。マリアンの家出騒動から3日後、ティ

気丈に▼哀しいことがあってとてもツライが、いつも通り振る舞おうとする強い気持ちを持つ様子。
頑な▼頑固になっている様子。
憤慨▼怒りまくること。143ページでも説明したけど、覚えてた？

ジャニに新しい妻ができた。別れた翌日から妻がほしいとわめきはじめ、今度は近くにいてくれて、頑固じゃない女性がいいと言った3日後には、本当に妻ができていた。友達の紹介で出会い、もう結婚することにしたという。離婚届けの書類にマリアンがサインをするのを渋っているので、法的にはまだ離婚が成立していないが、事実上の離婚から1週間で結婚するとは、なんという**電光石火**の早業か。週末に式を挙げるそうだ。

　フランスでは、結婚前に半年ほど同棲して相性を確認した上で結婚するカップルが多いと聞く。もっとじっくりお付き合いをして、お互いのことをわかり合った上で結婚したほうがいい気がするのだが、その潔さが素晴らしい。

　せっかくの結婚式だが、残念ながら私はフランス行きの飛行機を予約しているので参加できない。なんとか**花を持たせて**あげたい。何をしてあげたらいいか。

　前月に引き続き、自分がフランスに行っている間もいつもと変わらない額の給料を出すことにし、3カ月分まとめて払うよと伝えたら、大喜びで握手してきた。

　結婚式は、大きなテントを張り、カラオケを借りてヤギの丸焼きなどのご馳走を手配し、大勢の知人を呼ばなければならないため**物入り**になる。ティジャニには貯金をする文化がなく、親や友達に借金して結婚式をやろうと考えていた。そこに私がポンと前払いしたものだから、人はここまで喜べるものなのかと感心するほどの大喜びだった。ならば拍車をかけねばなるまい。

「それは給料だから。こっちはスペシャルだ」とご祝儀を渡し、その喜びをさらに爆発させた。彼の幸せを願うばかりだ。

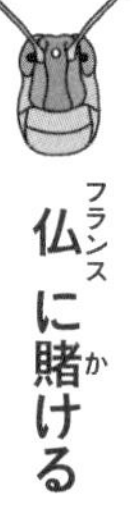

仏に賭ける

再びモンペリエに戻ってきた。幸い同じホームステイ先が空いていたので、そのままお世話になることにした。今回の滞在では、モーリタニア産のサバクトビバッタを使って実験室で研究を行うことになっていた。モーリタニアから大干ばつでバッタが消え去る前に、あらかじめこちらの研究所に卵を送って飼育し、数を増やしていたものだ。華麗にデビューし、フランスのバッタ研究者たちに私の実力を披露する予定だった。予定だったのだ……。

意気込む私を待ち受けていたのは悲しい知らせだった。フランスを訪れる数日前に、実験に使う予定のバッタが大量死していた。

研究所では二つの飼育室でバッタを飼育していたが、そのうち片方の飼育室の温度管理システムが暴走して60℃まで上がり、バッタが熱死したのだ。片方の飼育室のバッタは生き延びて

電光石火▼火花が散るくらいのあっという間のこと。

花を持たせる▼誰かをいい感じの主役にしようとする優しさの一つ。手柄をいつも独り占めしようとする人間は出世できても嫌われる。

物入り▼出費が多いこと。

いた。二つの飼育室のバッタをフル活用しようと企んでいたので、実験計画の変更を余儀なくされた。飼育室は安定しているのが持ち味なのに、よりによってこのタイミングでぶっ壊れるとは何事か。私のバッタ運は一体どうしたのか。完全に運に見放されている。

実験計画を立てるときは、仮説をどのように検証するかが重要となる。許された時間、材料、労力、作業時間など全てを考慮し綿密な計画を立てねばならない。とくに今回問題となるのは、毎日の作業時間だ。研究所には門限があり、20時には業務を終え、職員たちは速やかに帰宅しなければならない。街までの最終バスが出発するのが17時45分のため、日本でよくやっていたように夜中まで研究することができない。フランスでは労働者の人権が守られているが、それが逆に足かせとなってしまった。

フランス人は家族と過ごす時間を大切にする。聞くところによると、年間2カ月もバカンスをとれるにもかかわらず、研究の生産性はさほど落ちないという。フルタイムであくせく働き続ける日本人と、ゆっくりのんびり働くフランス人が同じような研究をできるとはなんたることか。いずれにせよ今回の制限された環境下は、フレンチスタイルを身につける絶好の機会だ。

状況を整理し、その中でできる実験を組み、論文になりそうな研究計画をなんとかデザインした。しかしながら、一日の実験時間が短いので困っていたところ、同じ研究室でポスドクをしていたベンが、門限ギリギリまで付き合ってくれて、帰りは愛車に同乗させてもらえることになった。

ベンは前年度からバッタ研究チームに雇われたポスドクで、アメフトをプレーする活発なナイスガイだ。彼にとってバッタは初めての研究対象であり、私と研究するのを心待ちにしていたという。最初私は、来客用の一室に机をもらっていたのだが、ベンが机を並べて一緒にやろうと誘ってくれて、彼の部屋に転がり込むことになった。

またありがたいことに、実験補助のパートのおばさんが私の実験を手伝ってくれることになった。彼女がエサ換えや洗い物を助けてくれたおかげで、実験がはかどった。

バッタのエサには小麦の芽出しを使用していた。小麦の種から芽が出て食べ頃になるまで数日かかるので、あらかじめ仕込んでおかなければならない。青々した小麦の芽出しだが、伸びすぎると見るからにまずそうな黄色になってしまう。使う分よりも少し余分にエサを準備し、毎日仕込む必要がある。

新しい研究環境では学ぶことが多くあった。逆に、自分の技術が皆の役に立つこともあり、双方に多くのメリットがあった。

聖地巡礼

人には心の聖地がある。イスラム教徒はメッカ、高校球児は甲子園、高校ラガーメンは花園、そして昆虫学者を目指す私の聖地は、ファーブルの自宅だった。

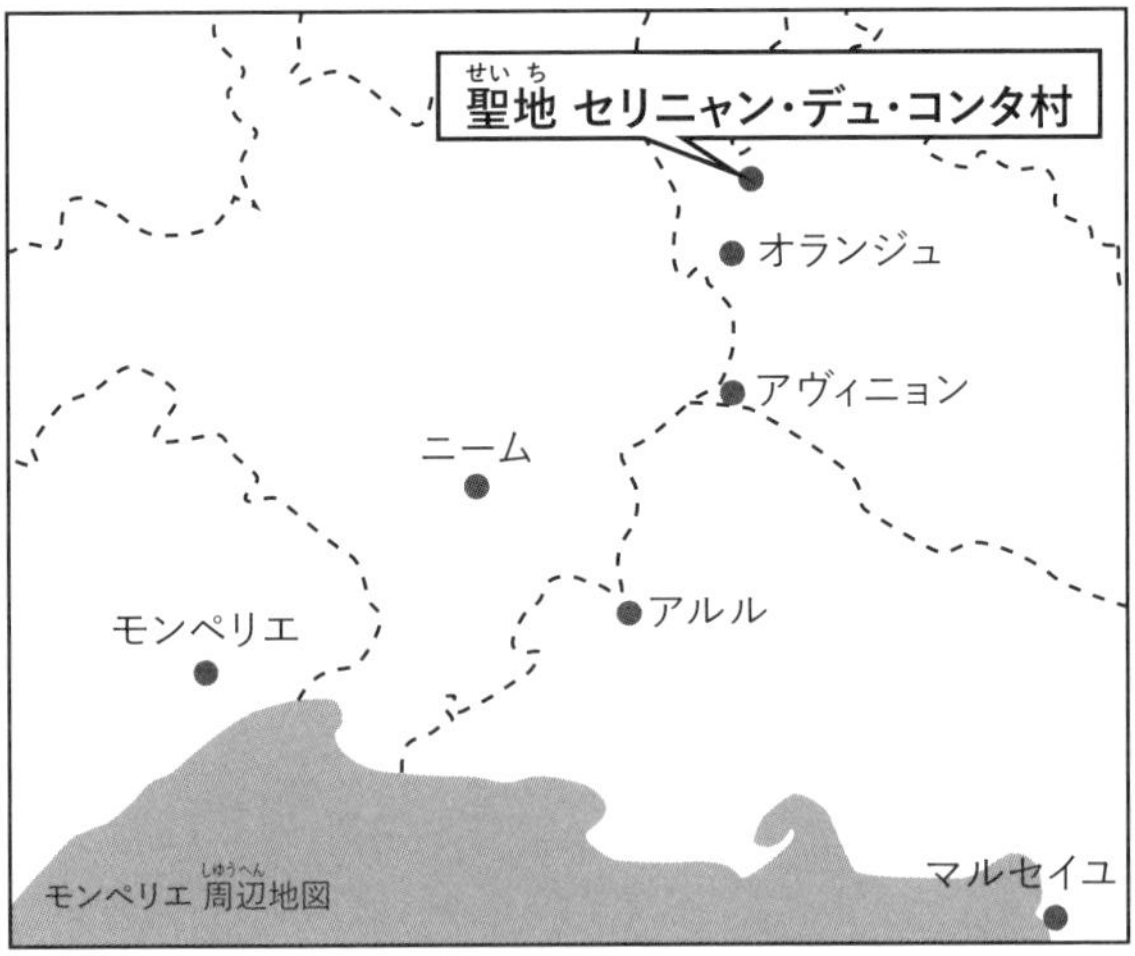

日本ではほとんどの人がファーブルのことを知っており、日本で最も有名なフランス人の一人だが、母国フランスでは驚くほど知名度は低い。昆虫の研究者でも10人中1人くらいしか知らない。道行く人々はまず知らない。フランス人から「日本で一番有名なフランス人は誰?」とよく質問されるので、「ファーブルです」と答えても誰も知らないのだ。昆虫学者だと教えると、「そんな……、昆虫学者なんかが一番有名なのかよ!」とガッカリされる。

失敬な！　と、日本人の私が言うのも変な話だが。

実験が本格的に忙しくなる前に、ファーブルの家に行ってみることにした。目指すは、南フランスはプロヴァンス地方のセリニャン・デュ・コンタ村。オランジュ駅からバスで村を目指す。

本物のプロヴァンスに辿り着いた！　すでにオランジュ駅で興奮している自分をなだめるためにカフェに立ち寄る。

「もしかしたらファーブルもここでコーヒー片手にクロワッサンを頬張っていたのでは」

全てがファーブルにちなんだ神聖なものに感じられ、興奮は収まることを知らない。

バスに乗ったものの、目的地でちゃんと下車できるか不安になるが、20分ほど揺られ、確信を持って田舎村で下車した。なぜ確信を持てたかというと、村の入り口に身の丈2 mを超す巨大なカマキリの像が立っていたからだ。こんなに怪しい村はそうそうない。

すぐに、ファーブルの家へと案内してくれる標識を見つけた。ガイドブックを持っていない自分でも辿り着けそうだ。

そして、とうとう念願の聖地に到着した。

ファーブルの屋敷は、うっそうとした森に隣接した豪邸だった。ファーブルが歳をとってから住み始め、『ファーブル昆虫記』を執筆したまさにその屋敷だ。家の向かいには博物館もあり、観光地になっている。博物館は閉まっていたが、屋上へと続く階段を見つけて登ってみた。そこからの景色が格別で、ファーブルの屋敷も一望できる。建物は大きく、かなりの敷地面積だ。

いやぁ、ほんとに大きい。大きい。大きい。

私はその大きさにだけしか感動できなかった。なぜなら、本日土曜日は休館日のため、外か

ファーブルの村の入り口にそびえるカマキリ像

ファーブルの屋敷への入り口

らしか見ることができないからだ。あらかじめベンに聞いて知っていたが、行き方を知り、我慢できずに来てしまったのだ。もしかしたら入れるかも、という淡い期待を抱いて来たが、やはり入れなかった。だが、屋敷だけが聖地ではない。ファーブルが住んでいた村全体が聖地なのだ。ファーブルの生き様を全身で感じたかったので、気ままに歩き回ってみる。

村はファーブル色に染まっていた。ファーブルのトレードマーク（帽子をかぶった横顔）が民家の壁に、村の地図に、交番の壁にもあった。村の大通り沿いに歩くと、ファーブル様の銅像があった。りりしい姿にうっとりしてしまう。台座にはフランス語で「昆虫学者」と刻まれている。虫の研究をして銅像になるのはすごいことだ。ファーブルはすでに亡くなっているが、この像には彼の魂が生きている。

ひとしきり感動した後で、私はリュックからおもむろに原稿用紙の束を取り出し、台座にそっと置いた。実は、フランスに渡ってからも毎日、原稿を執筆し続け、とうとう完成していたのだ。タイトルは、『孤独なバッタが群れるとき――サバクトビバッタの相変異と大発生』だ。バツタの生態はもちろん、自分の研究史を綴っている。『ファーブル昆虫記』に感動した小学生が、大人になって自分の昆虫記を出すのだ。こんな嬉しいことがあるだろうか。これには小学生の自分も大喜びしてくれるだろう。

今回、自分の昆虫記を出すということで、どうしてもファーブルに直接報告し、出版前の原稿を捧げたかったのだ。昆虫記になるのを待ち構えている原稿が、憧れの昆虫学者とともにある。今頃、ファーブルもきっと喜んでくれているはずだ。

ファーブルの祝福を受けた原稿をしまい、一足早い祝杯をあげにバーに行く。滅多に来ない帰りのバスまで、まだ時間があった。

村でよく見かけるファーブルのアイコン

ファーブル像にバッタ本の原稿を捧げてみる。「ENTOMOLOGISTE」はフランス語で「昆虫学者」の意味

早く逃げないと解剖しちゃうよ？

昼に飲むビールの幸せたるや、自分はこのために生きてきたといっても過言ではない。外のテラスで、渇いたのどにビールを流し込む。格別に美味い。名も知らぬバッタがテーブルに飛んできて、酒の相手をしてくれる。

3杯目のおかわりを頼もうとすると、英語を話すおじさんがからんできた。何をしに来たのか聞かれたので事情を説明すると、ファーブルの家の管理人と知り合いだから、今日オープンするかどうか聞いてやるよとのこと。いやいや、休みだって。

おじさん「今日やるってよー」

前「アボーン（マジで）!!!」

夏の土曜日は、特別に15時からオープンするとのこと。おまけに博物館も14時からオープンするという。諦めていただけに、なんと嬉しいことか！　おかわりのビールを一気に飲み干し、まずは博物館を見学することにした。ファーブルの屋敷と博物館の両方を見学できるチケットを購入。博物館の展示は、あまりファーブルには関係がなく、早く屋敷に行きたい思いを高めてくれる。時間になったので向かうと、門の扉が開け放たれている。ゆっくりと門をくぐり、歩を進めた。

憧れのイスに

受付をすませ、屋敷を見学する。まずはファーブルに縁のない、世界の昆虫の標本がズラリ並ぶ。ファーブル自身のコレクションは、主にパリの博物館に保存されている。

実験に使っていたと思われるファーブルの七つ道具も、ガラスケースに展示されている。彼の生きた痕跡は全て価値があり、ファンとしてはなんでも拝みたい心境だ。別館には壁一面にキノコの絵が飾られている。ファーブルは昆虫学者として有名なだけでなく、キノコの絵でもその名を**轟かせて**いたという。彼のキノコの絵を初めて目の当たりにし、あらためてその非凡な才能に舌を巻いた。ガラスケースの中にはロシア語、中国語をはじめとする様々な言語に訳された『ファーブル昆虫記』が飾られている。その中にはもちろん、日本語版の『ファーブル昆虫記』もあった。たぶん、母が図書館から借りてきた本と同じだ。世界中の人々から愛されている昆虫学者だということを、再認識する。

そして、待望の実験室へと入る。ここで数々の伝説が生まれ、多くの昆虫少年少女の心を鷲づかみにしたのだ。戸棚には貝や動物の骨が並べられ、机の上には、実験道具の数々が並んで

轟かせる▼遠くまで響いていること。

自分の運命を決定づけた『ファーブル昆虫記』が飾られていた

いる。ようやく辿り着けたこの場所で、目一杯深呼吸をする。細胞の隅々までファーブルに染まりたい。

物思いにふけっていると老夫婦が入ってきた。ここを訪れるとは同志に違いない。挨拶すると、ドイツからの旅行者だった。旦那さんはトビムシの研究者で、昨年退官したそうだ。お互いにファーブルのイスに座って記念撮影をした。私もいつか、大切な人を連れて再び戻ってこよう。

屋敷の庭も、決して外してはならない名所だ。ファーブルは自分の庭を「アルマス（荒れ果てた大地）」と嘆いていた。砂漠から来た私にしてみると十分に潤っている大地に見える。そんな庭を散策し、生い茂る樹木のトンネルを進んでいく。人は緑に包まれると、なぜこうも心安らぐのだろうか。精神を健康に保つのに森ほど優しいものはない。それが自宅にあるとはなんとも羨ましい。

再び、屋敷に入ると、訪問者が一言書き綴る日記帳が置いてあった。ペラペラめくると、世界各国の文字が並んでいるが、半分以上が日本語だ。やはり日本での人気が高いことを物語っている。私も記念に、ファーブルに自分の昆虫記を捧げるのでよろしくお願いします、という旨を記載しておいた。

　そして、本日の最後の仕上げ。出版前の原稿について、プロヴァンスを訪れた担当編集者の田志口克己さん（東海大学出版部）と最終打ち合わせをするのだ。私がなかなか日本に帰れず、直接会って相談できずにいたので、フランスに用事があった田志口さんがわざわざ来てくださった。

　当時、モーリタニアの通信事情は悪く、原稿をメールで送るのも一苦労だった。本来ならばPDFを一括で送るところを、ファイルサイズが大きくならないように細切れにしてやりとりするなど、随所で余計な迷惑をかけていた。

　モーリタニアで原稿を書き進め、ファーブルの地で最終打ち合わせをしたこの本には、

ファーブルにあこがれて自分も昆虫学者になりました。
今年の秋に自分も昆虫記を出削することになりました。
『孤独なバッタが群れるとき』
〜サバクトビバッタの大発生と相変異〜
東海大学出削会
あなたにささげます
モーリタニア国立サバクトビバッタ研究所
前野ウルド浩太郎　2012年8月25日

残念なことに、一貫して「出版」の漢字を間違えたまま、ファーブルに思いを捧げた

編集者の田志口克己氏（東海大学出版部）と一緒に、昆虫大学にてバッタ本の初売り

我々の特別な想いがこもっている。フランス滞在中に重大な仕事を一つ成し遂げることができ、再び祝杯をあげた。

モーリタニアへの帰国が迫ってきており、これからしばらくはバッタに寄り添うことになる。結局予定通り実験を終わらせることができず、一週間帰国を延ばして、なんとか論文発表できるだけの実験をやり遂げた。フランスでファーブルを満喫し、再びモーリタニアへと戻ることとなった。

そういえば、一度も**フレンチキッス**の練習ができなかった。

モーリタニア、再び

ティジャニが大喜びで私を迎え入れてくれた。不在中、研究所の他の職員たちから、「コータローはもう戻ってこないぜ。フランスがコータローを奪ったんだ」と言われ、肩身が狭かったそうだ。

ティジャニは「いや、コータローはバッタが重要だから、モーリタニアでバッタが出たらすぐに戻ってくるはずだ」と言い張っていたので、実際に私が帰ってきたときには、同僚たちに「ほらみろ」と勝ち誇ったそうだ。

前「いつでもミッションに行ける？」

テ「ウィー！　そう言うと思って車の整備は終わらせておいた」

バッタが続々とモーリタニアに戻ってきていた。運命の第2ラウンド開始である。この闘いで、なんとしても結果を残さなければ、昆虫学者を続けるための次のポストを獲得できない。人生を決する正念場を迎えていた。

フレンチキッス▼フレンチキッスとは、軽くチュッとするキスのことだと思っていたら、実はディープキスのことでした（三省堂国語辞典より）。完全に誤解しておりました。「ディープキスって何？」と、周りの大人に聞くのはやめましょう。

第6章 地雷の海を越えて

死の湖 サッファ

待ちに待ったバッタシーズンが到来した。大発生の兆しはまだないものの、少数のバッタの目撃情報が相次いでいた。大群に包まれたいなどと贅沢は言わない。野外でバッタを観察できるだけで幸せだ。ようやくミッションを再開し、全国を慌ただしく駆けずり回っていた。

首都から１００km離れた地点で、数は多くないが成虫がいるとの情報が入った。クリスマス目前で、ゲストハウスでゆっくり過ごすより砂漠で過ごすのもオツだと思い、現場にＧＰＳ頼みで緊急出動した。

しばらく砂漠を走行していると、草木が生えていない、いかにも走りやすそうな地面が出現した。ところが、ＧＰＳの地図画面は湖の存在を示している。きっと古い情報を元に作った地図画面だろうと思っていたら、ティジャニは目に見えない湖を避けていく。

前「ティジャニ、直進だって！　曲がらなくてもいいよ！」

死の湖 サッファ（塩だまり）。手前の水たまりには塩の結晶が浮かぶ

テ「ノン、ここはサッファだから通れない」

前「サッファって？」

テ「サッファはとても危険な所だ。塩と水がたくさんあって、車で進入するとハマって脱出できなくなる。今は昼だから見た目には水がないように見えるが、夜になると水が地面から染み出てくる。昔、研究所のドライバーがサッファを横切ろうとしてハマってしまい、車を一台失っている。車でサッファを横切るのは危険すぎる」

草木が生えていないのは塩のせいだった。初めて聞く地形に興味を持ち、車を停め、歩いてみると、地面が一部ブヨブヨしてるし、地表には塩の結晶が見える。平坦な地面だが、ところどころ大きな穴が空いており、中を覗くと水がたまっている。舐めてみると確かに塩だ。

砂漠の真ん中に塩とは、一体どういうことなのか。

それらしく解説すると、遠い昔、砂漠の一部は海の底

それらしく解説すると▼専門外のため全然知らないけど、博士である手前、何かしらの説明をしなくてはいけないと思い解説したが、間違っていたときに自分の落ち度を軽くするための姑息な前置きとして使った。よくない。

だったのだ。その証拠に、海岸から２００km も離れているのに、大地が真っ白い貝殻で覆われていたり、魚を突くために使ったであろうヤジリの石器が落ちていたりする。長い年月をかけ、海水は蒸発していき、塩が凝集していった。

ティジャニによると、近くに岩塩の採掘場があり、そちらは見渡す限り塩だらけだそうだ。塩は人間の生命を保つのに欠かせないものだ。一昔前、岩塩は貿易で取引され、商人たちがラクダに載せてサハラ砂漠を横断していたという。ついでの出来事とはいえ、太古のロマンを味見できた。

岩塩売りのじいさん

死への保険

車で移動する際は、砂地の砂丘を避け、なるべく平坦で硬い地面を走行する。砂漠にも実は道があり、そこには生活の知恵が隠されている。道といってもアスファルトで舗装されているわけではない。単にタイヤの跡なのだが、長年にわたり多くの車が通るため、くっきりとした轍に仕上がっている。場所によっては、轍があみだくじのように何本にも分かれている。最も溝の跡が濃いものが往々にして最短ルートで安全な道だ。

各々が好き勝手に走行するのではなく、轍を走れば、でこぼこがすり減り滑らかになるので高速で走行できる。また、万が一車が故障しても、後続車に発見してもらえる可能性が高まる。砂漠での安全走行のコツは、いかにして良い轍を見つけ出すかにかかっている。ティジャニはモーリタニア中の名もなき道を一本ずつ覚えており、私を目的地に安全にいざなう名ガイドでもあった。

とは言っても、後続車がいつ来るかはわからない。念には念を入れ、車にトラブルが生じてもすぐに助けを呼べる手はずを整えていた。自分へのクリスマスプレゼントとして、10万円の衛星電話を購入したのだ。こいつはすぐれもので、地球上のどこからでも電話がかけられる。ただ、2分間の通話で1200円かかり、かけられても容赦なく通話料が発生するので、破産の危機の可能性がある**諸刃の剣**だが、命には代えられない。

諸刃の剣▼相手を攻撃できるが、自分も傷ついてしまうこと。

新妻の手料理

最後の雨から4カ月経ち、植物が枯れはじめていた。モーリタニアでは、南から北上して雨が降るため、植物は南から枯れていく。我々は「枯葉前線」を走ってきたようで、北上するにつれ緑が復活してきた。まだ緑が保たれているところが今回のミッションの目的地だが、ここが枯れるのも時間の問題だろう。

情報通り、目的地にはまばらだが成虫がいた。観察によさそうな場所を定めて腰を据える。クリスマスの時期にもなると、さすがの砂漠も寒くなり、日中は30℃を超えるが、朝方は5℃近くまで冷え込む。一日のうちに夏と冬がいっぺんに訪れるから、夏服と冬服の両方を持っていかなくてはならず、荷物がかさばって仕方ない。

人間は服を着て体温調節できるが、**裸一貫**のバッタはどうやって激変する温度変化に対応しているのか。変温動物である昆虫の活動性は気温に依存しており、日中は気温が高いから思いのままに動き回れるが、朝方は寒さに凍えて身動きできないはずだ。不活発なときに敵に襲われたらひとたまりもないはずだが、そんな危険な時間帯をどうやってやり過ごしているのだろうか。温度変化が激しい環境下で変温動物がどのように敵から逃れているのか、バッタの弱点を知る上でも実に興味深い疑問だ。

今回のミッションでは、冬場のバッタの成虫が一日をどうやって過ごしているのかを解明することにしていた。

ペンとノートを携え、定期的に歩き回ってバッタがどこで何をしているのかを観察する。その間、ティジャニは新妻と一緒にラブラブクッキングである。そう、今回、ティジャニがミッションの模様を新妻に見せたいと言いだし、調査に同行させていた。新妻を特別にコック扱いで雇ったおかげで、砂漠で彼女の手料理を食べられる。この日は簡単にスパゲティで済ませたが、翌日のクリスマスイヴには、特別料理を作ってくれるという。

翌日、朝の定期観察からテントに戻ると、調理が急ピッチで進んでいた。ピーナッツペーストにトマトを加えてグツグツ煮込んでいる。ティジャニが枝分かれしまくっている木の枝を折ってきて即席の泡立て器を作り（持ってくるのを忘れた）、新妻をサポート。アツアツの共同作業を見せつけてくる。牛肉の塊を投入し、さらに煮込むと「マッフェ」のできあがり。担担麺の

枝も立派な調理器具

裸一貫▼服は着ているけど所有物がほとんどない状態のこと。服を着ていないのは「素っ裸」。

マッフェ（ピーナッツペーストのハヤシライス）

濃厚さとハヤシライスのコクを併せ持つ濃厚なソースを、さっそくオンザライス。隠し味の唐辛子がアクセントとなって食欲を刺激し、モリモリいけてしまう。牛肉もじっくり煮込んだのでスジのところなんかプルプルしちゃってもう最高。ティジャニと2人で美味い美味いと褒めるので、新妻は照れくさそうにしている。

その後、再び定期観察に出かけて戻ってくると、テントの中から新妻の話し声が聞こえてきた。仲良しでいいことだとほのぼのし、休息のために中に入ると、なんと携帯電話で会話をしているではないか！

砂漠を縦断している道路沿いには、至る所に携帯電話用の大きなアンテナが立っている。そのため、道路からさほど離れてなければ、砂漠の真ん中からでも携帯電話が普通に使えるのだ。便利なのは喜ばしいことだが、高額な衛星電話を買った身としては、ものすごく損した気分になった。

砂漠のメリークリスマス

25日のクリスマスの夜、車の音が砂漠に響いた。どうやら我々の野営地に向かって、数台の車が近づいてくるようだ。何者かと警戒していたら、ババ所長の一団だった。

実は出発前にこっそり教えてくれていたのだが、現在ババ所長は、全国に散らばっている調査部隊がサボらずに働いているかを抜き打ちチェックするために、全国巡回中だった。そして、私が調査中なのを聞きつけて、わざわざ陣中見舞いに駆けつけてくれたのだ。

ババ所長はサンタクロース

ババ所長はコック同伴で来ており、ディナーに招待してくれた。

バ「コータロー、クリスマスにはチキンを食わんとイカンぞ」

と、わざわざ奥さんが育てたチキンを持ってきてくれた。

前「マジすか?! オ、オレもクリスマス味わってもいいんスカ?」

バ「オフコース! ジャパンではクリスマスにチキンを食べるんだろう? シャンパンはないがチキンを食べようじ

クリスマスディナーはチキンの丸揚げを素手で

やないか」

前「おぉぉ。ユー・アー・マイ・サンタクロース!!!」

そりゃあ、クリスマスにはチキンやケーキを誰かと一緒に食べたいさ。寂しさを紛らわすためにミッションに出たのだが、ババ所長は日本の文化を調べて、わざわざ激励しに来てくれたのだ。なんというおもてなしの達人。その気遣いが嬉しすぎた。

チキンは丸揚げにし、コンソメと岩塩で味を調えたタマネギのみじん切りソースをかけていただく。

「では、メリークリスマス!!」の合図とともにかぶりつく。さすが**手塩にかけた**チキンだけあって、肉が柔らかくジューシーでなんと美味いことか。渇いた体にチキンとババ所長の優しさが染みわたった。

冷血動物のあがき

連日にわたる観察から、冬場のバッタの活動パターンがようやく見えてきた。その内容をババ所長に報告する。

手塩にかけた▼すごく手間暇をかけて念入りに世話をしていること。

あがき▼なんとかピンチから抜け出そうとばたばたすること。

ややこしい形状の植物の中にバッタが逃げ込むと、お手上げ

成虫は、体が十分に温まっていれば飛び回れるので天敵に捕まることはまずないし、好きな所にいられる。日中の気温が高い時間帯は地面や丈の低い植物に潜んでいるが、日が暮れてくると比較的大きな植物に移動し、そこで夜を過ごす。高い移動能力を活かし、一日の中でポジションを変えていることが判明した。

飛ぶのには十分に暖かいが、バッタが暗くなる前に大きな植物に移動する理由は、翌朝明確となる。朝方は5℃近くまで冷え込み、変温動物のバッタは活発に動くことができず、飛んで逃げることもできない。そんなときに恒温動物の敵に襲われてしまっては、ひとたまりもない。そんな彼らが寝床に選んだ大きめの植物は避難場所になる。夜間の天敵の大半は地上から襲いかかってくるので、地面ではなく高いところにいたほうが逃れやすいのだろう。しかも、朝、太陽が昇り、まっさきに太陽光がさすのは高

早朝、木の上にたむろするバッタたち

いところなので、バッタたちはいち早く日向ぼっこをして体温を上げることができる。

さらにバッタは、体が温まる前に天敵が襲ってきたときの用意もしていた。

人間ほどの大きさの植物を寝床に選んだバッタは枝にしがみついているが、私が歩いて近づくと、自ら地面に落ちて植物の根元に隠れようとする。寒さで俊敏に動けなくても、落ちてしまえば重力が手助けして垂直方向に素早く移動できる。おまけに入り組んだ枝が邪魔をして、素手ではとてもじゃないけどバッタを捕まえることはできない。逆に人間よりも大きな植物に潜んだバッタは、手が届かないことを知っているかのように、地面に落ちてこず、その場に留まる。すなわち、バッタは低温時の不活発で危険な時間帯を、植物を巧みに利用することで乗り切っているのだ。

砂漠ということで暑さにだけ注目していたが、寒さに対してもバッタは見事に適応していることがわかった。室内の飼育室でバッタがなぜかケージの上に集まっていたのは、もしかしたら天敵から逃れようとしていたからではないのか。長年にわたってずっと抱えていた謎の一つが、こんなかたちで解けるとは。

ババ所長も知らないバッタの一面を解明でき、「グッジョブ」と褒めてもらえた。おまけに「バッタはなんと賢いのか！」と相方まで褒めていただいた。研究者の自分にとって、バッタの秘密を知れたことは何よりのクリスマスプレゼントになった。

未確認飛行物体

冬のある日、北部の国境沿いの港町で、バッタの大群が目撃されたとの一報がバッタ研究所に届いた。この時期に大群が押し寄せることなど過去に例がない。何かの間違いなのではないか。以前、痛い目にあったガセネタの可能性もあるが、複数人が目撃しているため、研究所としては見過ごすわけにはいかない。確認のために調査部隊を派遣し、付近のパトロールをはじめた。

その港町とは、首都から約５００km離れたヌアディブ。日本が支援して整備した港や水産加工所があり、一度行ってみたかったところだ。すでに群れはどこかに飛び去った可能性もあるが、もしかしたら広い砂漠のどこかにまだ潜んでいるかもしれない。観光も兼ねて偵察がてら行ってみることにした。
冬の野宿は泣く子も黙るほど寒い。しかも北上するとなると寒さは厳しさを増すはず。港町でバッタを探したい旨をティジャニに告げると、友人で警察官のモハメッドが港町に住んでおり、交渉したら連泊可能でぜひ遊びに来いとのこと。これでバッタが出現するまでぬくぬくと待機できる。しばし居候させてもらうことになった。

もしかしたら今すぐにでもバッタの群れが出現するかもしれない。現場に猛然と駆けつけるようにティジャニに依頼し、海沿いの一本道をぶっ飛ばす。道沿いに小屋が10軒ほど並んだ漁村が点々としている。軒先にはボラに似た白身魚が干され、各小屋の前には台があり、その上に紙袋が置かれている。休息がてら車を停め、紙袋を開けてみると、うす茶色のほぐした干し魚が入っていた。ティジャニが、

「これは珍味で美味いのだ」

と、金も払ってないのに豪快に試食をかます。私もちょいと失敬し、つまんでみると酒の肴にちょうどいい。我々が騒いでいると女主人が出てきて目が合ってしまった。気まずさと好奇心で、旅のお供に４０００ウギアで購入。２人で噛みまくりながら旅を続ける。

我々は音楽の趣味が合い、洋楽をガンガンかけながら気分を盛り上げて移動するのが定番だった。昔、クラブ通いをしていたときにかかっていた曲が流れると、自然と体が動き出す。

ティジャニに、５００㎞も一人で運転できるか訊くと、

「そんなのまったく問題ない。一日で1000km運転したことだってある」
と笑いながらさりげなく**自慢話**をはじめた。
現に全てのミッションで、運転中に彼が休息を取りたいと訴えてきたのは腹をこわしていたときぐらいで、それ以外は疲れを**おくびにも出さない**。運転において一切の妥協を許さない高きプライドを持つ音速の貴公子こそ、ティジャニなのだ。

ティジャニが着ている緑色の軍用コートには武勇伝が秘められていた。昔、南の街まで乗用車を届けるお使いに出かけたときのこと。砂が多い難所があった。軍隊のトラックがそこを越えられずに立ち往生していたが、ティジャニは砂漠仕様ではない車で、見事にそこを乗り切った。ティジャニは親切にも歩いて戻ってきて、軍隊のトラック全てを運転し、難所を脱出した。そのお礼として、軍用のコートをもらったそうだ。市販されていないコートのため、デザートポリスがティジャニのコートを見て敬礼するので、余計な揉め事防止にも一役買っていた。

長距離移動中は、助手席に座っているだけの私のほうがくたびれてしまう。そのため2時

泣く子も黙るほど▼ギャン泣きしている子供が急に黙ってしまうほどの強い衝撃があることを伝えたいときに。
居候▼ホームステイのこと。
自慢話▼「＝武勇伝」。自分のスゴさをアピールすることで、やりすぎると嫌われる。
おくびにも出さない▼そのような素振りを見せないこと。「おくび」は「げっぷ」のこと。かたく口を閉じて、言わないようにすること（三省堂国語辞典より）。へぇ〜。使っておきながら知らなかった。

間ごとに小休止し、お茶を飲むようにしていた。車外は風が強いので後部座席にガスコンロを設置し、湯を沸かし、砂糖をたっぷり入れたお茶を楽しむ。３回に分けて飲むのが慣習だが、30分かかるため、移動中は一杯だけにしていた。お湯が沸くまで付近を散策するのも楽しみの一つだ。砂漠に生息する昆虫たちを観察する。虫好きはどこに行っても虫さえいればハッピーになれる幸せ体質なのだ。

世界一長い列車

道路の脇には、５km置きに次の街までの距離を表示した石が置かれている。もう少しで港町に着くところで、道路と並走するように線路が敷かれていた。モーリタニア唯一の鉄道で、ズエラットにある鉱山から港まで鉄鉱石を運ぶために敷設されたものだ。全長は約７００km。ここを走る列車は世界で最も長いことで有名で、最大２３０両の貨車をつなぎ、全長が３kmにも及ぶ。後日、走る列車を見かけた。走行速度こそ遅いが、砂吹雪をまき散らしながら走る姿には迫力があった。せっかくなので、果てしなく続く線路だけでも記念撮影をしようと車を停める。線路の向こう側に行こうとすると、ティジャニが大声を上げて制止した。

「危ないぞ！　この線路は国境で、昔この近くで戦争があって、今も地雷が埋まっているから、線路を越えて向こうに行ってはならない」

砂漠を横切る列車。鉄鉱石を載せて走る

地雷とは恐ろしや。踏んだら最後、爆発して消し飛んでしまう。何の変哲もない砂漠に負の遺産が眠っているとは。「邦人、地雷で爆死」とか、不本意すぎる見出しで報道されないように気をつけねば。

ヌアディブの街の入り口手前で、調査部隊が基地代わりに使っている民家に立ち寄った。基地はてっきりテントかと思いきや、さすがに寒すぎて研究所の職員の別荘を使いはじめたとのこと。友人のモハメッドに頼まずとも寒さをしのげたことになるが、バッタが出るまでは港町を楽しみたい。調査部隊はまだ大群を見つけておらず、今も探索中だという。見つかったら教えてくれと頼み、先に進む。

情けない話だが、私はガソリンを節約しなければならなかった。モーリタニアのガソリンの値段は日本とほぼ同じだ。砂漠を走行すると、すさまじくガソリンを消費する。ただでさえ大型車のランドクルーザーは大食いなので、金がいくらあっても足りない。広範囲に及ぶパトロールは調査部隊に任せ、オイシイところで登場する作戦だ。

街中にあるモハメッド宅は豪邸だった。私用に個室まで準備してくれていた。北上しても、モーリタニア人の心遣いは温かかった。

プルプル

翌日はヌアディブの街並みを視察することにした。昼過ぎに港に行くと、小型漁船が岸壁を埋め尽くしている。立派な倉庫は冷凍するための施設らしい。海外に魚を輸出するための加工工場で、日本政府が支援して建設したそうだ。

「おまえ日本人か？　日本はいいぞ！」

と、漁師にいきなり褒められる。日本は、JICA（国際協力機構）が中心となって、漁や加工の仕方などを長年にわたり支援してきた（支援活動を牽引された小木曽盾春さんには、滞在中大変お世話になった）。そして、モーリタニア人が獲った魚を輸入している。モーリタニア人は収入になり、日本人は魚が手に入り、お互い良いことずくめだ。モーリタニアには驚くほど親日家が多い。新参者の私は、先人たちの貢献にただただ感謝するばかりだ。

漁船が帰港する朝と夕方に、港はとくに賑わう。岸壁を散歩すると、黒い壺が至る所に山のように置かれている。タコ壺に違いない。モーリタニアのタコは、日本のマダコと食感、味が似ており、日本人好みなのだ。あのたこ焼きチェーン「築地銀だこ」が誇りを持ってモーリタニア産のタコを使っているし、色んなスーパーでも見かける。日本人がモーリタニアにタコの漁場があることを発見し、タコ壺漁を導入したそうだ。

モーリタニア人は、タコは獲るけど、気持ち悪がって食べようとしない。首都ではタコにお目にかかれないが、ここではきっと買えるはずだ。ティジャニにタコを買いたい旨を伝えるも、タコがなんだかわかっていない。漁師に「オクトパス（タコ）を買いたい」と伝えてもオクトパスが通じない。絵を描いてみせると、

「プルプルのことか！　今日の分はもう全部出荷しちゃったからまた今度来い」

ようやく通じた。それにしても、プルプル呼ばわりされているとはなんともかわいらしい。タコの特徴を的確に表現するネーミングだ。ティジャニは依然としてタコがなんたるかわかっていない。イカだと思っているので、今度また実物を見せに来よう。

事故現場

モハメッド宅で2日過ごすも、一向にバッタの群れは現れない。**痺れを切らして**我々も出陣

不運な交通事故に遭い、路肩に横たわるバッタ

することにした。

街の入り口の検問で働く男に、最近、バッタの群れを見たか訊いてみる。

「おれたちは見てないが、数日前にトラックの運転手が道路を横切るバッタの群れを見たと言ってたぞ。他の車にもバッタが衝突した跡があった」

バッタの群れの中を車で突っ走ると、フロントガラスは砕けたバッタまみれになる。これは有力な情報だ。群れが道路を横切ったとするならば、車に轢かれたバッタや衝突して事故死したやつが落ちていてもおかしくない。首都までの一本道のどこかに事故現場があるに違いない。定期的に車を停め、バッタが落ちていないかチェックしながら探っていくことにした。

すると、10kmほど進んだところで、サバクトビバッタの翅が一枚、植物に引っかかっていた。間違いなくこの辺りにバッタがいた証拠だ。群れで通過したのなら、もっと大量のバッタが落ちているはずだ。

さらに進むと、車に轢かれて海老せんべいの如くぺちゃんこに潰れたバッタが、アスファルトに点々とこびりついている。路肩に車を停め、辺りを散策すると、道路のわきには車に衝突してぶっ飛ばされたバッタたちの死骸がすでに砂に覆われかけている。顔が潰れ、脚があらぬ方向に曲がっている。群れがこの場を通ったときに事故に遭ったに違いない。

風は砂漠の奥へと吹き込んでいる。バッタは風下に飛んでいく性質があるので、群れがいるとしたらこの風の先だろう。念願の大群が潜んでいるやもしれぬ。

我々は風を手掛かりに姿の見えない群れを追いかけはじめた。その先に、哀しき結末が待ち構えていることも知らずに。

消えた黒い影

黒い影が目の前を横切った。群れからはぐれたバッタに違いない。車に驚いて、バッタがチラホラ飛びはじめた。いるぞ。明らかにバッタの数が増えてきている。バッタの大群は近い。胸

痺れを切らす▼我慢して待っていたけど、もう待ちきれなくなったこと。

押し寄せてきたバッタの大群。地平線の彼方まで群れが続いている

の高鳴りを抑えるのに必死になりながら、道なき道を突き進む。期待と緊張感は高まるばかりだ。目を見開き、どこに潜んでいるのか、くまなく探し回る。

目の前に立ちはだかる巨大な砂丘を大きく回り込み、視界が開けた瞬間、**億千万の胸騒ぎ**が全身を走った。大量のバッタが群れを成し、黒い雲のように不気味に蛇行しながら移動していた。その尾の先は地平線の彼方にまで到達している。想像を遥かに超えた異様な光景に唖然とする。すぐに驚きが一周して笑えてきた。

「こんな巨大な群れを退治するとか、どうやったらいいのよ」

こんなものに闘いを挑もうとしていたとは、私はなんと無謀なのか。あまりの果てしなさに呆然とする。

群れの中に車ごと突入し、後続のバッタが通り過ぎるのを間近で見ようとする。地上3m付近を中指大のバッタがヒュンヒュンと飛んでいく。もっと接近しようと車のボンネットの上によじ登ると、バッタが不気味な翅音を轟かせながら、耳元をかすめていく。この光景をビデオカメラで撮影せねば。

20分ほどでバッタの密度が薄れてきたため、先頭を追いかけることにした。一体この群れには何匹いるのだろうか。数える気も起こらない。

もし、バッタとの初めての出会いがこの大群だったら、バッタの大発生を阻止しようだなんて思いもしなかっただろう。無知ゆえに来てしまったが、研究所の人たちが、日本人にはそんなことは無理だと決めつけていたのも当然な気がした。群れを見たこともないのに、何がバッタ問題を解決したいだ。

だが、誰もが諦めていることを私が解決できたらカッコいいではないか。こんなやり甲斐のあることは他にないぞ。バッタの群れに圧倒されながらも、密かに闘志を燃やしていた。群れのどこかに弱点があるはずだ。その見極めができるかどうかがポイントとなる。

日が沈みはじめるのと同時に、群れが着地しはじめた。後続が続々と押し寄せてくる。夜間、群れは何をしているのかほとんど報告はなく、**秘密のベールに包まれて**いた。どこに着陸した

億千万の胸騒ぎ▼郷ひろみ氏の名曲「2億4千万の瞳」の歌詞から拝借。

秘密のベールに包まれる▼包まれるなら風呂敷でもいいじゃないかと思うが、秘密はベールに包まれるもの**と相場が決まっている**（189ページも見てね）。

大量に飛んで来た成虫

がるのか解明できたら、**人為的に**群れをおびき寄せる技術を開発できるかもしれない。研究テーマを「群れの着地場所の好み」に絞ることにした。地味な研究ながらもバッタ退治には欠かせない情報になるはずだ。

着地したバッタに車で突っ込もうとするティジャニを制止し、我々も停止する。下手に近寄って飛び立たれては困るので、離れた位置から監視を続ける。すでに薄暗くなり、気温も下がってきたので、今夜は飛ぶことはないだろう。これから付きっきりの調査になるに違いない。念のため、群れから離れた所にテントを張る。先に晩飯を食べ、暗くなってから観察をすることにした。

調査部隊に連絡すると、彼らはこの日

人為的に▼人間が手を加えたこと。

闇にまぎれ、息を潜めるバッタ

も空振りだったらしい。我々が先に大群を見つけたことになる。ティジャニは私の推理能力に、

「さすがドクター！　長年やってる調査部隊よりも先に見つけてしまうとは」

と、食事の間、称賛を贈り続けてくれた。

すっかり闇に包まれてから、お休み中のバッタがいるであろう場所に忍び寄る。数匹のバッタが草木に群がっている。気温が下がってきたためか、逃げようとしないのでじっくり観察できる。今夜、秘密のベールを優しくめくってあげようと下心を膨らませていたものの、大群の姿が一向に見当たらない。通り過ぎるほど浮かれていたかと戻ってみるも、影も形もない。そんな馬鹿な。必死になって

太陽が昇るのを待ち受けるバッタ

歩き回る。

「あれ〜？　いねーぞ。つか、マジでいねーし」

　テントに置いた目印のライトの光は、すでに米粒大だ。この日はよりによって月がなく、闇夜の中を必死に歩き回る。一体どこに行ってしまったのか。大群は消えたとしか考えられない。晩飯を食っている間に再び飛び去ってしまったのか。もうバッタは飛ばないものと決めつけて、迂闊にも目を離していた。このままではせっかくの機会を台無しにしてしまう。

　焦りは体力の消耗を早めた。いつの間にか早歩きになっていたため、いつもよりも早くヘロヘロになってしまった。こんな状態ではまともな観察はできそうもない。調査初日に体力を使い果たすと後に響くので、うっすら明るくなってから再調査するほうがいいと判断し、テントに戻ることにした。いざというときにくたびれるとは情けない。明日になったらきっと動けるはず。不安を抱えたまま眠りについた。

早朝、目覚まし時計代わりの携帯電話が、深い眠りから叩き起こしてくれる。まだダルいが、なんとか体調は回復している。薄暗いうちから歩きはじめると、あっさりと大量のバッタがひしめく場所に辿り着いた。草木にびっしりバッタがついているではないか。

昨夜は、バッタを刺激しないようにと距離をとりすぎたのが**仇**となり、見当違いの場所を彷徨っていた。せっかくの貴重な観察の機会を、目測を誤るというアホな理由で失ってしまった。ちょっとの油断が命取りになるフィールドワークの厳しさを思い知らされた。

くよくよしても仕方がない。次の観察でこの反省を活かせばいい。凍えながら、不気味な光景に目を奪われていた。

念願は手をすり抜けて

太陽が天高くなるにつれ、気温は上がってきたが風が強く、群れに目立った動きは見られない。強風から逃れようと草木の陰に隠れている。

午後になると風も緩み、風向きが変わり、南から北へと吹きはじめた。群れの一部は短い距

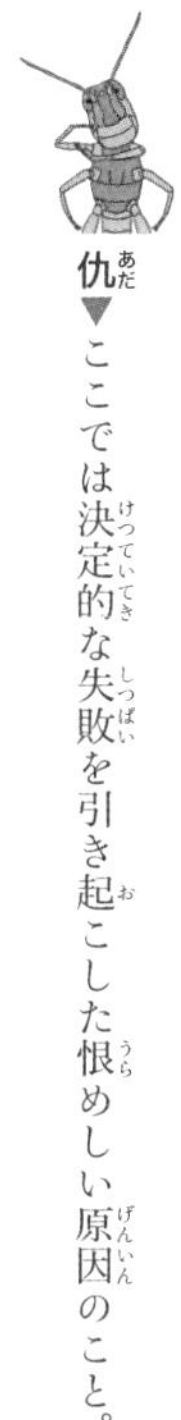

仇▼ここでは決定的な失敗を引き起こした恨めしい原因のこと。

バッタのシャワーを浴びる

離の飛翔を繰り返し、まるでウォーミングアップしているかのようだ。歩いてバッタに近づくと、数匹が宙に飛び上がり、それに釣られるかのように続々と飛びはじめた。大群はフワッと浮き上がり、まるで巨大生物のように飛行をはじめた。

「しまった。近づきすぎたか」

すぐに追跡できるように、あらかじめテントを車にしまっておいた。バッタの飛翔速度を知るために、飛翔中のバッタと並走するように、ティジャニに頼む。ティジャニは横目でバッタを確認しながら、障害物を回避し、ハンドルを巧みに操る。音速の貴公子の腕の見せどころだ。おかげで真横から、飛翔しているバッタをじっくり観察できた。

バッタは、時速20kmほどで優雅に、力強く羽ばたいている。すでに数百mは飛んでいる。こんなにも飛びっぱなしのバッタを初めて見た。その名に恥じない高い飛翔能力を実演中だ。仮にこのままのペースで5時間飛んだら、一日の総飛翔距離は100kmとなる。

群れはそのまま飛翔を続け、元来た幹線道路を横切り、線路を越えていく。踏切がないため、車は線路を越えられない。線路手前で車を停め、飛んでくる後続のバッタと向き合う。彼らは私を気にすることなく飛び過ぎていく。走って追いかけようと駆け出した瞬間、ティジャニが大声でわめく。

「コータロー！　何やってるんだ！　その先に何があるのか忘れたのか！」

私は飛び去っていく大群の後ろ姿を、ただ呆然と眺めるしかなかった。その先は地雷地帯だ。自分ならバッタ問題を解決できると豪語していたのに、何一つ弱点をつかむことができなかった。それどころか、まともに近づくことさえできなかった。大群が地平線の遥か彼方に消え去るまでその場にたたずんでいた。この日のために、全てを賭けてきたというのに、**千載一遇の機会**を逃してしまった。私はなんと無力なのだろう。

だが今はいい。今だけは、お前たちは**何者にも媚びぬ**自由に酔いしれるがよい。いずれ、私

千載一遇の機会▼滅多にないチャンスのこと。

何者にも媚びぬ▼相手に気に入られようとして、褒めたり、プレゼントをあげたりすることを「媚びる」と言う。出世する人は上司に媚びるのが得意らしい。

線路を越えて飛んでいくバッタの大群。その先は地雷ゾーンのため常人には追跡不可能。翼がほしくなる

は仲間とともに力をつけて、再びお前たちの前に現れる。

すごすごとモハメッドの家に敗戦帰宅する。また大群に遭遇する機会はあるはずだが、悔やまれる。それから2日待ったが、バッタの群れは現れず、一度、首都に戻ることにした。

その後、調査隊は2週間粘ったが、群れが戻ってくることはなかった。大群は、調査部隊の手の届かない隣国の無法地帯へと侵入していき、行方不明となった。

研究所に戻り、撮影した映像をババ所長に披露する。

「こんなものは群れと呼ぶには小

さすぎる。２００３年にバッタが大発生したとき、群れは５００kmも続いたぞ」

そんなまさか。私が見たものが群れですらないとは……。「神の罰」とはいったいどれだけ巨大なのか。私は、なんてものに人生を賭けてしまったのか。10年にわたって毎日観察してきたサバクトビバッタが、まったく得体の知れない別の生物のように思えてきた。

この後、昆虫学者への夢を脅かす最大の危機が私を待ち受けていた。そんなこともつゆ知らず、ヌアディブで購入したタコをダイコンと一緒に煮込んでいた（ダイコンに含まれる酵素がタコの筋繊維を破壊して柔らかくしてくれる）。結局、ティジャニは気味悪がって一口もタコを食べようとしなかった。

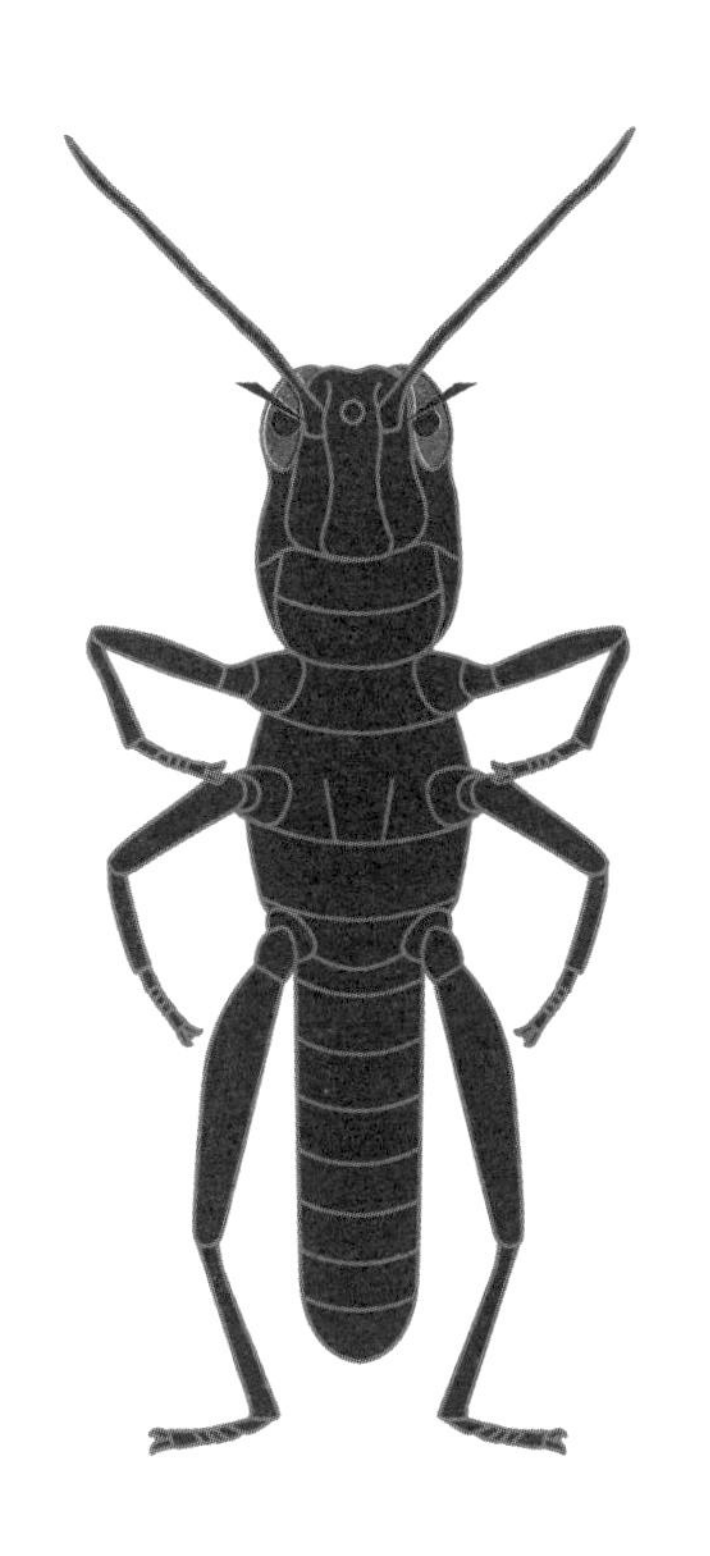

第7章 彷徨える博士

仕組まれた敗北

唇はキスのためでなく、悔しさを噛みしめるためにあることを知った32歳の冬。少年の頃からの夢を追った代償は、無収入だった。研究費と生活費が保障された2年間が終わろうとしているのに、来年度以降の収入源が決まっていなかった。金がなければ研究を続けられない。**冷や飯を食う**どころか、おまんまの食い上げだ。昆虫学者への道が、今、**しめやかに**閉ざされようとしていた。

なぜ、こんなことになってしまったのか。理由はわかっていた。就職活動を一切していなかったからだ。アフリカで大活躍したら研究機関から自動的にお声がかかると淡い期待を抱いていたが、うまくいかなかった。

「自分ならなんとかなるんじゃや……」

有史以来、**自意識過剰**は一体何人を無収入送りにしてきたのだろう。私もまんまと一杯食わされた。

バッタさえ大発生していたら……、手柄さえ立てていれば……、今ここで「たられば」を言おうが、弱者は実力社会では消え去る運命。自然も世間も甘くはない。ただそれだけのことだ。

どこかによい研究ポジションの募集が出ていないかチェックはしていたが、ここぞというところを見つけることができず、また、手当たり次第申請書を送ることもしておらず、結局は一つも応募していなかった。

今後、私がとるべき道は二つ。日本に帰って給料をもらいながら別の昆虫を研究するか、もしくは、このまま無収入になってもアフリカに残ってバッタ研究を続けるか。決断のときが迫っていた。

多くのポスドクは、「就職」の2文字に恋い焦がれ、どこかに公募が出ていないか、仕事で疲れた目を光らせながら日々を過ごしている。日本に戻り、別の昆虫の研究をするポスドクとして誰かに雇ってもらえれば給料はもらえるが、それは心底やりたいことではない。一方、このままアフリカに残ると収入はないが、自分の好きな研究ができる。夢と生活を天秤にかけてみる。引き返すなら今だ。今ならまだ貯金も100万円あるし、日本で地道に研究を続けて

冷や飯を食う▼ひどい扱いを受けること。意外と冷や飯はうまいけどなぁ。
しめやかに▼ひっそりとして悲しい雰囲気をかもし出す用語。
自意識過剰▼めっちゃ自信たっぷりで自分自身を高く評価していること。

いたら昆虫学者になれるかもしれない。しかし、それだと、もし自分が去った後にアフリカでバッタが大発生しても、すぐには駆けつけられない。そんなことになったら一生後悔するのは目に見えている。未練は私の人生を暗くし、後悔は私の心を一生曇らせるだろう。

金の前に、夢も博士も無力だった。**こんなはずじゃなかったと、預金通帳が僕を問い詰めてきた。**

無収入の切なさに酔いしれる

下を向いて歩こう

暗い部屋で一人、テレビはつけたまま、私は震えていた。

これからどうしようか。Ｆａｃｅｂｏｏｋを眺めると、友人が家族と楽しそうに遊んでいる写真や、美味そうなラーメンの写真が目に突き刺さってきて、自分の惨めさに拍車がかかる。うだつが上がらない切なさに心削られる。こんなときは頼れる人に相談すれば、気が晴れるはずだ。

さっそく、所長室を訪れた。

ババ所長は、私の行く末をずっと気にかけてくださっていた。

「なぜ日本はコータローを支援しないんだ？　こんなにヤル気があり、しかも論文もたくさん持っていて就職できないなんて。バッタの被害が出たとき、日本政府は数億円も援助してくれるのに、なぜ日本の若い研究者には支援しないのか？　何も数億円を支援しろと言っているわけじゃなくて、その十分の一だけでもコータロー の研究費に回ったら、どれだけ進展するのか。コータローの価値をわかってないのか？」

大げさに評価してくれているのはわかっていたが、自分の存在価値を見出してくれる人が一人でもいてくれることは、大きな救いになった。

「私がサバクトビバッタにこだわらなければ、もしかしたら今頃就職できていたかもしれません。日本には研究者が外国で長期にわたり研究できるようなポジションがほとんどなく、応募する機会すらありませんでした。もし自分が大学とかに就職すると、アフリカにはなかなか来られなくなってしまいます。今、バッタ研究に求められているのは、私のようなフィールドワーカーが現地に長期滞在し研究することで、その価値は決して低くないと信じています。我々の研究が成就したら、一体どれだけ多くの人々が救われることか。

日本にいる同期の研究者たちは着実に論文を発表し、続々と就職を決めています。研究

こんなはずじゃなかっただろと○○が僕を問い詰めてきた▼ブルーハーツの名曲「青空」の歌詞を使い、切なさを表現した。

暗い部屋で一人、テレビはつけたまま、私は震えていた▼THE YELLOW MONKEYの名曲「JAM」の歌詞を使い、心細さを表現。元ネタを知っているとやたら嬉しくなるけど、元ネタを知らない人は引け目を感じてしまうので、使いすぎ注意。

者ではない友人たちは結婚し、子供が生まれて人生をエンジョイしています。もちろんそういう人生も送ってはみたいですが、私はどうしてもバッタの研究を続けたい。**おこがましい**ですが、こんなにも楽しんでバッタ研究をやれて、しかもこの若さで研究者としてのバックグラウンドを兼ね備えた者は二度と現れないかもしれない。私が人類にとってラストチャンスになるかもしれないのです。研究所に大きな予算を持ってこられず申し訳ないのですが、どうか今年も研究所に置いてください」

悲劇のヒーローを演じるつもりはないが、誰か一人くらいバッタ研究に人生を捧げる本気の研究者がいなければ、いつまで経ってもバッタ問題は解決できない気がしていた。幸い私は、バッタ研究を**問答無用**で楽しんでやれている。それに、自分自身が秘めている可能性の大きさを信じている。自分のふがいないところを全部ひっくるめても、自分が成し得ることの価値を考えたら、バッタ研究を続けることはもはや使命だ。

所長は何かを思いつき、コータローに見せたいものがあると、パソコンでスライドショーをはじめた。スライドには、悲惨な写真がずらりと並ぶ。

「もし、あなたの給料が低いと考えているのなら、彼女はどうか？」と、物乞いをしている女の子の写真が表示された。

「もし、あなたの交通手段に文句を言うのなら彼らはどうか？」と、吊り橋を渡る人々の写真が表示された。

Someone got you Adidas instead of Nike?

Quelqu'un t'a donné des Adidas au lieu de Nike ?

They only have one brand!

Eux n'ont qu'une marque !

ババ所長が見せてくれたスライド。訳：左「ナイキの代わりにアディダスだと？」、右「選択の余地なくペットボトル」

文字を書くのにパソコンを使う人と地面の砂に書く人、ナイキやアディダスなどの靴の選択肢を持っている人とペットボトルを潰し、それを靴代わりにするしか選択肢のない人……。

「あなたが不満を持っているのなら、周りを見回してあなたが置かれている環境に感謝すべきだ。幸運にも私たちは必要以上に物を持っている。際限なく続く欲望に終止符を」とメッセージが添えられていた。

ババ所長が、このスライドショーを見せた意図を説明してくれた。

「いいかコータロー。**つらい**ときは自分よりも恵まれている人を見るな。みじめな思いをするだけだ。つら

おこがましい▼自分の身分や実力が不十分なのに自ら自分のことを良く言うときは、先に「おこがましいのですが」と言っておくと、調子をこいていると思われずに済む。

問答無用▼相談する必要もなく。有無も言わさず。

つらい＝辛い▼「辛い」は「からい」と読めるし、「幸せ」に似ていてパッと見で区別するのがめんどくさいので、この本では表記を「つらい」にした。「若い人」と「苦い人」もよく似ていると友人一同（ヤローワーク）が教えてくれたので応用した。

いときこそ自分よりも恵まれていない人を見て、自分がいかに恵まれているかに感謝するんだ。嫉妬は人を狂わす。お前は無収入になっても何も心配する必要はない。研究所は引き続きサポートするし、私は必ずお前が成功すると確信している。ただちょっと時間がかかっているだけだ」

肩をがっつり叩いて励ましてくれた。

励ましソングとして知られる、坂本九が唄う「上を向いて歩こう」。

上を向いて　歩こう
涙が　こぼれないように
思い出す　春の日　一人ぽっちの夜

上を向けば涙はこぼれないかもしれない。しかし、上を向くその目には、自分よりも恵まれている人たちや幸せそうな人たちが映る。その瞬間、己の不幸を呪い、より一層みじめな思いをすることになる。私も不幸な状況にいるが、自分より恵まれていない人は世界には大勢いる。その人たちよりも自分が先に嘆くなんて、軟弱もいいところだ。これからつらいときは、涙がこぼれてもいいから、下を向き自分の幸せを噛みしめることにしよう。

そうか、無収入なんか悩みのうちに入らない気になってきた。むしろ、私の悲惨な姿をさらけ出し、社会的底辺の男がいることを知ってもらえたら、多くの人が幸せを感じてくれるに違いない。引きこもっている場合ではない。無収入は社会のお荷物どころか、みんなの元気の源になるではないか。むしろ、無収入バンザイだ！　さすがはババ所長。思い詰めていた人間をここまでポジティブに変えるとは、なんという励まし上手。相談してよかったと感謝の気持ちを伝えた。

研究所にしてみれば、うだつの上がらない浪人ポスドクを抱えて迷惑千万だったろう。そんなお荷物野郎に、ババ所長は**人生の道しるべ**となる励ましの言葉をたびたび贈ってくれた。私がモーリタニアに来て最も幸運だったことの一つは、ババ所長に出会えたことだ。モーリタニアをバッタの害から護らなければならないという重圧の中で、私のような外国人まで激励してくれる。

私が少しでも快適に生活できるように、

「日本人は花がなければ生活できないんだろ？」

と、ゲストハウスの玄関には花や木を植えてくれた。外部から私の部屋に辿り着くまでに5枚の扉を増設して、セキュリティレベルを上げてくれた。調査しやすいようにと、一番整備さ

人生の道しるべ▼人生はいかに尊敬できる人に出会えるかで大きく変わる。我が人生においてファーブルとババ所長の影響力は大きい。

れた車を使わせてくれた。いつも気配りをしてくれ、心の支えになってくれた。

この頃すでに、ババ所長との間に心の垣根はなく、親兄弟にも相談できない話ができる、唯一無二の存在になっていた。

試される無収入者

私は、自分自身がどれだけバッタ研究をやりたいのか測りかねていた。ババ所長に「バッタ研究に我が人生を捧げます」と告げたときの気持ちは、うわべだけのものだったのか、それとも本心だったのか。たまたまはじめたバッタ研究を惰性でズルズルとやっていこうとしているだけか、それとも心の底からやりたいのか。

苦しいときは弱音が滲み、嘆きが漏れ、取り繕っている化けの皮がはがされて本音が丸裸になる。今回の苦境こそ、一糸まとわぬ本音を見極める絶好の機会になるはずだ。

無収入になるからといって、希望の全てを失ったわけではない。フランス滞在中に日本に一時帰国し、極秘に面接を受けていた「国際共同研究人材育成推進支援事業　国際農業研究協議グループ（CGIAR）」の若手研究者を育成するプログラムに合格していた。これにより約200万円もの研究費を支援してもらえることになっていた。

貯金は食費にあて、研究費はありがたくミッション代やティジャニの給料に使える。この最後の手は、もって後一年。鳴かず飛ばずの惰性でいくよりも、わめき散らしながらの一年に全てを賭けてみよう。惜しむことなど何がある。出せるものはなんでもさらけ出し、思いつくことはなんでもやってやれ。それだけが悔いを残さず、昆虫学者になる夢を諦める唯一の方法だ。一片たりとも未練を残さない。たとえダメでも堂々と胸を張って路頭に迷い、**せめて鮮やかにその身を**終えよう。

皮肉なことに、「もう研究ができなくなる」という研究者にとって死に値する瀬戸際に追い込まれ、ようやく自分自身と真剣に向き合えた。つくづく自分はぬるいやつだ。だが、磨きがいがある。ぶつかる困難が大きければ大きいほど、甘えは削り取られ、内なる光が輝きを放つはずだ。

今後の人生プランを考える。今まで通りのやり方だけでは物足りない気がしていた。このまま研究だけをしていても、数年で就職に結びつくような大論文は出せない自信があった。温存しているアイデアは化ける可能性があるが、時間がかかりすぎる。今の歌手が、歌唱力に加えて踊りもできれば重宝されるように、研究に加えて何か**プラスα**があれば、次につながりやすいのではないか、と考えていた。

惰性▼なりゆきでなんとなく続けてしまうこと。
せめて鮮やかにその身を▼谷村新司氏の名曲「すばる」から。
プラスα▼何かを付け加えること。

プロモーション画像を撮影中。アフリカに2年住んだら民族衣装の着こなしが上手くなった

そもそもアフリカのバッタ問題は日本の日常からかけ離れすぎている。日本国民にとってはどうでもよすぎる話題だ。しかし、バッタの研究をする重要性や大義が日本でも認知されたらどうだろうか。バッタ博士を必要とする空気を日本で生み出すことができたら、道が開けるはずだ。無名のバッタ問題の知名度を日本で上げまくる能力、すなわち広報能力が α となるはず。とはいえ、バッタに興味を持ってくれる奇特な方など少数派だ。もっと大勢の幅広い層に興味を持ってもらわねばならない。

どうやったら人を惹きつけられるだろうか。あいにく特技という特技はない。ダンゴムシよりもひっそりと地味に暮らしてきたため、なかなか難しい。

これまで私がまったく異分野の人に惹き

つけられたとき、その人の仕事内容ではなく、その人自身に興味を持つ場合が多かった。私の場合も、まずは「バッタ博士」に興味を持ってもらえたら、バッタ問題も抱き合わせで知ってもらえるに違いない。

見えた！　自分自身が有名になってしまえばいいのだ。

しかし、売名行為は研究者の掟に反するものだ。私の経験によれば、研究者が研究以外のことをしていると、遊んでいるとみなされ、不真面目の烙印を押される。大論文を出していない実力不足の私が大声で騒いだら、ネット上のみんなは喜んでくれるけど、学会関係者たちからは**煙たがられる**に決まっている。ライバルたちが論文を着々と発表してゆくなか、論文を書く手を休め、広報活動に精を出すのは自殺行為に等しい。しかし、一発逆転を狙う弱者には、もはやこの道しか残されていない。覚悟の上、掟破りの広報活動に手を染める決意をした。

研究予算手続きの都合で、一度日本へ戻ることになっており、なんらかの手を打つことができる。バッタ**フィーバー**を起こすためにも、とにかくバッタ博士とサバクトビバッタのことを、日本のみんなに知ってもらわねばならない。血が滲むくらいの努力じゃ足りない。血が噴き出すくらいの勢いでいくしかない。万に一つも可能性がないのなら、10万に一つの可能性に賭けてみる。金が尽きるまで、心が朽ち果てるまで、絶対に間に合わせてみせる。

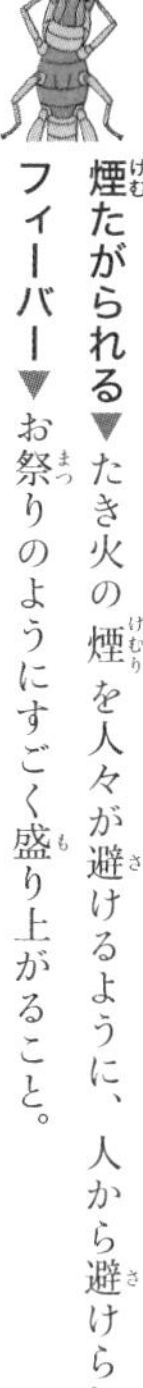

煙たがられる▼たき火の煙を人々が避けるように、人から避けられてしまうこと。

フィーバー▼お祭りのようにすごく盛り上がること。

研究者生命を賭けた最後のカウントダウンがはじまった。

敗戦帰国

記念すべき無収入初日を迎えるにあたり、日本で最大級の本屋さんのジュンク堂書店池袋本店にて、ささやかなデビューを飾ることになった。前年末に著書を出版し、そのサイン会も兼ねたトークショーをするためだ。帰国はイベントの前日となった。

ジュンク堂書店池袋本店にて

ファンからのプレゼントは食料率が高い。ありがたくアフリカでいただいた

田舎育ちのため、トークショーなど見たこともなければ、したこともなかったし、**どの面下げて**給料取りのお客さんの前に出向けばいいのか思い悩む。

当日は、担当編集者の田志口さんも駆けつけてくれて、嬉し恥ずかし満員御礼。小粋なトークで盛り上げようと気合いを入れ、モーリタニアの民族衣装で登場する。パソコンを使ったプレゼンテーション形式でトークを進めるが、どうもすぐにつっかえて言葉が出てこない。しゃべりはじめてすぐに異変に気づいた。日本語を流暢にしゃべれなくなっていた。知らぬ間に、アフリカ生活は私から日本語を奪っていた。ただでさえ東北訛りで標準語に不慣れなので、怪しい日本語でトークする（書くほうにも支障をきたしており、別の機会にサインしたときは、「え」と「ん」を書き間違えた。よりによって、それが平仮名で「ちえこ」さんだったため、大惨事になった）。

温かく見守っていただいたおかげでなんとかやり遂げたが、言語障害が甚だしかった。ブログを見てくれているファンの方が大勢来てくださり、サイン会には行列ができ、照れながらも嬉しかった。

「うしっ、今日は50人にバッタのことを知ってもらえたぞ。この調子や」と上々の滑り出しに満足していたところ、一人の男が歩み寄ってきた。

その男、「プレジデント」

「わたくし、こういう者ですが」と、頂戴した名刺にはビジネス誌「プレジデント」の名があった。

「はぁ。初めまして、前野です（「プレジデント」誌は知ってるけど、ビジネスと縁もゆかりも

どの面下げて▼気まずい感じで人前に出なくてはいけないときの表現。

「プレジデント」担当編集者の石井伸介氏（現・苦楽堂代表取締役）。中身もさることながら風貌もダンディで憧れの男

ない私になんの用かしら?）」

頂戴した名刺をしげしげと眺め、ダンディなその方に目を向けると、

「実は、前野さんに連載を書いていただきたいのです」

「えっ? いや、自分、今、無収入なんですけど……（この人はなんの**寝言**を言っているんだろう?）」

「プレジデント」誌は、企業の社長さんやバリバリのビジネスマン御用達のビジネス情報誌だ。無収入の博士には縁のない世界のはずである。**腑に落ちない**私目がけて、その男、石井伸介氏（現・苦楽堂代表取締役）は続けた。

「御著書とブログを拝見いたしまして、バッタ博士がアフリカでどうやって工夫して生き延びているのかが、面白いのです。ご自身ではそれが当たり前になってしまっているのでしょうが、きっと日本のビジネスマンたちのヒントになるはずなのです」

無収入者の生き様がビジネスマンたちの役に立つとは、なんとチャレンジングなことを思いつく人なのか! 違和感しかない禁断の企画に一目惚れしてしまった。

実は、以前から色んな人から連載の話を頂戴していたのだが、研究活動の支障になること間違いなしだったので、**遠慮**させてもらっていた。だが、思いもよらぬ石井氏からのオファーに不意打ちを食らい、お断りすることも忘れていた。
居酒屋に場所を変え、話を進めるうちに、石井氏がバッタ本を隅々まで読み込んでくださり、誰も気づいてくれていなかった私のこだわりポイントを、汲み取ってくださっていることが判明してきた。

「やだこの人、わかってくれてる」

ここまで人の本を読み込んで内容を覚えているなんてすごいぞ。どうしよう、連載やってみようかしら。世の中のビジネスマンたちにバッタ問題を無理やり知ってもらう絶好の機会だし。いやしかし、私は**前途多難**な無収入者だ。

石井氏は悩める私に、トドメとなる一冊の本を差し出した。その本は、東北地方にバッタの大群が襲来したときに、大混乱に立ち向かった昆虫学者のすさまじき戦いと、国がパニック

寝言▼何を言っているのかわからないことは「寝言」として片付けられる。使用例、「寝言は寝て言え」。

腑に落ちない▼納得がいっていないこと。「腑」は「はらわた」のことで、「心」が宿るところと考えられ、「人の意見などが心に入ってこない（納得できない）」という意味で、「腑に落ちない」。（ネット上の「語源由来辞典」より）

遠慮▼人からのお願いを引き受けられないとき、「断ります」だと強い否定なので相手に嫌な思いをさせるかもしれない。そこで、もっとやんわりとした「遠慮します」を使うのが大人のマナー。「自分にはもったいないので」などと前置きするのも良し。

やだこの人▼「やだ」と否定することで、逆に強く嬉しさを示すテクニック。本当はめっちゃ嬉しいけど素直に伝えるのが恥ずかしく、本音とは裏腹に嫌がっている素振りを見せてしまう乙女心を利用した。

前途多難▼このまま進むと困難がたっぷりと待ち受けている。

に陥る模様を描いた小説『蒼茫の大地、滅ぶ』（西村寿行著、講談社、1978年／荒蝦夷、2013年）だった。
主人公は私と同じ弘前大学出身の昆虫学者で、バッタの専門家である。恐ろしく偶然なことに、私の人生はこの本の実写版なのだ。学生時代に『蒼茫の大地、滅ぶ』の漫画版を読み、もし東北がバッタに襲われたときには、私が先頭に立って故郷を、そして日本を守ろうと感化された作品だ。まさか、その小説版があったとは！（というか、こちらが元だが）超読みたい！　私の知らないバッタ情報を見せつけられて理性がぶっ飛んでしまった。

「ぜひ、わたくしでよろしければ連載をやらせてください！」

最後の一押しは見た目的には買収だが、物に釣られたのではなく、石井氏の気配りに惹かれたのだ。初対面にもかかわらず、ここまで人の心を揺さぶることは、そうそうできやしない。連載を引き受けてもらえるかもわからないのに、相当な時間をかけて相手を口説くための準備を仕込んできている。それを表に微塵も見せず、平然としていられるとは、この男、**できる、できるぞ。**迂闊にも、石井氏に惚れてしまった。

多くのビジネスマンとお付き合いのある石井氏と一緒に仕事ができたなら、多くのことを学べるに違いない。連載が務まるかどうか不安はある。だがしかし、この男と一緒に仕事をしてみたい。**かくして**「バッタ博士の『今週のひと工夫』」という連載企画が立ち上がり、プレジデントオンライン上で展開していくこととなった。

最強の赤ペン先生

毎週1600文字ほどの記事に魂を込める、二人三脚の日々がはじまった。原稿のやり取りの際、石井氏は社会的底辺に**君臨**している私の原稿を「玉稿」と崇め、宝物の如く大切に扱ってくださった。社会的弱者にも、他の人と変わりなく敬意を払って接してくださることに、どれだけ**自尊心**が救われたことか。

原稿を磨く過程では、**「てにをは」**に至るまで、なぜこちらのほうがいいのか、なぜこの流れのほうがいいのか、全てを説明してくださった。

初めてのバッタ研究者との仕事ということで、彼のデスク周りには昆虫やアフリカの分厚い

できる、できるぞ。▼機動戦士ガンダムのパイロットがガンダムに初めて乗ったとき、「動く、動くぞ」と言ったように、大切なことは二回繰り返す。

かくして▼「こーゆー事情がありまして」をかしこまって表現したもの。

君臨▼王者や王様など強い立場にいることを表すのに普通は使われるけど、ここでは逆に底辺にいることを「君臨」を使って偉そうに表現した。

自尊心▼プライドのこと。

「てにをは」▼作文するために必要なテクニック。伝わる意味が変わってしまうために注意を払う必要がある。
例：男で殴る、男を殴る、男が殴る。

辞典が増えていった。ご自身で細部まできちんと調べ、**ウラをとり**、読者のことを常に想定し、文章を磨きに磨く。仕事をすることの責任感とはなんたるものかを見せつけられた。世の中にはすごい男がいたものだ。

一度「ブックンロール」という出版・書店関係者のイベントに連れて行ってもらった。全国のカリスマ書店員さんたちがトークをし、本に懸ける生き様やこだわりなどを熱く語る姿を目の当たりにした。本気の人間は実にすがすがしくてカッコいい。書店員がこんなにもカッコいい職業だったなんて知らなかった。昆虫学者に憧れてきたが、世の中には他にもカッコいい仕事があるではないか。

石井氏は連載を通じ、私の研究時間が割かれることを**危惧**し、こちらの都合を尊重した上で、私の文章能力を最大限に引き出して磨こうと配慮してくださった。文章能力が向上していくのがわかり、一生ものの財産となった。史上最も贅沢な**赤ペン先生**だ。しかも、絹ごし豆腐顔負けのきめ細やかな心遣いとビジネスマナーまでも勉強させてもらえた。

毎週のやり取りが楽しみになり、この男になら全てを託してもよいと思うまで絶対の信頼を置くようになった。無収入時代を生き抜く強力な味方に巡り合えた。こうして、ビジネス界にサバクトビバッタの名を広められただけではなく、仕事に対する責任とこだわりが変わっていった（この本のゴミダマのくだりは、石井さんの手ほどきの賜物でもある）。

ニコニコ学会β

バッタ問題を世に広めるビッグチャンスが巡ってきた。幕張メッセで開催されるニコニコ超会議にて、第四回ニコニコ学会βに登壇することになった。

一つずつ説明すると、ニコニコ超会議とは、一言で言えば自衛隊や総理大臣まで駆けつけてくるお祭りで、「ニコニコ動画のすべて（だいたい）を地上に再現する」をコンセプトに開催される超巨大フェスイベントだ。

そして、江渡浩一郎さん（現・産業技術総合研究所　人間拡張研究センター　主任研究員）が委員長を務めるニコニコ学会βは、その中のイベントの一つで、プロ・アマ関係なく野生の研究者が集い、誰が見ても楽しめる研究成果をインターネットで配信するという新手の学会だ。通常、学会は参加費を払って参加する閉ざされた空間だが、ニコニコ学会βは、生きと

ウラをとる▼根拠、理由を確認すること。警察が犯人を逮捕するためによくウラをとる。

危惧▼すごく心配している様。「絶滅危惧種」でお馴染み。

赤ペン先生▼通信教育教材、「進研ゼミ」における、添削指導員のこと。教材とテスト用紙が家に送られてきて、それに答えて送り返すと、今度は赤ペンでテストの答え合わせとアドバイスが送り返されてくる。

一つずつ説明すると▼ややこしい話を説明するために順番で説明しますよ、「雑に」、「それらしく」に続く説明するときの前フリ。

し生ける者全てが参加できる超オープンな学会だ。

そのニコニコ学会β内にも色んなイベントが盛りだくさんあり、その一つの催し物として、虫愛でる姫君として虫界のアイドルとして知られるメレ山メレ子さん（旅ブロガー・昆虫大学学長）と、メディアアーティストして『風の谷のナウシカ』に登場する「メーヴェ」という小型飛行機を自作している八谷和彦氏（ペットワークス代表取締役・東京芸術大学美術学部准教授）のお二方が音頭を取り、「むしむし生放送〜昆虫大学サテライト」を開催する運びとなった。

虫の魅力を世間にぶちかまそうと声がかかったのは、アリの巣の中に居候する好蟻性昆虫が専門の丸山宗利博士（現・九州大学総合研究博物館　准教授、ベストセラー『昆虫はすごい』〈光文社新書〉の著者）、「裏山の奇人」の異名を誇る小松貴博士（現・国立科学博物館協力研究員）、クマムシ博士の堀川大樹博士（現・慶応義塾大学先端生命科学研究所　特任講師）、そして私の4人だった。

それぞれ虫の**酸いも甘いも**知り尽くしている、気鋭の若手研究者である。丸山博士以外はポスドクで、皆が**虎視眈々と**ポストを狙っている、いわば同志でもあり、ライバルだ。だが、この日ばかりは力を合わせて、虫の世界に日本国民を引きずり込むのだ。

学会の模様はニコニコ動画で生中継され、風の噂では数万人が視聴すると聞く。観客数が無限大の舞台に、ゴクリとつばを呑み込む。

しかしながら、幕張メッセに行くにも金がかかる。我々は**こぞって**裕福ではなかった。そこで、支援金を募るクラウドファンディング「Ready for」で、我々虫博士の旅費・滞在費をまかなうことになった。

メレ山さんと八谷さんの指揮のもと、ご支援をお願いする試みを決行。依頼サイトに私が「ドラゴンボール」の悟空のコスプレをしている写真を用いるなど、人様にお願いするんだったら、もっと真面目にやったほうがいいのではないかとハラハラしたが、そこは商売人のセンスと虫博士たちの魅力（?）と怖いもの見たさのファンのおかげで、一夜にして目標金額の40万円を達成し、勢い余って78万円も集まってしまった。

オッス！　一人「ドラゴンボール」ごっこに興じる33歳

虫博士を支援してくださる方がこんなにもいるとは驚きだ。ここま

酸いも甘いも▼色んなことをひっくるめて。

虎視眈々と▼トラが獲物を狩るときと同じくらい真剣にチャンスを窺っている様。

こぞって▼みんなそろって。

でしてもらったからには後には引けない。虫の魅力を炸裂させねば。

　私は、ニコニコ学会βを人生の勝負所と見ていた。どんな姑息な手段を使ってでも、閲覧者をバッタ中毒にしてやろうと企んでいた。

　丸山博士と小松博士はプロのカメラマンとして、美しい写真と類まれなる観察眼を武器に、虫の魅力をありったけにぶつけてくるはず。クマムシ博士は、「地上最強生物」の名をほしいままにしているクマムシの魅力を最大限引き出し、「クマムシさん」というゆるキャラを開発、ぬいぐるみまで売り出すくらい手広く攻めている。

　バッタ野郎はどうしたものか。堅苦しすぎてもダメだし、ゆるすぎてもダメだ。普段の学会だったら、参加者は専門家ばかりなので学術用語を使えばいいが、今回の聴衆は不特定多数すぎる。となると、映画、漫画、テレビなど、常日頃触れているものに近いプレゼンのほうが、肩肘張らずに見てもらえるはずだ。なおかつ、目が肥えているネット民たちに「初めて」を味わってもらうためには、秘蔵の映像も繰り出していくしかあるまい。

　想いは熱くなければ皆の心に届かない。ストーリー性を持った熱血ドキュメンタリータッチがウケそうだ。スライドを作るために万全を期し、グラフィックデザイナーをしている弟の拓郎に色使いや文字の配置などアドバイスを仰ぐ。後はひたすら練習あるのみ。大舞台での失態は一生癒えぬ傷となり、研究者生命をも脅かしかねない。夜な夜な鏡に向かってシャドープレゼンテーションを繰り返す。失敗は許されぬ。

当日、放送事故スレスレの虫博士たちを、メレ子さんが巧みなトークと美声でリードしてくださる。発表は生放送されており、ニコニコ動画特有のコメントが横から流れてくるのを、リア

ニコニコ学会β「むしむし生放送」に登壇中。右からメレ山メレ子氏、丸山宗利博士、小松貴博士、前野、堀川大樹博士（撮影：石澤ヨージ氏）

ニコニコ学会βの会場となる幕張メッセに集まってきた人々

姑息▼自分にとって都合が良くなるようにするための卑怯な振る舞い。

サプライズのバースデーケーキに笑顔はじけるメレ山メレ子氏（左）と司会のバリミ氏（右）

ルタイムで体験できる。会場が盛り上がると画面の向こうの視聴者たちも連動し、大量のコメントで画面が覆い尽くされる、ニコ動名物の「弾幕」も発生している。

　虫博士たちのプレゼンに会場の熱も高まり、虫の研究の面白さを世に広めることができ、「むしむし生放送」は高い評価を得て大成功に終わった。

　祭りの後の静けさどころか、夜のニコニコ学会βは大いに盛り上がった。ゾンビの格好をしたおねーちゃんたちがからんできたり、センサーが取り付けられた大根を撫でると**艶めかしく**喘いでしまう、いけないシステムを開発した市原えつこさん本人に触ろうと試みたり、オシャレデザインを手がける大岡寛典さんが、バッタ博士にぜひとも紹介したい人がいるのでと引き合わせてくれた男は、腕に仕込んだアイフォンがシャキンと飛び出す「仕込みｉＰｈｏｎｅ」発案者の森翔太氏で、彼と意気投合して**義兄弟の杯**を交わしたり、異業種交流に大いに**はっちゃけた**。

　大騒ぎの中、大ボスの江渡さんが**サプライズ**を炸裂させた。メレ子さんがこの日誕生日で、バースデーケーキを仕込んでいたのだ。こんな大規模なイベントを主導している中でのこの心遣い。メレ子さんと頻繁に打ち合わせしていたのに、私はちっとも気が回らなかった。細部にまで気が回るから大がかりな企画も滞りなく進んだのに違いない。男としてなんとカッコいい振る舞いなのだろう。この技でいつか誰かをウットリさせようと心に誓った。

人間相変異

帰国中、大勢の方から声をかけてもらったが、その方たちの職種が多岐にわたっていることに気がついた。学校の先生、新聞記者、編集者、エンジニア、イラストレーター、政府関係者、メディア関係者、企業の社長など。

バッタ研究者は日本には縁がないものと思っていたが、実は使い勝手の良い存在なのではないか。夢に向かってひた走る姿は、小中高生たちに希望を与える、らしい。バッタを退治しにサハラ砂漠に行く決断力は、冒険心満載、らしい。アフリカで農業被害を引き起こすバッタ問

艶めかしい▼ウッフーン。

義兄弟の杯▼実際には兄弟ではないけれど、これからは兄弟のように力を合わせて生きていこうぜ！　と誓いを交わす一杯のお酒のこと。法的な縛りはないから、その場のノリだよね。

はっちゃける▼年甲斐もなく大いにはしゃぐこと。

サプライズ▼なんらかのおめでたい記念日に行われる嬉しい不意打ちのこと。例えば、主役が誕生日なのにわざと誰も気づいていないフリをしておいて、突然部屋の電気を消し、ろうそくに火をつけたケーキを登場させて、そこでようやく盛大に祝いはじめるのが定番。サプライズ上手はモテるらしい。

題を解決できたときの経済効果は大きく、それを日本人研究者が行ったとなると、国際貢献にもつながっていく。

私はただバッタを見てニヤニヤしていただけだが、見る人によっては魅力的な面を秘めており、見せ方を意識するだけで、その意義は飛躍的に高まる。その道で活躍している人たちから多くのアドバイスを頂戴し、少し意識するだけで、バッタ研究は社会の歯車に噛み合いやすいギアになれそうだった。

バッタ研究の中身に変わりはないが、見せ方を一つ変えるだけで、社会での重要性を簡単にアピールできる。意識して色んな側面を持ちまくれば、バッタ研究は日本で重宝されるはずだ。環境に応じて、最適な適応戦略をとるバッタの相変異。私が研究者として生き延びるためには、私自身も相変異を発現し、たくさんの「人相」を持つことが活路を切り開くカギとなりそうだ。

研究活動からは遅れをとってしまったが、回り回ったおかげで、大勢の方々から研究を進める上でのかけがえのない武器を授けてもらった。自信に満ち溢れた確固たる無収入者へと変貌を遂げることができた。

不幸の味わい

ニコニコ学会βで無収入を宣言し、「プレジデント」で連載をはじめてから、ブログを訪れる人の数や熱烈なファンが増え、知名度がぐんぐん上がっているのを実感していた。大舞台で情報発信できたというのもあるが、ここまでバッタが注目される意味がわからなかった。バッタの何がこんなにも人々を惹きつけているのか。原因を特定できれば、意のままに注目を集められるはずだ。

そもそも誰かを惹きつけるにはどんな手段があるか。自然界を眺めてみると、昆虫は甘い蜜や樹液に惹きつけられる。人も同じで、甘い話や物に寄ってくる。みんな甘い物好きだ。

そこで、ピンときた。「人の不幸は蜜の味」で、私の不幸の甘さに人々は惹かれていたのではないか。実感として、笑い話より、自虐的な話のほうが笑ってもらえる。本人としては、不幸は避けたいところだが、喜んでもらえるなら不幸に陥るのも悪くない。

この発想に至ってからというもの、不幸が訪れるたびに話のネタができて「オイシイ」と思うようになってきた。考え方一つで、不幸の味わい方がこんなにも変わるものなのか。そして、何より重要なのは、私を見てくれる人がいることだ。ファンの存在は、異国で独り暮らす人間にとっては心強いものになり、ウェブ上での情報発信は、リアルタイムに反応があるので、精神衛生上、助けられた。

一寸先はイヤミ

そのうち、「有名になったねぇ」などと声をかけられることが多くなり、違和感を覚えるようになった。有名になりたいというのは名誉欲の部類に入るのだろうけど、有名になるために研究をしているのではない。研究するために有名になろうとしていたのだが、そんな諸事情はわかってもらえなかった。

応援してくれる人たちがいる一方で、私を「利用」しようとする人たちから連絡が来るようになっていた。世に出る機会を与えてくださるので喜ぶべきなのだが、パンダのように扱われることが多くなり、屈辱に打ち震えていた。

「支援してやるからモーリタニアを観光させろ」

「女を準備するから話を聞かせろ」

「テレビに出してやるからバッタの格好をしろ」

たくさんの励ましよりも、たった一つの**誹謗中傷**のほうが心に深く突き刺さる。有名であるが故に、知名度と引き換えに生じる誹謗中傷を「有名税」と呼ぶそうだ。次第にメールを開くのが恐ろしくなってきた。

なぜ自分はこんな思いまでしなければならないのか。ライバルたちが研究を進めているのに、自分は一体何をしてるんだろう。研究から少し外れただけなのに。力がなければ研究すらできないなんて。この経験が活きる日が来るのだろうか。いや、活かせる日が来るまで、なんとしてでも生きねばなるまい。

一筋縄では「アフリカでバッタの研究をして給料をもらう」夢など叶うわけはない。苦労するのは当然だと思っていたが、いつまで信念が折れずに持ちこたえてくれることか。心傷つき、倒れかけた自分を、ウルドに込めた想いが支え続けていた。

期待と不安を胸に、先行き不透明なモーリタニアへと再び旅立った。最後のモーリタニア遠征にならぬことを期待しながら。

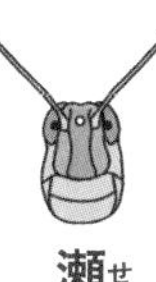

瀬戸際の魔術師

緊張の夏、モーリタニアにまだバッタは現れていなかったが、私は追い込まれていた。「プレジデント」の連載に加えて、学会発表の準備に追われていた。中国で開催される、国際バッタ目学会に初参戦することになっていたのだ。

誹謗中傷▼ひどい悪口のこと。

この学会は、世界中のバッタ、イナゴ、コオロギなどの研究者が**一堂に集結**する4年に一度の祭典だ。ババ所長が直前に行けなくなり、彼の「バッタと宗教・文化」に関する発表の代打をすることになった。さらに、アメリカ人の共同研究者であるホイットマン教授が主催するシンポジウムでも発表することになり、フランスでやった研究内容も含め、デビュー戦で3題目を担当することになっていた。一つの発表だけでも手一杯なのに、生きた心地がしない。

おまけにババ所長から無茶ぶりが。

「次回（2016年）の国際バッタ目学会をモーリタニアで開催したいので、誘致活動をしてきてくれ」

学会開催前日に行われる委員が集まる会議で、誘致活動のプレゼンが行われ、後日、多数決で開催地が決まるという。前回、トルコで開催されたときもモーリタニアは立候補したが、中国に敗れていた。オリンピックの開催地選びと同様の**ロビー活動**を、世界のバッタ研究の重鎮の前で、私がやることになっていたのだ。荷が重く、完全に困っていた。

そんなとき、京都大学から一通のメールが届いた。

「平成25年度京都大学『白眉プロジェクト』書類選考結果について」

一次審査を突破し、二次審査の面接に進んだことを告げるものだった。そういえば、日本に帰国していたときに、申請書を出していたことを思い出した。

モーリタニアに滞在中、世界中に散らばる海外ポスドクたちの間で、スカイプ飲み会なる集いをしていた。クワガタの後藤寛貴博士（国立遺伝学研究所　生態遺伝学研究室　特任研究員）が発起人となり、日本語に飢えたポスドクたちが、酒を片手に近況報告や海外生活あるあるなどを語り合っていた。私が無収入に陥る前の話だが、オランダに海外学振で赴任中だったヘビとカタツムリの攻防を研究している細将貴博士（現・武蔵野美術大学　教養文化・学芸員課程研究室　准教授）が、京都大学白眉プロジェクトなるものに合格し、4月からは京都で研究するという話をそれで知った。

白眉プロジェクトは、若手研究者の育成を目的としており、採用されると助教か准教授かの肩書きをもらい、授業を一切せず自身の研究にだけ集中してよいという制度だ。5年間の任期で、安定して給料を得ることができる。しかも年100万～400万円もの研究費が支援される。世の中にそんなパラダイスみたいな制度があるとは。

夢みたいな制度で、さすが京大出身者はいいなぁと話していたところ、応募資格は、博士の学位を有する者（予定も可）ならば出身大学は不問で、あらゆる分野の誰でも応募できるという。

「あら素敵！　でも倍率はお高いんでしょう？」

一堂に集結▼頼もしい人たちが集合するときに使う。歴代の仮面ライダーが集まるときなんかにうってつけの表現。

ロビー活動▼自分に投票してもらうために事前に根回しすること。例えば、オリンピックの開催地を決める投票前に行われる行為。

もちろん30倍を超え、毎年20名を上限として採用している超難関だ。合格者たちはいずれもその道で活躍しており、一流雑誌に載った論文を持っているとのこと。私はそんな論文など持っておらず、採用の望みは薄いが、ちゃっかり応募していた。

あまりにも期待が薄すぎたので、応募していたこと自体、忙しくてすっかり忘れていた。たとえ一次審査を通過したとしても、依然として競争は激しく、私など頭数要員の一人で、「アフリカからも受験しに来た人」として扱われるのが**関の山**だろう。

だがしかし、万一面接を突破しようものなら、無収入の悩みが解消され、アフリカでバッタ研究を続けることができる。**現金なもので**、俄然やる気が湧いてきた。ただ、このクソ忙しいときに重ならなくてもいいのに。

今後の日程は、モーリタニア（連載）→中国（学会）→京都（面接）の順。優先順位を考えると、面接の準備が最重要事項だが、連載と学会は男の約束なので放り投げるわけにはいかない。小難しい時間のパズルに頭を悩ませた。

学会中は連載原稿を書くことができないので、石井氏に相談し、3週間分の原稿を一気に渡すことにした。学会の準備も進めねばならない。

外国生活からいきなり日本に戻ると、日本語を話せなくなる病を患うのをジュンク堂でのトークショーで体験済みだったので、面接直前に、日本語のリハビリを兼ねて石井氏にインタビュー取材をしてもらうことになった。

面接まで残すところ1カ月、人生の正念場を迎えていた。

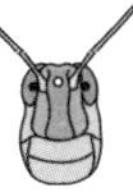

京都大学白眉プロジェクト・伯楽会議

白眉プロジェクトの語源の白眉は中国の故事で、その由来は三国志時代に遡る。蜀の馬氏に優秀な五人兄弟がいた。中でも白毛混じりの眉を持つ四男（長男という説も）の馬良が最も優れていたことから、白眉は「優れている者の中でも、さらに優れている者」の意味として使われる。

そもそも面接は何のためにやるものか。面接とは、書類や筆記では判断ができない応募者の人物像や能力、ヤル気などを実際に会って見極めることに目的が置かれている。

白眉プロジェクトの面接を担当するのは「伯楽会議」。こちらの「伯楽」のもともとの意味は「良い馬を見分ける」だが、現在は「人を見る目を持つ者」の意として使われている。

「千里の馬は常にあれども、伯楽は常にはあらず（千里を走れるほど強靭な馬は常にたくさんいるが、その才能を見抜き十分に能力を発揮させる伯楽のような者は常にいるとはかぎらな

関の山▼たとえうまくいったとしても、せいぜいこの程度だろうなと半ば諦めている表現。

現金なもので▼本物のお金のことではなくて、ここでは利益に目がくらんだ様子。

正念場▼本気を出して乗り越えなければならない勝負所。

い）」

伯楽会議委員会には、京大関係者をはじめ、教育関係者、政府関係者、企業の社長など**そうたるメンバー**が名を連ねている。彼らの目にかかれば、ごまかしはきかないだろう。

面接は二回あり、まずは複数人から構成される伯楽会議委員会による面接、そして京大・松本紘総長（現・理化学研究所理事長）とのマンツーマン面接だ。業績ではライバルたちから遅れをとっているので、面接でなんとか挽回しなければ。何か奇策を打たなければ勝ち目はない。

昔、カッコよすぎる面接の話をテレビで見たことがあった。うろ覚えながらも説明すると、三船敏郎さんが無言を貫き、最後に「男は黙ってサッポロビール」と言ってビールを飲むテレビコマーシャルが放映されていた頃、ある男子学生がサッポロビールの入社面接試験を受けた。しかし、その男子学生は面接官の質問に対し無言を決め込み、何も答えようとしない。怒った面接官が「君はどうしてずっと黙っているんだ？」と聞くと、男子学生はすかさず「男は黙ってサッポロビール」と一言だけ発した。これで男子学生は内定をもらったというのだ。

面接はその場限りで終わってしまうが、こんな伝説になる面接を演じられたら、面接そのものが一生使える自己紹介になるはずだ。印象に残る面接をしない限り、「ネイチャー」や「サイエンス」などのトップジャーナルを持っているライバルたちに、逆転勝利は望めない。

夜中、ゲストハウスの周りをグルグルと散歩しながら考えていたところ、とうとう奇策を思いついた。ただ、ふざけたアイデアのため、危険な賭けになってしまう。やるかどうかは別として、Amazonで秘密兵器を注文し、秋田の実家に手配しておいた。

リアル白眉

中国での国際学会をなんとか終え、運命の日を京都で迎えていた。迷子にならないように面接時刻一時間前に会場入りすると、待合室で、知り合いで先輩の、ショウジョウバエの翅の模様のでき方を研究している越川滋行博士（現・北海道大学大学院　准教授）に出くわす。

前「うぉー、久しぶりッス。何してるんスカー！　こんなとこで」

越「うわー、こんなとこで会いたくなかった」

という先輩の声にハッとした。先輩も生物の研究をしているため、我々はライバル同士である。これから潰し合いをする間柄だ。久しぶりの再会を喜んでいる場合ではない。越川博士も、世界最高峰の科学雑誌「ネイチャー」を持っている超人だ。噂通り、こんな人とやり合わなくてはならないのか。先輩には悪いが、なんとしてでも勝たねばならぬ。秘策をポケットに忍び込ませた。

面接会場は、殺伐とした雰囲気かと思いきや、受験者同士で、どこから来て何をやってるのか、

そうそうたるメンバー▼どいつもこいつもすごいヤツら。

あちこちで自己紹介が始まっていた。皆人生の瀬戸際に立ってるはずなのに、余裕をぶちかますとは相当自信があるに違いない。誰もが**切れ者**に見えてくる。だが、私は記念受験をしにきたわけではない。

面接開始10分前、仕込みをするためにおもむろにトイレに向かった。

私が準備した秘策は、「白眉」ということでリアル白眉に変身することだった。注文しておいた本格派のおしろいで眉毛を白く塗り、見た目から白眉研究者をアピールするのだ。

甲乙つけがたい受験者が2人いるとき、ほんのささいなことが合否を分けると聞く。面接受験者が100人並んだ状態で、誰が白眉研究者らしいかと問われたら、そりゃあ眉毛が白いやつに決まっている。ネットで白眉を調べたら、白い毛がまだらに生えていたとあるので、まだらに塗ってディテールにこだわった。

塗ってる最中、罪悪感が込み上げてきた。

「越川さん、ごめん。落ちても恨まないでください。私はどうしても生き延びたいのです」

眉毛を白く塗った本当の魂胆は、重大な舞台でアホなことをやる勇気と遊び心を持っていることを、伯楽なら見抜いてくれるだろうと考えたからだ。自由な発想を重んじる京都大学なら、きっと私の真意を汲み取ってくれるはずだ。危険な賭けは承知の上だ。

「君はふざけているのかね？　顔を洗って出直してこい」と、面接官の**逆鱗に触れた**としても心配ご無用。上着のポケットにはフェイシャルタオルを忍ばせており、10秒でおしろいを拭き取れるように練習しておいた。
さぁ、準備万端。いざ、決戦の場に。

面接vs.伯楽会議

「失礼します」

我ながら惚れ惚れする爽やかな挨拶で、面接会場へと入っていく。入室の練習だけは念入りに行ってきていた。予想通り、伯楽委員たちはなにやら偉そうな先生方だ。威圧されてしまうかと思いきや、緊張しない自分がいた。そりゃそうだ、散々、農林水産省、外務省、経済産業省に、企業の社長さんや偉い先生方の前でプレゼンしてきたのだ。場馴れしていて当たり前だ。自然体の自分で面接に臨める。

穏やかな流れで面接は進んでいく。伯楽委員の手元には、私の申請書が置かれている。申請書には、「白眉プロジェクトへ応募した理由を記してください」という欄があった。私は**思いの**

切れ者▼頭が良くてできるヤツ。

逆鱗に触れる▼やってはいけないことをして激しく怒られること。由来は、竜のアゴの下に一枚だけ逆さに生えている鱗を触ると、竜が怒ってその人を殺すという故事。他の鱗を触っても竜は怒ると思うけど、世間ではそーゆーことになっているから文句を言わずに納得しよう。

丈を素直にぶつけていた。以下原文。

「現在、私は研究費は支援して頂いているものの無収入です。バッタ研究の重要性が日の目を見ない現状に怒りと悲しみを覚えています。経済的なことを気にせず、バッタ研究を思う存分に進めることができ、最高の成果を上げ、世界を見返すことができる一手を探していました。バッタ研究を続けるため、そして自分の野心を叶えるために、白眉プロジェクトに応募いたしました。白眉プロジェクトは、今の自分と未来の自分とを繋ぎ、世界的なバッタ研究者になるために欠かせない存在になると信じています。」(「京都大学次世代研究者育成支援事業『白眉プロジェクト』提案書　前野ウルド浩太郎」より抜粋)

面接の質問では、もはや定番となっている志望動機を聞かれた。申請書の内容に加えて、考えられる全てのことに取り組んできており、今の自分の夢を叶えるためには、白眉プロジェクトしかない旨を訴えた。

ジュンク堂でトークショーをし、ニコニコ学会βに登壇し、「プレジデント」で連載をして、バッタの知名度向上に努めていること。また、バッタ問題を世間に訴えるための活動についても伯楽に伝えた。

ネット上で巧みに情報発信し、日本製品を海外に紹介するプロフェッショナル集団を率いる小林淳さん（株式会社アイディール代表取締役）から技を伝授してもらい、バッタ研究の重要性をネット上でもアピールしていること。小林さんとは以前、日本に一時帰国したときに六本木のバーでたまたま知り合った。一人のサムライがアフリカのバッタ問題に立ち向かっていることに共感してくださり、ことあるごとに助言をくださっていた。

さらに、ネットやニコニコ学会βを通してつながった岡田育さん（編集者・文筆家・コメンテーター）の上司であるIT企業経営コンサルタントの梅田望夫さん（ミューズ・アソシエイツ社長）に、霞が関の関係省庁に連れて行ってもらい、バッタ問題の重要性を日本の中枢部に直接訴えたことも話した。

自分の中で、無収入は今や武器になっていた。無収入の博士は、世の中にはたくさん存在する。だが、無収入になってまでアフリカに残って研究しようとする博士が、一体何人いるだろうか。無収入は、研究に賭ける情熱と本気さを相手に訴える最強の武器に化けていた。多忙のあまり、十分な面接対策はできなかったが、無収入から脱しようと、普段から取り組んできたこと全てが面接対策につながっていた。

さすがは伯楽。**矢継ぎ早に**質問を頂戴した。自分の良さも悪さも見極めてくれたはず。何一

思いの丈▼心の底から思っていることすべて。
矢継ぎ早に▼続けざまに。

つ後悔することなく、伯楽面接を終えることができた。

次は、総長直々の最終面接だ。

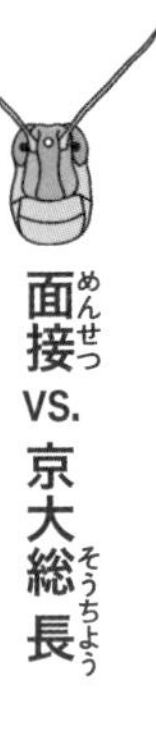

面接VS.京大総長

廊下のイスに座り、声がかかるのを待つ。待機場所で聞いた話だと、総長面接では、かなり厳しい質問が飛んでくるらしい。心してかからないと。いや、ライバルたちの心理戦かもしれぬ。惑わされずに挑むのみ。名前を呼ばれ、薄暗い部屋へと入っていく。松本総長は、私の申請書に目を通している。ゆっくりと顔を上げ、静かに面接ははじまった。

松本総長との面接は英語だった。私が質問に答えるたびにメモをとっている。

今年で5期目となる白眉プロジェクト。一人で何百人もの面接をしてきた中で、松本総長にとって、初めてモーリタニアから来た面接者だったのだろう。

「前野さんは、モーリタニアは何年目ですか?」

という素朴な質問が来た。

「今年が3年目です」

それまではメモをとったら、すぐに次の質問に移っていた総長が、はっと顔を上げ、こちらを見つめてきた。

「過酷な環境で生活し、研究するのは本当に困難なことだと思います。私は一人の人間として、あなたに感謝します」

危うく泣きそうになった。まだ何も成果を上げていないから、人様に感謝される段階ではないが、自分なりにつらい思いをしてきており、それを京大の総長が見抜き、労をねぎらってくださるなんて。ずっとこらえていたものが決壊しそうになった。泣くのをこらえて、その後の質問に答えるのはきついものがあった。

なんとスケールの大きい感謝だろうか。世界を我が身の如く捉えていなければ、こんな感謝ができるはずはない。ましてや京大の総長が一介のポスドクに、面接の場で。ご自身が大きな視野を持ち、数多くの困難を経験していなければ、このような大きな感性は身につかないはずだ。京大の総長ともなると次元が違う。

京大に来てもっと大勢の人たちとからみたい。白眉プロジェクトには何がなんでも採用されたい。たとえダメでも、松本総長の一言に救われ、まだまだ諦めてなるものかと後押しをいただいた。

あっという間に面接は終わったが、こんなに感動する面接があっていいのだろうか。

緊張から解放されるも、すっかり忘れていたことがあった。リアル白眉の件を完全にスルーされていたではないか！　ツッコまれるか、怒られるかを想定していたが、スルーという選択肢があったとは……。京大おっかねぇ。

面接会場の入り口前で、先に面接を終えた越川博士が待っていてくれた。眉毛が白いことに気づいてくれてホッとした。

越川博士も、遠路はるばるアメリカから面接を受けに来ており、2人で成田空港目がけて東京に戻ることになった。道中の新幹線の中で、2人が一緒に白眉プロジェクトに受かったらどれだけ楽しいか、夢のような話を膨らませていた。これまでの傾向として、近い分野の人は、同じ年に複数人採用されてはいないようだ。我々以外にも、生物系の研究者が面接を受けている可能性もあり、2人とも落ちてしまうこともありうる。

いずれにせよ、生物の研究をしている我々2人が、同時に合格する可能性は極めて低い。お互いの武運を祈り、再び闘いの地へと戻った。面接の結果はモーリタニアで待つこととなった。

裏ヤギ

日本に帰国中、モーリタニアは大雨に見舞われていた。いち早く雨が降った南のエリアでは、バッタが目撃されていた。モーリタニアと反対側のアフリカ大陸の東側では、大群が出現したとの報告もあり、アフリカがにわかに慌ただしくなってきていた。私の時代が到来しつつあった。

バッタの出現をもって、「プレジデント」の連載を卒業することになった。

険しい顔のスタッフの横で、私は笑顔をこらえていた。人々の平和を願う一方で、不謹慎なことに、人々が危険にさらされる状況を待ち望んでいた。バッタ問題を解決するためには、どうしてもバッタの大群に出会わなければならない。アフリカの飢餓問題を考えるならば、バッタが発生しないことが何よりだ。しかし、それではいつまで経ってもバッタの脅威に怯え続けなければならない。永遠の平和のために、私がいるうちにバッタの大発生が起こってほしい。

大雨は、私にとって恵みの雨になるはずだ。雨が降りはじめると一目散に外に出て、「いいぞー！　雨雨ふれふれもっとフレー!!」と、いい年こいて空に向かってエールを送り続けた。

雨乞いは天に通じ、雨は砂漠を潤し、バッタを呼び寄せ、全国各地でバッタが目撃されはじめた。

バッタは成虫になると長距離を飛翔できるようになり、一日に100km以上も移動する。それを追いかけながら殺虫剤を撒布するのは、困難を極める。そのため、機動力が低い幼虫のうちに防除するのが鉄則とされている。

卵から孵化した幼虫が成虫になるまで一カ月弱の猶予があり、バッタの早期発見が求められる。砂漠をパトロール中の調査部隊は、毎日、バッタの発生情報を無線で研究所のラジオ局に連絡する。

バッタ研究所の全職員100名だけで、日本の国土の約3倍の広さをカバーするのは物理的に不可能だ。目が多ければ多いほどバッタを発見できる確率は上がるため、研究所は、全国に

殺虫剤を浴びて死んだバッタの幼虫

散らばる遊牧民や村人たちに専用の携帯電話をあらかじめ渡し、バッタを見つけ次第、すぐに情報提供するように求めていた。

　情報収集はバッタ防除の生命線だ。モーリタニアが一丸となって「バッタネットワーク」を構築していた。私もこの情報網を利用して、ティジャニとのミッションを再開したが、深刻な問題にぶちあたっていた。

「コータロー、300km北西部で幼虫の群れが発見されたぞ」

　現地に駆けつけると、バッタの群れは静かに地面に横たわっているではないか。防除部隊の手にかかり、すでに退治されていた。

「ティジャニ！　オレのバッタはどこだ！　死体には用はない。生きたバッタじゃなければ調査にならんぞ！」

　ティジャニが本部に問い合わせ、苦情を言う。どうやらマネージャーが防除部隊を指揮して、先にバッタを殺してしまったようだ。私は３００kmかけて死体を見に来たわけではない。

本部に連絡し、他の候補地を探り出し、そちらに向かうもまた防除済みだ。

「なんだよ、またかよ」

本格的な調査をするつもりだっただけに、怒りは鎮まらない。生きたままの自然のバッタを観察したいのに、研究所はバッタを退治して研究の邪魔をする。いや、ちょっと待て、なんということだ。自分の最大の敵は、所属先のバッタ研究所ではないか！　今さらながら、重大な事態に気づいてしまった。せっかくバッタの大群が発生しても、ことごとく研究所に退治されまくっては、こちとら商売上がったりだ。これはなんとか手を打たねばならぬ。

自分自身でバッタを探し出す手もあるが、ガソリンと時間の消費が激しく、数日かかってようやく見つけても、体力が底をついた状態で調査に臨むのは得策ではない。

空振りに終わったミッションの帰り道、ティジャニに愚痴をぶちまける。

「ティジャニ！　研究者がバッタを観察する重要性をわかってるか？　殺虫剤を撒いていたら、モーリタニアはずっと危険なままだぞ。第二、第三の群れが現れても、また殺虫剤を撒くだけだ。私にバッタを観察させたら、殺虫剤を使わない防除方法を開発できる可能性があるのに。それを毎回毎回殺しやがって！」

「ティジャニは知ってるけど、大勢の職員はドクターの頭の良さをまだわかってない」

研究所の職員は、平和を守るために防除活動をしているだけだ。責めるに責められない。

「この車の無線からでも、ミッション中の調査部隊と直接連絡は取れるよな？　今度バッタを見つけたら、私にすぐに連絡してくれるように頼めるか？」

「ポッシブル（可能だ）」

翌朝、ティジャニに聞き込みをしてもらい、今もっともアツいバッタエリアを担当しているのは、第1章にも登場したバディのチームであることを突き止めた。

調査部隊にしてみれば、私に連絡を入れるのは余計な手間だ。好き好んでわざわざ連絡してくれるわけはない。そういうときに、便宜を図ってもらう特別な行為を日本人は編み出していた。そう、「お近づきのしるし」だ。調査部隊にプレゼントを贈って親密になり、その見返りとしてバッタ情報を受け取るのだ。

モーリタニア人がもらって喜ぶ贈答品ナンバーワンは、ヤギだ。お祝い事でも記念行事でも、ヤギが最高のご馳走だ。

普通の人にとってヤギは高級品だ。一カ月の給料が一匹のヤギでふっとんでしまう。街の肉屋さんでは切り身を売っているので、気軽に買えるが、砂漠の真ん中には冷蔵庫がなく、肉の保存はできない。だが、生きたままのヤギなら、いつでもフレッシュな肉を食べられる。

調査部隊は約10人編成で、ヤギ肉を買うために毎月の給料からみんなで積立貯金をし、貯まったら代表者が近くの村に行ってヤギを買ってくるそうだ。普段は貯金をしない人たちが、そこまで必死になってヤギを食べようとしているのだから、ヤギを贈ったらみんなと急接近できるに違いない。

大きさによって値段が変わるが、一匹約一万円。無収入の身には痛い出費だが、背に腹は代えられない。もちろん格安のヤギ肉の切り身を贈る手もあるが、そんなみみっちいことはせずに、豪快に丸ごと一匹といこうじゃないか。

バディのいる地に赴く前に、街外れにあるヤギ市場に立ち寄る。広場には数十匹のヤギをしたがえた男たちが集結し、客も入り乱れてごったがえしている。

ヤギに首輪もつけずに、よく逃げられないものだと感心するが、ヤギは飼い主に従順で、仲間のヤギ同士で群れる習性があるため、おじさんが、コラ待てとヤギを追いかけ回すコントを見る機会は皆無だ。

市場には定価という概念がないため、言い値で売買が行われる。外国人の私がヤギを買おうとすると法外な値段をふっかけられるので、ティジャニの出番だ。

市場に着いたら、私は車内に身を隠し、ティジャニが一人でヤギ売りの男と交渉し、値段を決める。決まったところでティジャニが私を呼びに来て、そこで代金を支払う。こうすれば現地人価格で購入できるのだ。

「おい、きたねーぞ！　外国人が買うんだったら、この値段じゃ売らん」

ヤギ市場(いちば)

ヤギ屋(や)。食べられることも知らずにご丁寧(ていねい)に一列(いちれつ)に並(なら)んで自己(じこ)アピールしてくるヤギたち

「ノン！　今決めた値段じゃなきゃ買わないからな」

と、揉めることもあるが、心配ご無用。現地価格で売ろうとしないときは、

「わかった、じゃあ、いいや」

と他のバイヤーに行くふりをすれば、相手は慌てて追いかけてきてしぶしぶ承諾する。

バイヤーがすごい笑顔のときは、大概ぼったくられている。うまく値切れたときは、ティジャニにご褒美を渡す。これによってティジャニも本気で値切りにかかり、ヤギを安く買えるのだ。

仲間から引き離されるヤギは、自分の行く末を知っているようで、気の毒な叫び声をメエメエあげる。リアルな「ドナドナ」を見るのは**忍びない**。

暴れるヤギを車に乗せないといけないが、おとなしくさせるのに道具は一切使わない。男がヤギをひっくり返してマウントを奪うと、足同士をからめる。こう

ヤギ屋と交渉するティジャニ。できるだけ安く買うんだ！

忍びない▼ふびん（気の毒）で切ない。

ヤギのエサ（ダンボール）をせっせと準備する男たち

して関節技を決めると、ヤギはもう立ち上がれない。あとはそのまま車の荷台でも屋根でも、好きな所に乗せて運んでいくだけ。

余談になるが、モーリタニアのヤギ肉には、肉質が柔らかくジューシーなものと、一日中でも噛んでいられるレベルで硬いものがある。なぜこんなにも肉質が違うのか不思議に思っていたが、原因はエサにあるのかもしれない。ダンボールをちぎってエサとして与えている男がいたのだ。ヤギもヤギで奪い合ってダンボールを食べていた。ダンボールの栄養価は知らないが、草を食べたほうが肉質は柔らかくなる気がするのだけど。

さて、ヤギを車に積み込み、バディのチームに合流する。「サラマリコム（こんにちは）」と挨拶を交わし、ティジャニに合図を送る。さっそくヤギを見せつけ、コータローからの贈り物だと説明する。

ヤギを見て皆が大興奮。作業の手を止めて駆け寄ってきた。はじける笑顔で、スタッフが一列になって握手を求めてくる。やはりモーリタニア人はヤギに目がないようだ。それにしてもなんと気持ちのいい人たちだ。こんなにも喜んでくれたら、また持ってきたくなってしまうではないか。

まずは腹ごしらえをしてから、バッタゾーンに連れて行ってくれることになった。普段は調査に夢中になっているので見たことがなかったが、ヤギの捌き方を観察することにした。

砂漠の台所。これからヤギを煮込む

ドライバーのジュデゥがヤギの足を押さえ、コックのモハメッドが呪文を唱えながらナイフでヤギの喉を掻き切り、木に吊るして器用に解体しはじめる。相当慣れており、リズミカルに皮を肉からはぎ、いろんな部位に切り分ける。一度に全部を調理するのではなく、赤身の部分は干し肉にし、まず傷みやすい内臓から食べる。

内臓は切り分けることなく、塊ごとダッチオーブンに入れ、アミ状の脂を上にかぶせ、岩塩を振りかけて仕込みは終了。あとは蓋を閉めて焚き火の上にセットするだけだ。

一時間後、豪快なホルモン煮込みが完成した。大皿に盛りつけて、みんなで地べたに輪になって座り、素

木陰でランチ。左手前の枝にぶら下がっているのはヤギ肉の赤身

手で食べる。皆美味そうに食べ、メルシーの嵐を浴びせてくる。

一通り食べると、コックがしゃぶりついた骨を回収する。そして、面白いものを見せてやるからこっちに来い、と呼ばれる。骨を石で叩き割り、中の髄液を取り出し、磨いだ米に混ぜはじめた。肉飯の作り方を教えてくれるようだ。以前にも食ったことがあるが、やたらと美味かったのを覚えている。私がコックをあまりにも褒めたので、今回は秘伝の調理方法を教えてくれているのだ。

太さ2㎝くらいの骨は、両端だけを砕いて髄液をとったら、タバコを吸うためのパイプに使える。そんなマメ知識まで教えてくれるなんて、そうとう我々の距離が縮まってきている証拠だ。しめしめ。

強火で一気に炊き上げ、肉飯の完成だ。

「うわー、ツバが出るぅ」

白米が濃厚なスープを吸っており、豚骨スープ顔負けの美味さだ。腹いっぱい食べすぎて、午後の仕事がどうでもよくなりそうになるが、そろそろ頃合いだ。ティジャニに**目配せ**をし、すっかり満足したバディに私の狙いを伝えてもらう。

「コータローは生きたバッタが必要だから、もし今後バッタを発見したら、退治せずにすぐに無線で連絡してほしい。そうすれば、またヤギを片手にすぐに駆けつけるから」

「まったく問題ない」とバディ。無線連絡するだけでヤギを食べられるのだ。こんな美味い話はそうそうない。「裏ヤギ」のおかげで、生きたバッタを独占できるようになった。

後日、ババ所長に一連の流れを告白したところ、大笑い。ヤギの差し入れは砂漠で闘う男たちの士気を上げるので、どんどんやってくれと言う。さらに私の生バッタに対する熱の入れようを理解してくださり、調査すると決めた一帯は、私が満足するまで防除しないように部隊に通達するシステムを作ってくれた。のちに「コータローゾーン」と呼ばれることになる。

ババ所長とヤギのおかげで、決戦に向けてまた一つ準備が整った。

「うわー、ツバが出るぅ」▼「節子、それドロップやない。おはじきや!」でお馴染みの『火垂るの墓』の節子が、兄ちゃんが作った食事を見て、感動のあまり叫んだセリフ。美味しそうな食事に対する最高の褒め言葉として使った。

目配せ▼何も話さずにウインクなどをして目だけで相手に合図を送ること。

友好関係

モーリタニアに渡り、2年半が過ぎ、手掛けた研究が続々と論文になりはじめていた。論文を発表したことで、研究所内で皆の私を見る目が変わっていた。

「コータローは貧乏だが、これまでモーリタニアに来た外国人研究者とは一味違うぞ。本気でバッタの研究をやろうとしているぞ」

ティジャニが言いふらしたおかげで、研究所内で私を見下す人間はもはやいなくなっていた。以前から、バッタ研究所は外国人研究者にいいように利用されることが多かった。さんざん研究のサポートをしたあげく、成果だけ取り上げられ、論文発表時には研究所の名前がどこにもなかったり、30年にわたって記録してきたデータを無断で発表されたり、さんざんな目に遭い、外国人研究者を警戒していたのだ。私はきちんと研究所の研究者たちと連名で論文を発表したので、信頼度も上がっていた。

また、日本とモーリタニアとの友好関係が着実に深まっていたので、溝はどんどん埋まっていた。東博史初代駐モーリタニア日本国特命全権大使と後任の吉田潤大使が、研究所を訪問してくださったり、バッタ研究所の研究者を大使公邸での晩餐会に招待してくださり、大変美味な日本食を堪能しながら、バッタ問題について会談したりしていた。大使の計らいの恩恵に与り、研究所内での日本に対する印象はますます良好なものとなっていた。

国際農林水産業研究センター（国際農研）は、日本で国際シンポジウムを開催するにあたり、アフリカのバッタ問題の代表者としてババ所長を講演者として招待してくださり、一緒に日本に行く機会に恵まれた。ババ所長の来日を機に、外務省アフリカ第一課の福原康二外務事務官とお会いし、東京にあるモーリタニア大使館を表敬訪問、ンガム駐日モーリタニア特命全権大使と、バッタ問題について会談することになった。奇遇にも、ンガム大使はババ所長のご友人で、東京で会うことになるとは、と盛り上がっておられた。

私自身、モーリタニアと日本がもっと親密になればいいなという想いから、日本モーリタニア友好協会に入会し、会員の積極的な友好活動を勉強させてもらっている。

日増しにバッタ発見の報告は増え、悲劇が静かにアフリカに忍び寄ってきているのを誰しもが感じていた。

緊張が高まる中、一通のメールが届いた。

審判の日

「いつの日か、ファーブルのような昆虫学者になる」

少年の頃からの夢を追い続けた男に、**審判**が下される日が訪れた。

朝起きると、「京都大学『白眉プロジェクト』（平成25年度公募）審査結果について」と題したメールが届いていた。これは寝ぼけている場合ではない。水で顔を清め、あらためてイスの上に正座し、メールを開く。寝起きからこんなにドキドキしたことはない。

「審査結果について添付ファイルの通りお知らせいたします」という本文からは、合否は判断できない。落ちた人には用はないはずなのに、ファイルが四つ添付されている。

「これって、もしや」

深いため息を一つ。頼む、お願いだから合格させてくれ。ファイルをダウンロードし、恐る恐る開いてみると、一文が目に飛び込んできた。

「貴殿を白眉センターに採用する者として内定いたしましたのでお知らせいたします」

貴殿は私のことだよな、前野浩太郎の名前もある。合格だ。合格してしまった。これで白眉研究者になれる。安堵のあまり全身から力が抜けていく。不思議とはしゃぎ回ることなく、穏やかな気持ちで合格という現実をゆっくり噛みしめる。もう金の心配などせずに、研究に集中してもいいのだ。ようやく、ようやく、ようやく。

大人の対応をしたところで、本来の自分に戻って大喜びする。

いいの？　本当にいいの？　バッタの研究を続けて本当にいいの？　キャーどうしよう！

喜びを抑えきれない。発散させないと喜び死んでしまう。

まずは両親とスカイプで分かち合い、所長室に駆け込んだ。

「ババ所長！　とうとう良いニュースを持ってくることができました。京都大学が私を採用してくれることになりました。この大学はノーベル賞受賞者を何人も出している日本でトップクラスの大学です」

「おおおおお！　コングラチュレーション！　ほら見ろ！　私の言った通りだったろ？　必ずコータローの努力は報われると信じていたし、私は何も心配していなかった。日本のトップクラスの大学がサバクトビバッタの研究者を採用したことは、アフリカにとって、とてつもなく大きな励みになる。コータローに支援しなかった他のところは、悔しがるはずだ！」

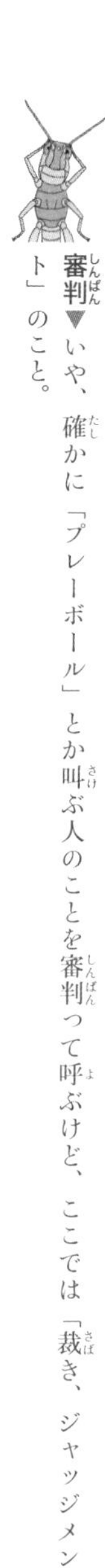

審判▼いや、確かに「プレーボール」とか叫ぶ人のことを審判って呼ぶけど、ここでは「裁き、ジャッジメント」のこと。

ババ所長は手加減なく、肩をバシバシ叩いて勝利を称えてくれる。

「今まで支えてくださり、なんと御礼を申し上げたらいいのやら。次は私が恩返しする番です。これからもバッタ研究を続けて少しでもお返しできるように頑張ります!」

「思う存分見せつけてくれ。お前の力を!」

これにはティジャニも大喜び。

「将来、コータローは大きいプロジェクトを持ってきて、西アフリカの最高責任者になるぞ。そのときはティジャニをまた雇ってくれ。おめでとう。**プロフェッサー!**」

喜びの余韻に浸りまくる。


思えばこの一年で、私はずいぶん変わった。無収入を通じ、貧しさの痛みを知った。つらいときに手を差し伸べてくれる人の優しさを知った。そして、本気でバッタ研究に人生を捧げようとする自分の本音を知った。バッタを研究したいという想いは、苦境の中でもぶれることはなかった。

もう迷うことはない。バッタの研究をしていこう。研究ができるということは、こんなにも幸せなことだったのか。研究するのが当たり前になっていたが、失いそうになって、初めて幸せなことだと気づいた。無収入になる前よりも、もっともっと研究が好きになっていた。

小さい頃からの夢が叶ったことをブログで報告したところ、お祝いの嵐で、一日に2万人ものファンが駆けつけてくれた。ツイッターにも、爆量のお祝いコメントが次々にツイートされ、御礼の返信に数時間を要した。

就職できただけで、こんなにも大勢の人たちに喜んでもらえる博士が、未だかつていただろうか。自分のことのように喜んでくれるファンのみんな。ブログを立ち上げた当初は日に10人も来ていなかったのに、知らず知らずのうちにこんなにも多くの人たちが私を見守ってくれていたのか。嬉しさが止まらないではないか。

「プレジデント」の石井氏は「**帰ってきたバッタ博士**」と銘打って、番外編の特集記事をウェブにあげ、お祝いムードを盛り上げてくれた。面接前のインタビュー取材をここで使うとは、なんという段取り。「バッタ博士は白眉に受かって当然でしょう」とまったく驚かない様子の石井氏の態度に逆に驚く。

白眉プロジェクトに応募する際には、京都大学で受け入れてくださる研究者を前もって選ん

プロフェッサー▼教授のことで、研究者の最上級の肩書き。ティジャニが私のことをおだてるときは「ドクター」と呼んでいたが、ここでは「プロフェッサー」と呼んで、ティジャニなりに最高のお祝いをしてくれた。
喜びの余韻▼「余韻」は、鐘の音が鳴り響いた後のようにゆっくりと音が消えていく様。喜びは「音」ではないけど、喜びがすぐには消えずにしばらく残っていることを表している。
帰ってきた○○▼「帰ってきたウルトラマン」（円谷プロ）より。

でおく必要があった。京都大学には多くの昆虫研究室があるが、その中でも憧れの研究者がいた。昆虫生態学研究室の松浦健二教授だ。

松浦教授はシロアリの社会性について研究されており、学会で続々と新発見を披露するプレゼンに見惚れていた。松浦教授に受け入れについてお伺いしたところ、すぐに快諾してくださった。日本のトップをひた走る昆虫生態学研究室で、憧れの研究者とポスドク、学生たちと研究できることは考えただけでも刺激的だった。フィールドワークをする上で「生態学」は必要不可欠となるが、私はきちんと学んだことがなかった。自分に欠けている生態学を学ぶことができれば、高いレベルでのフィールドワークが実現する。

アフリカにはバッタがいるシーズンだけ行けばよいから、それ以外は日本で過ごすことになる。日本にいる間にみっちりと修業し、研究者としてレベルを上げれば新発見のチャンスが高まる。最高の環境で研究を進めることができるのは楽しみすぎだ。

その後、内定式に参加するために再び京都大学を訪れた際、その場にはあの越川博士の姿もあった。しかもスカイプ飲み会をしていた、数学を駆使し生命現象を読み解く山道真人博士（現・クイーンズ大学　生物科学科　上級講師）の姿も。この年、奇跡的に生物系の研究者3名が同時に白眉研究者となり、一足先に白眉研究者となっていた細博士が我々を迎え入れてくれた。

これで心置きなく、研究に全精力を注ぎ込める。全ての舞台は整った。後はバッタの大発生が起こるのを待つのみ。もし私が歴史に選ばれし者ならば、必ずや「神の罰」の前に立てるはずだ。宿命を信じ、モーリタニアでそのときを待った。

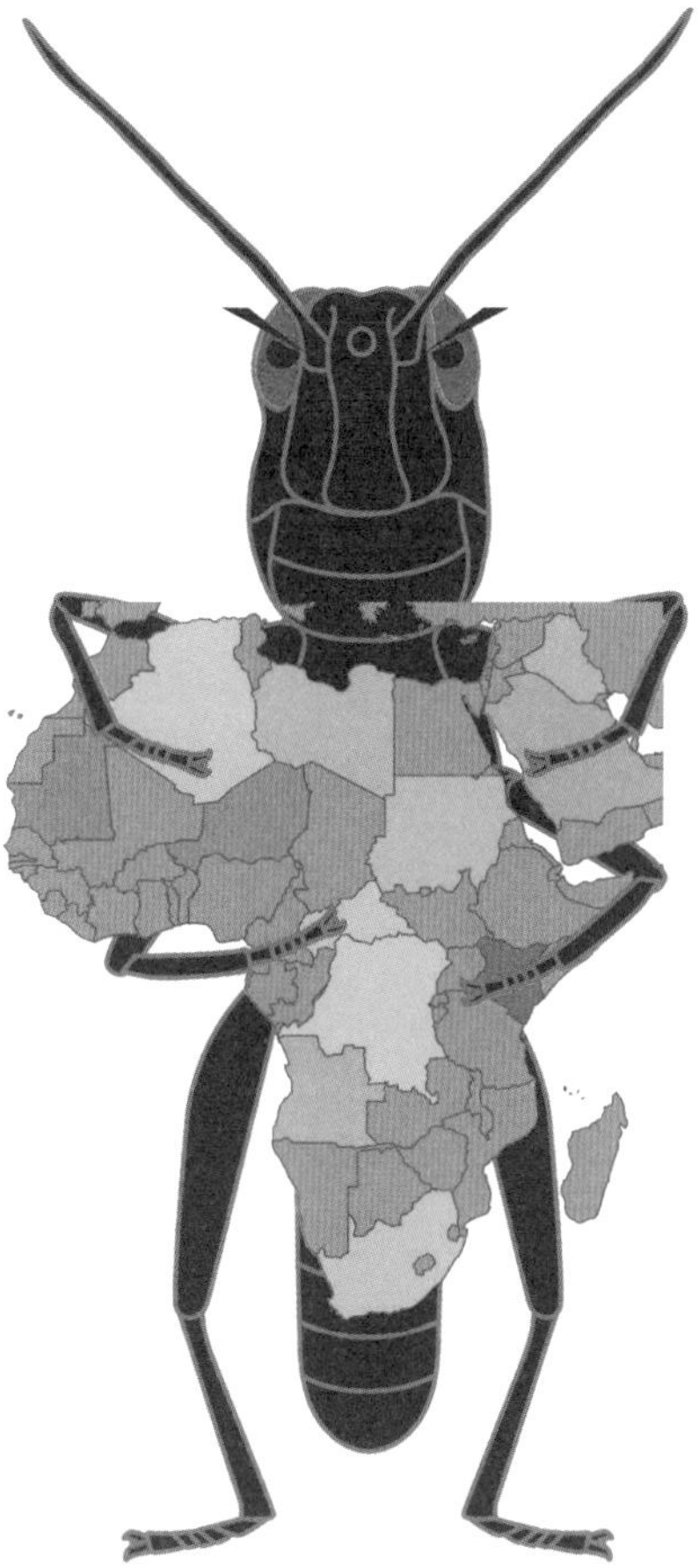

第8章　「神の罰」に挑む

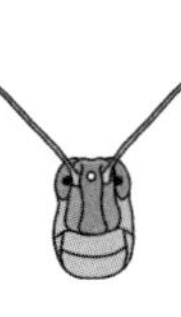

「神の罰」再び

この年、「神の罰」がアフリカに降り注いでいた。各地でバッタの出現が相次ぎ、すでに一部のエリアでは大群が猛威を振るっていた。農作物が壊滅的な被害を受け、このままでは飢饉の恐れがあった。事態を重く見たＦＡＯバッタ対策本部は、各国にバッタとの全面戦争に備えるように通告を出していた。

ここモーリタニアにおいても、研究所は対策に追われていた。いち早くバッタの発生現場をおさえようと、連日にわたって調査部隊が砂漠に送り込まれていた。

例年にない大雨が、今回の事態を引き起こした一因だと考えられる。過去に歴史的なバッタの大発生が起きた年は、決まって干ばつの後に大雨が降っていた。今回の状況はまさにそれを再現したものであり、極めて危険な状況だった。

なぜ干ばつの後の大雨がバッタの大発生を引き起こすのか。科学的に立証されているわけではないが、個人的な見解を述べる。

干ばつによってバッタもろとも天敵も死滅し、砂漠は沈黙の大地と化す。バッタはアフリカ全土に散らばり、わずかに緑が残っているエリアでほそぼそと生き延びる。

翌年、大雨が降ると緑が芽生えるが、そこにいち早く辿り着ける生物こそ、長距離移動できるサバクトビバッタだ。普段なら天敵に捕えられ、数を減らすところ、天敵がいない「楽園」で育つため、多くの個体が生き延び、結果、短期間のうちに個体数が爆発的に増加していると考えられる。

飛翔能力の高い成虫になると、近隣諸国へも侵入し、被害が一気に拡大する。モーリタニアはバッタの発生源であり、なんとしてでも移動能力の低い幼虫のうちに叩かねば、「神の罰」が再びアフリカを襲うことになる。

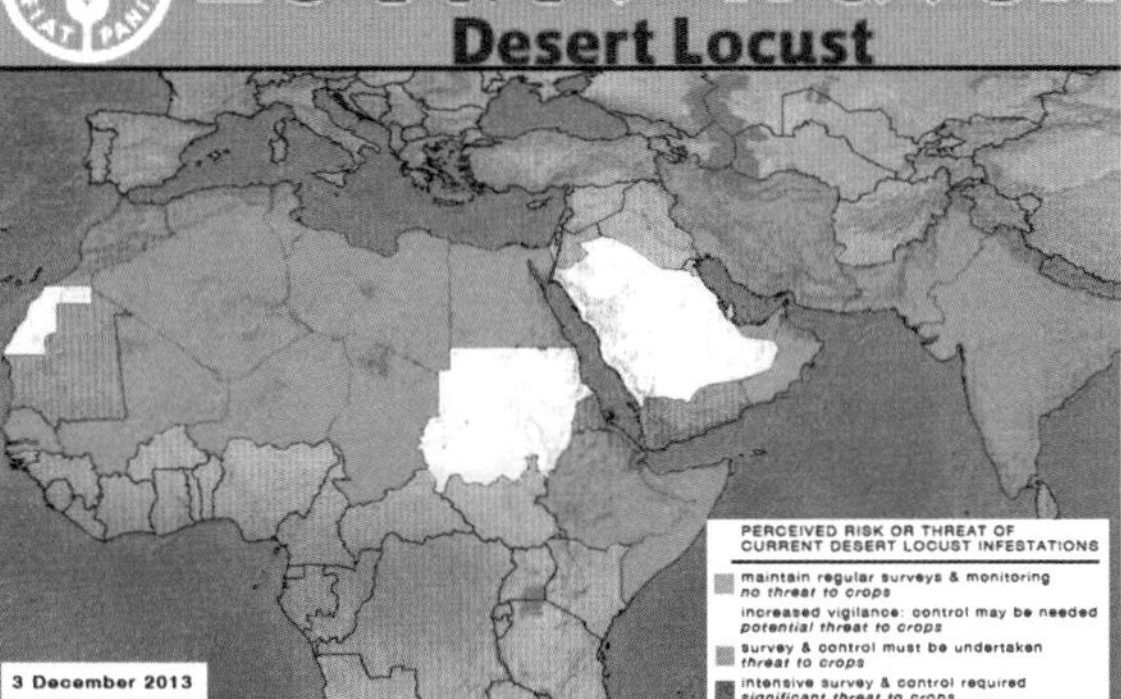

FAOが管理しているバッタ予報。このときはモーリタニアに危険が告げられている

見解▼考え方のことなんだけど、ここでは真面目モードで説明しているため、よりかしこまった表現をチョイスした。

惨劇へのカウントダウンははじまっており、時間との勝負を余儀なくされていた。

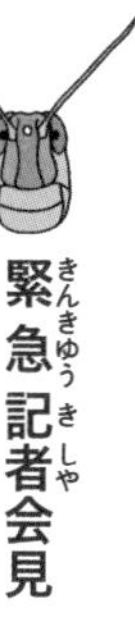

緊急記者会見

バッタ防除の初動が遅れ、被害が拡大した２００３年の過ちを繰り返さぬために、ババ所長は初戦から総力を結集し、バッタを叩きにかかった。決断を誤れば取り返しのつかない事態に陥ることを、ババ所長は長年の経験から知っていた。

破竹の勢いで敵を殲滅していくものの、気がかりは運営資金がいつまで続くかだった。研究所が必要とする年間の運営予算は約１億円。そのほとんどは、人件費やガソリン代、車両のメンテナンス代、殺虫剤購入費などの防除費用にあてられる。

年間予算の半分は国から支給されるが、残り半分は世界中からの支援金に頼っており、自ら確保しなければならない。主なドナーは、世界銀行や各国の外務省であり、日本も２００４年には、モーリタニア、チャド、マリのサバクトビバッタ対策に３億３０００万円もの支援を行っている。

発生地の砂漠があまりにも広大なため、バッタがいつ、どれだけの規模で発生するのかを正確に予測することは困難だ。先行きが不透明な中で、限られた資金を温存すべきか、それとも投入すべきかの判断は極めて難しく、これは雪国の除雪問題にも通ずるものがある。少し雪が降ったからといって、除雪作業に**奮発**しすぎて資金を浪費すれば、いざ大雪が降ったときにすでに資金が底を突いていて除雪できず、街の機能は凍りついてしまう。

理論的には、適切な時期に適切に対処するのが望ましいが、敵は動きが読めない自然である。机の上で計算するよりも、30年にわたるバッタ防除の経験を持つババ所長の勘が頼りだった。

通常、システムは経験値が増すごとに強固なものになっていくが、バッタ防除にはどうしても越えられない**障壁**があり、システムの維持すら難しかった。その障壁は、バッタの大発生が不定期に起こることによって生み出されている。

バッタが発生しなければ、巨額の運営資金は不要とみなされ、容赦なく削減されていく。限られた資金で防除のプロフェッショナルたちを雇用し続けることはできない。苦渋のリストラをしなければならず、おまけに車両は灼熱の太陽に焼かれ、老朽化が進んでいく。そのため、本当に防除が必要なときに、システムは弱体化しており、資金を投入しただけではすぐに機能しない。防除経験がない素人の寄せ集めで、国家の危機に立ち向かわなければならなくなるのだ。

破竹の勢い▼竹は一節を割れば、あとは一気に割れやすくなることから、猛烈な勢いで物事が進むことの意。関係ないけど、バーベキューで竹を燃やすと威勢よく破裂するから危ないよ。

奮発▼いつもはしないけど、たまに思い切ってお金をたくさん使うこと。例、「今日の牛丼は、奮発して並盛りじゃなくて大盛りにしよう!」

障壁▼やっかいな問題のこと。

そして、防除システムが弱体化した頃を狙うかのように、バッタは突如大発生し、アフリカに襲いかかる。

　ここ数年、モーリタニアでは大発生が起こっていなかったため、全ての支援は打ち切られていた。一人の防除プロフェッショナルの価値は、10の部隊に匹敵する。ババ所長は財政的に無理をして、中核となる人員だけは最低限確保していた。来たるべき日に備え、定期的に防除のトレーニングを行っていたため、プロフェッショナルたちの刃は錆びることなく、常に切れ味を保っていた。

　日本では、年度の予算を次年度に繰り越すことはできないが、研究所の予算は繰り越し可能だったため、バッタが発生しなかった年の予算を堅実に貯えていた。しかしこの年、研究所では早くも資金難の兆候が見えていた。

　西アフリカ地域の防除費用は、普段なら3億円程度だが、大発生してから対応した場合は570億円に跳ね上がる。大発生してから支援金を集めていたのでは、現場に金が下りてくるのに時間がかかりすぎ、手遅れになってしまう。支援金を緊急に確保しなければならないことを、ババ所長は痛いほど知っていた。ここで食い止めなければ、被害は甚大なものになる。そこで、モーリタニア全土に、そして世界にこの危機的状況を訴えるため、研究所はバッタが発生している現場である砂漠の真ん中にマスメディアを呼び、緊急記者会見を行う異例の決断を下した。砂丘の上に巨大なテントを張り、そこにテレビ関係者、新聞記者、農業省の大臣などを招

緊急記者会見の会場となった砂漠

農業大臣に近況報告をするババ所長。当日のバッタ模様は全国ネットで放送された

群れを成すサバクトビバッタの幼虫

待し、現地視察してもらう手続きをとった。研究所の組織力を見せつけようと、全国に散っていた余力のある部隊が一堂に集結した。外国人研究者の存在は、事態が深刻であることを訴えるのに重宝するため、「コータローも記者会見までに現場に来てくれ」と要請がかかる。

あいにくティジャニは冷たいミルクを飲みすぎてお腹をこわし、トイレから離れられなくなっていた。「すまない、今日は危険なので帰る」と早退していたので、私は代打のドライバーを雇って現場に駆けつけた。

テレビカメラが回る中、ババ所長は幼虫の群れが至る所で植物をむさぼり喰っている姿を披露し、いかにモーリタニアが危機的な状況に陥っているかを**要人**たちに説明した。広報活動は無事に終わった。後は人々の心に響くのを祈るばかりだ。

すでに日も暮れかけており、研究所のメンバー合計30名は、その場で野営することになった。砂漠が暗闇に包まれ、皆が寝静まった深夜、恐れていた事件が起きた。

痛恨の一撃

皆が眠りについた頃、私は一つでも多くの発見をしようと、単独で夜の砂漠に繰り出した。夕方見た幼虫の集団を探し求めて２km ほど歩いたが、すでに移動したようで、どこに行ったのか見当もつかない。付近をただひたすら彷徨うしかない。

野営地に置いてきたライトが米粒ほどになった地点で、ようやく群れを発見した。丸裸になった植物に、隙間がなくなるほど幼虫が群がっており、まるで黄色い花が咲いたかのように美しい。バッタの夜間観察記録は極めて少なく、写真などもほとんど出回っていない。この貴重なシーンをカメラに収めねばと、おもむろにデジカメで撮影をはじめる。

バッタは逃げずに、じっと植物に止まっているものの、夜間の写真撮影は難しく、被写体がぼけてしまう。私は「人間三脚」になって、勝負写真を撮影するべく地面に片膝をついた。**その刹那**、右膝に痛みが走った。植物のトゲでも刺さったかと思い立ち上がると、そこにはサソリがいるではないか！

先ほどからサソリを見かけており、気を引き締めていたのだが、バッタを見つけて浮かれ、注意を怠ってしまった。広大な砂漠で、よりによってサソリの上に膝をつくとはなんたる不運。ウインドブレーカーのズボンをものともせず、毒針が貫通してきた。

ハチでもサソリでも、刺した毒虫の種がわかっていれば治療しやすいはずだと瞬時に判断し、犯人を撮影しようとするものの、そそくさと茂みに隠れてしまい、私は一人取り残された。

サソリに刺されると人は死ぬことがある。だがしかし、こんな緊急事態のために、「ポイズン

要人▼偉い人たちのこと。
その刹那▼短い時間を表す「瞬間」に近いけど、より緊迫した問題が起こったことを表現するために「刹那」を使用した。使われている漢字が怖いと緊張感が高まる気がする。

リムーバー」なる毒を吸い出すための専用の注射器を日本から持ってきていた。今は野営地に置いてあるけれど……。私の大馬鹿野郎！　致し方なく口で毒を吸い出そうとするも、体がかたく、あと10㎝、患部に唇が届かない。如何ともしがたく、応急処置の施しようもない。

サソリの毒は初体験のため、どのくらい危険なのか見当がつかない。貴重な夜間観察の機会だが、死んでしまっては元も子もない。生きていればいずれまた観察する機会もあるだろう。ここは命を大事にしよう。

苦渋の決断を下し、野営地に戻ろうと目印のライトを見つけるも遥か彼方だ。毒は動くと早く回ると聞く。歩いて戻るのは危険なため、誰かに助けてもらおうと、ヘッドランプに装備されている赤色の点滅モードを使ってSOS信号を送るも、何事も起こらない。時計を見ると深夜2時だ。さすがに皆寝ている。こんな日に限って相棒のティジャニは不在だ。仕方なく、ゆっくり歩いて戻ることにした。

刺された瞬間は大して痛くなかったが、打ち込まれた毒が徐々に本領を発揮してきた。刻一刻と鋭い痛みが出てきて、心なしか足が腫れてきた。痛みを感じる範囲がじわじわと広がってきている。捕虫網を杖代わりにし、右足に負担がかからないように歩く。ゆっくり歩こうと心がけるものの、不安から早歩きになってしまう。

次第に、患部が熱いのか冷たいのかよくわからない感覚が襲ってきた。こんな痛みは初めてだ。悪いことに、膝を曲げるたびに痛みが追加される。危機的な状況に陥りながらも、サソリの毒に感心する。よくもまぁ毒を生産し、それを敵に注入する毒針まで進化させたもんだ。おかげで死にそうだよ。

ヒーコラ歩いていると、目の前を一匹のサソリが横切った。お前に恨みはないけれど、**連帯責任**をとってもらう。憎しみを込めて叩き潰し、膝のかたき討ちを果たす。

もしかしたら、星空を眺めるのも最後になるかもしれない。せっかく白眉プロジェクトに採用してもらったのに、サソリに刺されて野たれ死ぬのは切なすぎる。「プレジデント」を早期退職し、苦楽堂という出版社を立ち上げようとしている石井氏が「バッタ博士の最期」と題した**追悼**記事を出しかねない。石井氏の能力を無駄に使うわけにはいかない。なんとしてでも生き延びねば。人生でもっとも長く、暗い2km

叩き潰してくれてやったサソリ

苦渋の決断▼こんな決断をすることになるなんて悔しくて無念だが、どうしようもなくて残念だ、という思いが「苦渋」に込められている。「苦渋」は悩み苦しむこと。
ヒーコラ歩いていると▼息を切らして苦しみながら歩いている様子。
連帯責任▼一人のせいで他の仲間たちまで責任をとらされて罰を受けるシステムのこと。
追悼▼死んでしまった人を惜しむこと。

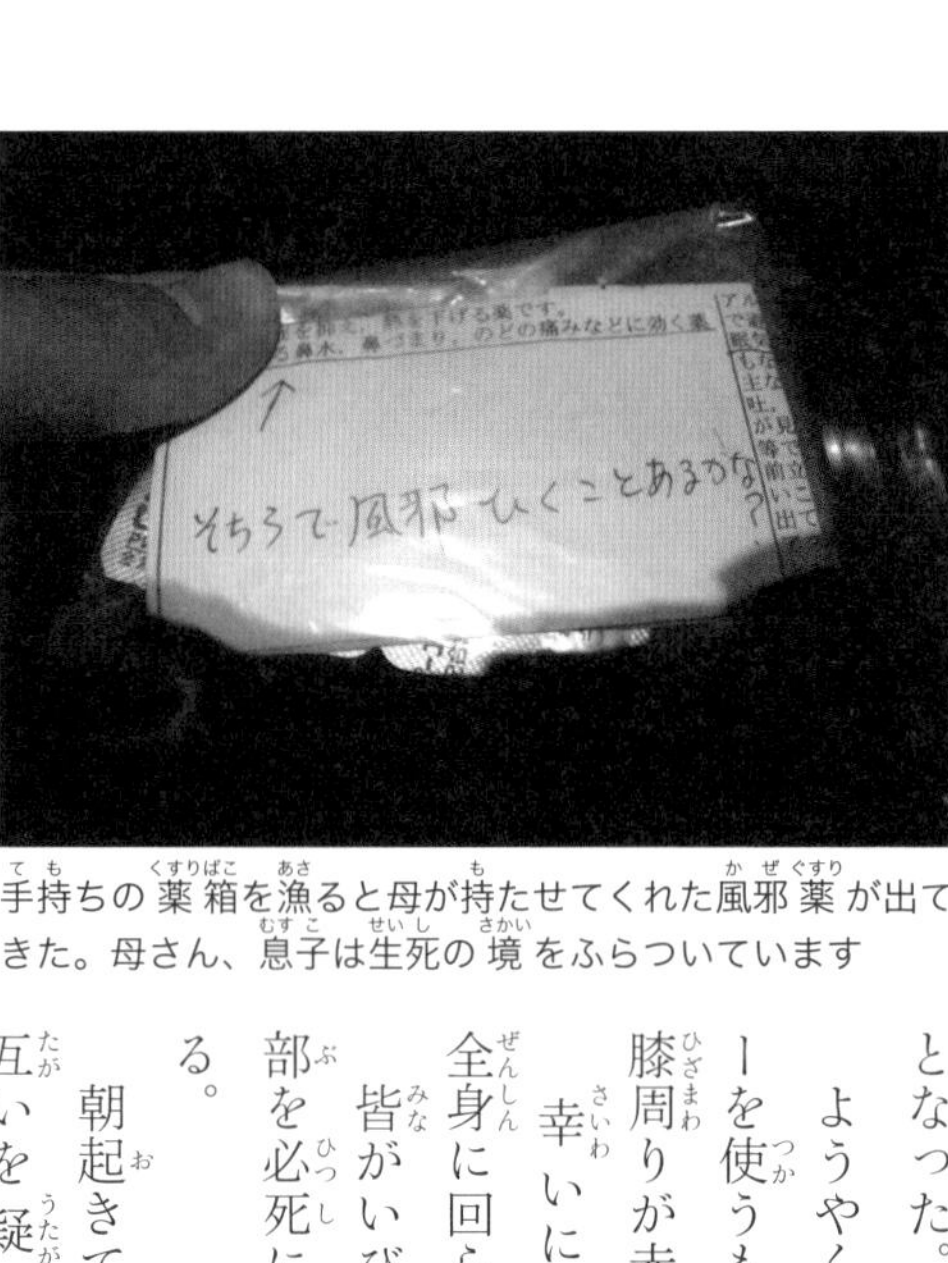

手持ちの薬箱を漁ると母が持たせてくれた風邪薬が出てきた。母さん、息子は生死の境をふらついています

となった。

ようやく野営地に戻り、今さらながらポイズンリムーバーを使うも、手遅れ感がハンパない。何も吸い出せないし、膝周りが赤く変色しており、我ながら心配だ。

幸いにして、毒は太ももの付け根で止まったようだ。全身に回らなくて本当に良かった。

皆がいびきをかいている中、一人ウンウン唸りながら患部を必死に水で冷やして、痛みを少しでも和らげようとする。

朝起きて私が死んでいたら、皆が殺人犯を探そうと、お互いを疑ってしまうかもしれない。安らかに逝かせてほしいので遺言を残すことにした。

「A scorpion bit me（サソリが私を噛んだ）」

誤って、サソリが「刺した」ではなく「噛んだ」と書いていた。知らぬ間に頭にも毒が回っていたようだ。

眠っている人を起こすべきかもしれないが、夜中に大騒ぎになったらどうしよう。シャイな性格が災いし、誰にも言い出せないまま、悠久のときを経て朝を迎えた。

魔術

朝、ようやく皆が目覚めはじめた。未だに足は悲鳴をあげている。足を引きずりながらババ所長のテントに向かう。異変に気づいたババ所長に**事の顛末**を伝えると、初めて怒られた。

「なんでもっと早く私に言わないんだ！　取り返しのつかない事態になるところだったぞ。この深刻さがわかっているのか？　もう手遅れかもしれないが、刺された所を見せてみろ」

こんなにも我が身を心配してくれるとはかたじけない。言われるがままに膝を見せると、所長はその場にひざまずき、患部をつねりながら目をつむり、ブツブツと呪文を唱えはじめた。

一分後、

「よし、これでもう安心だ。しばらく痛みは続くかもしれないが死ぬことはない。次回刺され

患部をつねり、呪文を唱えはじめたババ所長

たときはもっと早く言うのだぞ。本当はインドの、毒を吸い取る黒い石があればいいのだが。あれを患部に当てればあっという間に治るぞ」

患部をペチンと叩いて、ババ所長の笑顔がはじけた。

一仕事やり遂げ、実に満足そうなババ所長。死にゆく者に対して、これだけの笑顔を見せる演技はできないだろう。どうやら所長のおかげで一命をとりとめたようだ（あの、薬とかいただけたら嬉しいのですが……）。

しかし、痛みは一向に引く気配がない。毒に冒された状態で、砂漠でもう一泊する勇気はないため、すぐにドライバーにお願いして研究所に戻った。

ティジャニに電話し、研究所に来てもらう。

「すまないドクター、ティジャニが腹をこわしたばっかりに大変な目に遭わせてしまったが、もう安心してくれ。セキュリティのシディを連れて来た」

シディは初老で、いかにも人生経験豊富そうだ。大方の予想通り、所長と同じようにひざまずき、呪文を唱えはじめた（いや、あの、薬をいただきたいのですが……）。

呪文が私に効かないのは、きっと現地語を理解できていないからだろう。こうなったら自力でなんとかするしかない。**グーグル先生**に相談すると、私を刺したサソリは「イエローファットテールスコーピオン」に似ている。どんなサソリかウィキペディアで調べてみると、「北アフリカに分布する尾の太い中型のサソリ。強い毒を持ち、死亡例もある」（Ｗｉｋｉｐｅｄｉａより一部抜粋）とある。どうやら事態は穏やかではなさそうだ。

結局、日本大使館の医務官に相談し、鎮痛剤と軟膏を処方していただいた。日本大使館の開設以来、初めてのサソリ患者になり、色々とご迷惑をおかけしてしまった。おかげでサソリに刺されてから24時間後には、痛みはほとんど消えていた。日本人向けの現代医学よ、ありがとう。

サソリに刺されると悲惨な目に遭うことはわかったが、致命傷にならないことをこの身をもって実証できたのは大きかった。これで闇の生物に怯えることなく、安心して調査ができる（サソリに2回刺されると、**アナフィラキシーショック**を引き起こす場合があり、実際には死へのリーチがかかっていたのだが、無知のおかげで勇気リンリンだった）。

ナショナルジオグラフィック

バッタ問題の宣伝活動に、強力な助っ人が登場した。日本から川端裕人さん（小説家・ノンフィクション作家）が、わざわざモーリタニアまでやってきたのだ。目的は、地球上の「冒

グーグル先生▼なんでも答えてくれる検索サイト「Google」を尊敬して呼ぶときに使う。
アナフィラキシーショック▼激しいアレルギーのこと。例えば、体質によっては、同じ種類のハチに刺されると一回目は大丈夫でも二回目は死にそうになってしまうことがある。これを知っていると物知りと見なされ、株が上がる。

険」と「発見」を支え、全世界に伝えることに定評のある、ナショナルジオグラフィック日本版のウェブ上で繰り広げられている『研究室』に行ってみた。」という企画で、サバクトビバッタを取り上げるためだった。

クマムシ博士の堀川博士が以前取り上げられており、その伝手もあって川端さんとは前から打ち合わせをしていた。

「わたしの研究室はサハラ砂漠ですが、いいですか?」という心配もなんのその、一番の問題は、取材の時期をいつにするかだった。数カ月前から日程を決めなければならないが、バッタが発生するかどうかは運(雨)次第。初年度は例の大干ばつの年で、バッタはまったく発生しておらず、先を見越して早々にキャンセルしていた。

バズーカ砲のようなごついカメラをバッタに向けて発射する川端氏

実際に、日本人研究者をモーリタニアにお招きしたけれど、バッタを一匹も見られずに帰った方もいる。ナショナルジオグラフィックのスタッフがモーリタニアに一年滞在したが、結局バッタの群れに遭遇できなかったこともある。バッタの取材はギャンブルなのだ。

今回、満を持した川端さんは、1泊2日のピンポイント取材にもかかわらず、ドンピシャで幼虫の群れに巻き込まれていった強運の持ち主だ。

川端さんは写真集を出すほどのカメラの腕前を持っている。バズーカ砲のようなごついレンズを構え、バッタと私を激写していく。調査中はデータ採りがメインになるため、記念撮影が**疎か**になる。三脚を使わなければティジャニとのツーショットも撮れなかったが、川端さんは見事な迫力のある写真を撮影してくださった。私はツアーガイドになり、サバクトビバッタに加え、砂漠で出くわす奇妙な虫たちを解説していく。せっかくのお客さんなので、ティジャニはラクダ肉のシチューをふるまってくれた。

無事に取材も終了し、川端さんを飛行場に送り届けての帰宅途中、知らない人から電話がかかってきた。電話の主は川端さん。近くの人に携帯電話を借りて電話してきたそうだ。なんと、帰りの飛行機が**ドタキャン**になり、その日乗り継ぎできそうな便がないという。結局、もう一泊されていった。

帰国後、川端さんから連絡があった。砂漠の砂のせいで、何十万円もするレンズがぶっ壊れて

伝手▼コネ。知り合いの知り合いとは仲良くなりやすい。
疎か▼ちゃんと注意していないこと。足元を疎かにするとコケる。
ドタキャン▼土壇場（物事が切羽詰まった状況、ピンチ）で約束をキャンセルすることの略。合コンをセッティングしたのにドタキャンされるとガッカリする。

しまったそうだ。砂漠の砂はきめが細かく、隙間という隙間に入り込んで、デジタル製品をことごとく破壊していく。ズーム式のレンズなんかイチコロでやられてしまう。

普通のカメラだと砂に瞬殺されたあげく、メンテナンスが大変すぎるので、私は防水防塵のリコーのWGシリーズのデジカメを使っている。パソコンは特別仕様で、パナソニックの「タフブック」と名付けられた防水防塵の頑丈な相棒だ。こちらは市販されておらず、軍隊や消防関係の人たちが使っているそうで、お値段は40万円。砂漠生活は何かと余計な出費がかかる。

取材の模様は「『研究室』に行ってみた。モーリタニア国立サバクトビバッタ研究所　前野ウルド浩太郎」として9回にわたって連載され、日本の**ナショジオ**ファンたちに届けられた（取材の模様はウェブでも見られるし、『「研究室」に行ってみた。』〈川端裕人著、ちくまプリマー新書〉に詳しい）。

飛蝗、襲来

「成虫の大群が出現した」

研究所に戦慄が走った。あれだけ防除活動を必死で行っていたのに、一体どこで見逃してしまったのか。誰も責めることはできない。砂漠はあまりにも広大すぎた。すべてをカバーするのは不可能に近い。防除の手を逃れたバッタは、砂漠奥地で人知れず集合を繰り返し、小さな群れ同士が合流して次第に成長し、巨大な群れへと変貌を遂げていた。

研究所はすぐに現地へ部隊を派遣したが、群れが出現した場所が悪かった。そこはバン・ダルガン国立公園内だったため、殺虫剤を撒くことが禁じられ、手出しができなかった。防除は殺虫剤に頼りきりだったため、為す術がない。だから殺虫剤を使わない新しい防除技術の開発が重要なのだ。部隊は群れを見逃さないように追跡するしかなかった。

私も現場に急行したが、大群は分裂し、調査部隊の追跡を振り切り、行方不明になっていた。大発生の兆候を示す群生相の幼虫が至る所にひしめいている。成虫の姿はまばらにしか見かけない。成虫の大群を観察したかったが、いないものは仕方ない。やむを得ず幼虫の観察をはじめることにした。

ティジャニに野営の準備を告げ、何か面白いことがないか研究テーマを探っていた。

「コータロー、あっちを!!」

ティジャニの声が砂漠に響きわたる。植物に群がる幼虫に気をとられていた私は顔を上げ、目を細める。遠くの空で黒い物体が不規則に動き、徐々にこちらに迫ってきていた。全身に緊張が走る。この光景、忘れるものか。空が黒に覆われたとき、私は怒りに染まっていた。

貴様を追うばかりに、私がどんな目に遭ってきたのか知っているのか。どれだけの犠牲を払

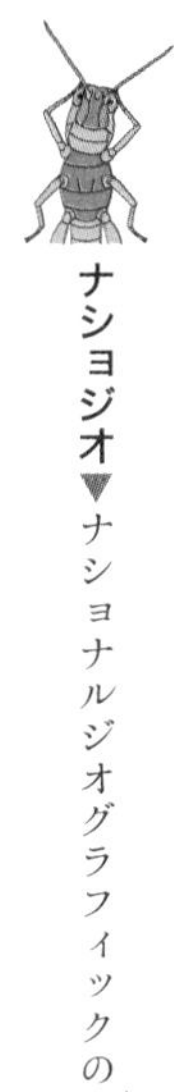

ナショジオ▼ナショナルジオグラフィックの略。言葉を略すとなんだかカッコいいよね。

数える気にならないバッタの大群

い、どれだけの**辱め**を受けてきたことか。黒い雲と化した悪魔の群れは、私を**嘲う**かのごとく飛び去っていく。その優雅さは、私の怒りを逆撫でした。もう逃がさぬ。地の果てまでも追い詰めてくれるわ。砂漠に吹く一陣の風は、護り抜いてきた闘志を一気に燃え上がらせた。

烈火のごとく燃え上がる復讐心と同時に、私はバッタが犯した過ちに感謝した。よくぞ私がアフリカにいるうちに大発生してくれた。研究を諦めてアフリカを去ったと思ったのだろう。ドイツの研究者たちの二の舞になどなるものか。この手で弱点を暴いてくれようぞ。

今や、何を恐れるものがあろうか。孤独の不安は友やファンが打ち消し、無収入の心配は京都大学が**葬り去った**。持ちうる全ての力を研究にだけ集中させていいのだ。この身に宿った研究者としての真の**力を解き放つ**のは今だ。心の中では今もバッタを愛している。だがしかし、お前たちの首を取らねば、この先に進めぬ。もはや情けは無用。我が前にその身をさらしたことを神の前で後悔するがよい。

「ティジャニ!!!」

名前を呼ぶだけで、彼もまたわかっていた。組み立てようと、地面に広げていたテント用品をすばやく車に積み込む。この間も、移動を続ける群れは一向に途切れない。いまだに地平線の果てまで途切れることがない。すさまじく巨大な群れだ。モーリタニア全土のバッタが集結しはじめているのだろうか。

「よし、行くぞっ」

私の指先は群れの先頭をさしていた。我々は死闘に向けて走り出した。飛んでいくバッタを次々に追い抜いていく。幼少期にファーブルに出会い、昆虫学を**専攻**し、無収入になってまでアフリカに残り続けたのはこの闘いのためだ。そう、私の人生の全ては、この決戦のためにあったのだ。この手でバッタの恐怖に終止符を打ち、歴史を変える。私の手はペンを強く握

辱め▼恥ずかしいことをされる。
嘲う▼鼻でフンと笑いながら、小バカにすること。
葬り去る▼すでにやっつけて始末したこと。
力を解き放つ▼選ばれし者だけが持つ秘密の能力を発動するときに使う。
専攻▼生物や数学、物理などを専門的に研究すること。

車窓から捕虫網を外に差し出して群れの中を突っ走ってみた。あっという間に大量のバッタを捕獲できたが、度を超えており、急激にアミが重くなって手首をやられた

りしめ、新しいノートを手にしていた。

秘密兵器

地雷原でバッタの大群に遭遇した際に犯したミスを活かすのは今だ。群れを**いたずらに**刺激しないように距離を保ち、着陸地点を見極める。今度こそ、夜間観察をするのだ。

地平線の彼方からでも見つけられるほど巨大な群れであるにもかかわらず、移動する大群を追跡するのは困難を極めた。天に舞う彼らは、障害物など気にせずに飛べばいいだけだが、地面を這う我々の行く手には砂丘や**サッファ**、山や谷など障害物が次々に現れ、回り道をして前に進まなくてはならない。

単体では置いてけぼりをくらう可能性があったので、一部隊と無線で連絡を取り合い、挟みうちをしながら群れを逃さないように慎重に追いかける。今日は午後だけで30km以上移動した。

人類史がはじまって以来、**何人たりとも**解決することができなかったバッタ問題。この手で手掛かりを得るべく、群れを追いかけながら飛翔に関すること、エサに関することなど、目に映る全てのデータを可能な限り連日にわたって収集する。学術的にも、応用的にも最も重要そうなところを集中的に調査していた。

連日、私は研究の鬼と化し、刻一刻と彼らがまとう秘密のベールを剥がしていく。狂ったように飛び交うバッタと、狂ったように走り回る私。全身にバッタを浴びながら、データを採りまくる。

数日間追跡することで、**無秩序**に動いているように見えていた群れの活動に、うっすらと法則性が見えてきた。このとき、不思議とバッタの次の行動を予測できるようになっていた。極度に集中し、五感全てが剥き出しになっているようで、バッタのわずかな動きの違いに気づくこ

いたずらに▼悪ふざけのほうのイタズラではなく、ここではかしこまって「ムダに」という意味。
サッファ▼塩味のする水たまり。第6章参照。
何人たりとも▼どいつもこいつも。「何人たりとも許さん」とか、誰も許さないときに使われる。
無秩序▼秩序は「順番やルール」の意だから、「無」がつくとルール無用、適当という意になる。

「神の罰」に挑む。バッタにその身を捧げるも、あえなくスルーされる

とができた。体に宿ったバッタ博士としての真価を**遺憾なく発揮**できている。私の本気を受け止めてくれる舞台がここにある。研究できることがこんなにも幸せなことだったのか。研究が心底好きだということをあらためて感じていた。

バッタの群れは海岸沿いを飛翔し続けていた。夕方、日の光に赤みが増した頃、風向きが変わり、大群が進路を変え、低空飛行で真正面から我々に向かって飛んできた。大群の渦の中に車もろとも巻き込まれる。翅音は悲鳴のように重苦しく大気を震わせ、耳元を不気味な轟音がかすめていく。

このときを待っていた。群れの暴走を食い止めるため、今こそ秘密兵器を繰り出すときだ。さっそうと作業着を脱ぎ捨て、**緑色の全身タイツ**に着替え、大群の前に躍り出る。

「さぁ、むさぼり喰うがよい」

バンザイをして群れの中に身を投じる。少年の頃に抱いたバッタに食べられたいという夢は、今や人類を救う可能性を秘めている。先頭のバッタが私を食べようと着陸すれば後続のバッタたちもつられて降りて来るに違いない。大群の暴走を止めることができるはずだ。

しかし、これは命懸けで一度きりになるかもしれない**秘技**だ。私は長年にわたる過剰なバッタとの触れ合いのおかげで、バッタアレルギーになっていた。バッタまみれになったら全身にじんましんが出て、ただでは済まされない。

それでも、私一人の痒みと引き換えに大群をとどめることができたならば、モーリタニアは救われる。夢のため、人類のため、男は命を落とすことがわかっていても、勝負しなければならないときがあるのだ。**南無三**!!

決死の覚悟をよそに、バッタたちは私を素通りしていった。慰めるように数匹のバッタがツッコミ代わりに顔にぶつかってくる。なんて冷静なやつらだ。全身タイツが偽の植物だと見抜きやがった。見た目的には魅惑の緑色なのに。それとも私の身を案じてくれたのか。夢を叶える

遺憾なく発揮▼なんのためらいもなく、遠慮せずに全力を出す。例：男のロマンを遺憾なく発揮する。
緑色の全身タイツ▼LOFTで買ったよ。
秘技▼内緒にしていた技のこと。たとえ一度見せても、たまにしか使わなければ秘技と言い続けてもよい。
南無三▼一か八かの勝負に出たときの掛け声。実際に言っている人を見たことはない。

群れを追跡中にパンクした。一度火がついた闘志は冷めることなく、いちいちかっこいいポーズをしていないと気が済まない

ためにはさらなる改良が必要だ。いずれにせよ、敵は手強い。

「なぜコータローは緑色になったのか？」

ティジャニに説明するのは、日本の名誉のため控えておいた（日本のみんな、安心してくれ）。いつまた巻き込まれるかわからないので、着替えることなくそのまま調査を続けることにした。私に恐れをなしたのか、心なしか群れの飛翔スピードが上がった。

連日にわたり夜間観察を続け、群れの着地場所の好みをつかめてきた。今や観察ノートの学術的価値は5億円を**優に**超えるだろう。

深夜、**棒になった足**をマッサージしながら簡易ベッドに横たわる。風がテントをはためかせている。なんと心地よい疲労感だろうか。よくぞ、この舞台が整うまで諦めなかった。耐え忍んできた努力は無駄じゃなかった。諦めずに勝負を賭けようとした決断に拍手を送ろう。

それにしても、この不具合が多い博士が、よくぞここまで続けてこられたものだ。少しは自分の努力のおかげもあるが、それよりも大勢の人々に支えてもらえたからこそ、今ここにいられるのだ。家族、友人、日本政府、ファン、モーリタニアの研究所、そして、付き合うことはできなかったけど、その後もたまに励ましてくれたあの彼女——。なんと私は恵まれてきたことか。もしも日本に帰れたら、皆に御礼を伝えよう。そして、この闘いの模様を語り継いでいこう。それが何よりの恩返しになるはずだ。

目を閉じると、瞼の裏には、昼間見た大群が飛び交う映像が焼き付いていた。

最終決戦

早朝、本部からの無線で、このまま群れを追跡し、監視を続けてくれと連絡が入った。群れが飛び続ける方角が危険だった。その先には首都があった。なんとしても群れの進撃を阻止しなければ、街は大混乱に陥ってしまう。首都には大統領官邸がある。もし、街への侵入を許せば、

優に▼楽勝で。まず間違いなく。

棒になった足▼立ちすぎたり、歩きすぎたりして足がくたびれた状態のことを「足が棒になる」という。

夕日に染まるバッタ

大統領に「バッタ研究所は一体何をやってるんだ！」と怒られるので、研究所の威信にかけても食い止めなければならない。群れが国立公園から出た瞬間に速やかに叩かなければ、翌日には首都に到達する恐れがある。研究所は、全国に散っていた防除部隊を呼び寄せ、全力で群れを抑え込む手はずを整えていた。群れが国立公園を出たとき、それは私の闘いが終わることを意味していた。

私がバッタの群れを意のままに操ることができたならば、国立公園内にとどめ、心行くまで観察できたのだが、まだ秘技を編み出せていない。この数日の新発見の喜びは憎しみを消し、バッタへの愛を再び甦らせていた。

「これ以上飛ぶな。飛ぶなら元来た道を戻れ」

その日、私の願いは届かず、群れは飛びすぎ、国立公園の地域を脱した地点に着陸した。最後の夕日に翅を茜色に染め、静かに闇にまぎれていった。

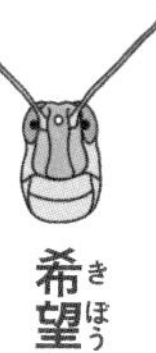

希望は私の手の中に

ババ所長が深夜、静寂を切り裂き、大部隊とともに群れの着陸地点に駆けつけてきた。私が「神の罰」に身をさらすのもここまでだ。研究の機会を失い、哀しみにくれる私を**諭す**かのように、ババ所長は私の肩に手をかけた。

「コータロー、これ以上バッタを街に近づけるわけにはいかない。もはや限界だ。明日、全てを叩く。わかってくれ」

断る権限はなく、**静かに頷いた**。

早朝、暗いうちから防除部隊が最終決戦に備える中、私は最後の観察に出向いた。大群は息を潜め、太陽が昇るのを待っている。生きているうちにあと何回、こいつらと闘うことができるだろうか。好敵手と呼ぶにふさわしき者たちに**最期**のときが迫っていた。いつまでも**一緒にい**

諭す▼すごく説明して相手を納得させること。
静かに頷いた▼著者の複雑な心境が頷きに込められており、この本の中で一番シブいシーン。
最期▼命の終わりを意味し、時間が終わることを意味しているため、「最後」ではなく「最期」にした。

バッタの重みでしなる木の枝。コイツらを私に襲いかからせるにはどうしたらいいのだろうか。木の枝が羨ましい

たかった。隣で笑っていたかった。しかし、それは叶わぬ願い。数時間後には、研究所は総力を結集し、バッタの大群を一気に叩く作戦をとることになっていた。歴戦の**兵**たちがたき火を囲み、夜明けを待っていた。

私は紛れもなく、「神の罰」の中に身を投じ、この身に宿った研究者の力を出し切った。全ての景色を目に焼き付けておこう。このサハラこそが、バッタ博士が光り輝けた舞台なのだ。

子供心に憧れたファーブルは、キラキラと輝いていて、昆虫学者としてのすごさしか伝わってこなかった。だが、実際に昆虫を研究しながら生きていく舞台裏にこそ、彼のすごさが潜んでいることにようやく気がついた。子供の頃は、

全国から集結してきた戦士たち

大地を覆う悪魔の屍

夢の美談しか聞かされない。夢を叶えるためにどんな苦労が待ち受けているのか、想像もできなかった。夢の裏側に隠された真実を知ることで、また一歩ファーブルに近づけた気がしていた。

私は、アフリカの希望を手中に収めていた。さぁ胸を張ってバッタに私の姿を見せつけよう。お前たちは決して滅びるわけではない。私の論文の中で永遠に生き続けるのだ。

太陽が光り輝くその前に、エンジン音が鳴り響きはじめた。約束の時間が来てしまった。観察ノートを閉じ、バッタたちに感謝と別れを告げ、その場を去った。

その日、大群は研究所の手により征圧され、「神の罰」は大地へと静かに**還っていった。**

一緒にいたかった。隣で笑っていたかった▼ガールズロックバンド・プリンセス プリンセスの「M」の歌詞から。付き合っていた男性と別れてしまった乙女の切なさが唄われており、このとき著者が抱いた想いに近いから拝借した。

兵▼闘う者のことを古風に表現。

還っていった▼自然に戻っていく意味。

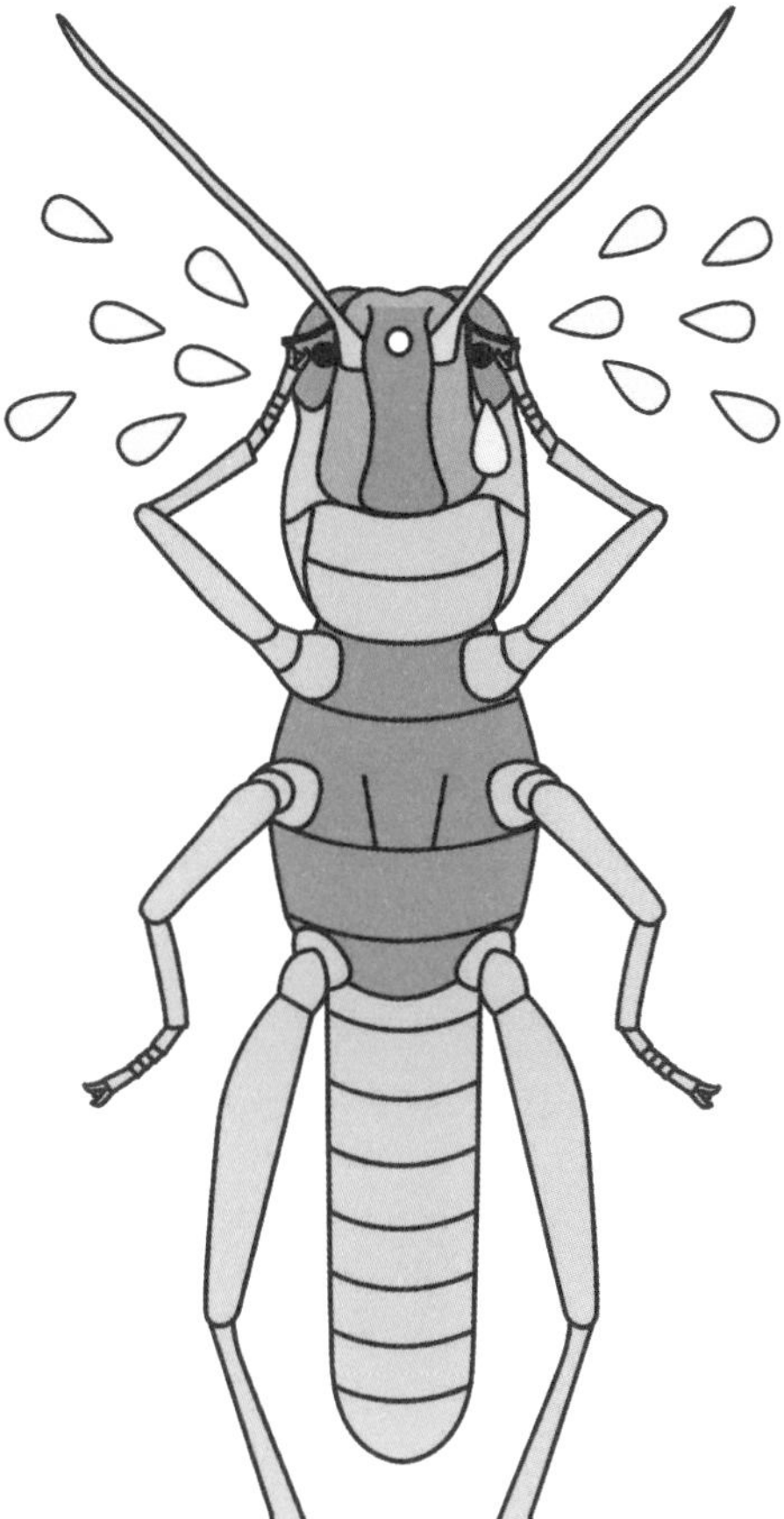

第9章　我、サハラに死せず

思わぬ再会

連日連夜にわたって歩き回ったせいで、疲れてしまった。大事をとって自室にこもり、データ入力に勤しむ。手元には念願の大量のデータがあり、**アタタタ**とキーボードを叩きまくる。

朝の8時にティジャニが焼きたてのパンを持ってやってくる。その前にシャワーを浴び、一仕事済ませておく。ティジャニが台所で、コーヒーカップをスプーンでチンチンと鳴らすのが、朝飯の準備が整ったという合図だ。ボンジュールと挨拶を交わすと、今朝のティジャニは妙に笑顔だ。

「コータロー、ライトトラップを手伝ってくれた男を覚えているか？　ヤギのミルクをご馳走してくれた男だ。昨日、テレビでコータローのことを褒めていたぞ！」

「まじか！　もちろん、あの金持ちのおじさんだろ？　やっぱ偉い人だったのか」

前夜に放映された討論番組で、偉そうなおじさんたちがモーリタニアの研究機関の評価をしていたそうだ。その中で、我がバッタ研究所のことが取り上げられ、とくに頑張っていると、高評価を受けていた。

その中の一人が、

「私は砂漠の真ん中で、日本から来た名も知らぬ若い研究者がバッタの研究をしているのを見た。誰も見ていない砂漠の真ん中で、モーリタニアのために研究していた。彼も含め、バッタ研究所は非常にいい仕事をしている」

と褒めてくれたそうだ。名前や所属はティジャニが見逃したので正体不明だが、紛れもなくあのときのおじさんで、身分の高い人のようだ。ティジャニは我々の活躍ぶりがテレビに流れたので大喜びしていた。頑張る姿を見てくれる人がいたことが嬉しかった。

このままずっとモーリタニアで研究を続けていたら、どこかでまた、あのおじさんとは出会える気がする。いつか会えたらお礼を伝えねば。

我、サハラに死せず▼人類史上初の冒険「ラクダに乗ってサハラ砂漠7000km横断」に挑んだ冒険家・上温湯隆氏の書籍『サハラに死す』に敬意を捧げて。旅の途中、彼はラクダに逃げられて砂漠で死んでしまった。冒険の出発地は、奇しくも私が住み始めたモーリタニアの首都ヌアクショット。

アタタタ▼「お前はもう死んでいる」の決めゼリフで有名な『北斗の拳』の主人公ケンシロウが、奥義の北斗百裂拳を繰り出すときに発する掛け声。ものすごく速くパンチをするときの掛け声のため、何かをすごい勢いでこなすときに「アタタタ」と言うと気分がノッてくる。

決別のとき

日本への帰国が迫ってきた。長かったモーリタニア生活が終わろうとしている。

ティジャニは高給取りでリッチな生活を送っていたが、家の玄関の向きを変えたり、豪勢な結婚式をしたりと**散財**していたので、貯金はほとんどない。だが、私が去った後は研究所が引き続き雇うことになっており、何も心配はない。

私が去る前に自活してもらわなければならない者たちがいた。ハリネズミのハロウたちだ。**ぬるい生活**を送っていたため、再び自然に戻れるか心配していた。私の都合で彼らを振り回してしまったので、せめてリハビリしてから放そうと考えていたが、かわいさのあまり手放せずにいた。

最初は、ゲストハウスの４ｍ四方の廊下で暮らしていた。毎朝、掃除係のお兄さんに床を掃いてもらっていたが、途中で、マリ人の研究者ソリがゲストハウスにやってきたので、ハロウたちは実験室に引っ越していた。

実験室でバッタにエサをあげてきたティジャニが、台所で服を脱ぎ捨て、上半身裸でもだえている。

「最近、実験室にブッチ（ノミ）が多くて大問題だ。痒くてたまらん」

フィールドワーク中に出くわした野生のハリネズミ。必死な姿もかわいらしい

しかめ面で背中を掻きむしっている。そうなのだ、ここ最近、実験室に行くと決まってノミに刺されていた。サンダルで行こうものなら、ノミが足を這い上がってくるので、常にステップを踏んで無駄にノリノリにならなければならなかった。

実験室でじっくり作業できないとはゆゆしき問題だ。スネ毛がノミのかすかな動きを察知してくれるおかげで、未遂で済むこともあったが、スネ毛の隙間を縫って、柔肌に唇を突き刺してくる輩もいた。

異常にノミが多すぎる。はたしてどれくらいノミがいるのか調査するために、ノミが這い上がってこられないように、腰まですっぽり隠れるゴミ

決別▼別れること。
散財▼絶対に必要じゃないことにお金を使いまくること。例：砂漠で生活するのに大きなクマのぬいぐるみを買ったりすること。
ぬるい生活▼平和で安定した状態を「ぬるい」と表現する。「退屈」に近いかな。

袋を履き、白い床の実験室にたたずんでみた。ものの数分で黒い粒がジャンプしながら近寄ってきて、あっという間に包囲された。ゴミ袋はツルツルと滑ってノミは登れないので落ち着いて観察できる。ウヨウヨとノミが集まってきた。あまりの数に寒気を覚える。

ノミに刺されると蚊の3倍は痒い。しかも一カ月以上も痒みが残るし、傷跡がなかなか治らない。「ムヒ」では太刀打ちできず、日本から「デルモベート」という最強と**誉れ高い**痒み止め軟膏を送ってもらい、なんとか抵抗していた。

こんなにいるのだから、実験室のどこかで繁殖しているに違いない。発生源を特定しようと、ノミたちを引き連れてヨチヨチ歩きで徘徊してみるものの、さっぱりわからない。どこかの隙間か物陰か。とりあえず退治せねば。

実験室にはバッタがいるので、殺虫剤は使えない。そこで、水を張ったお皿を床に並べまくって、ノミを溺死させるトラップを仕掛けてみた。ノミはジャンプして移動するのが災いし、翌日、100匹以上を退治できた。水に浮かぶノミを見つめ、こんなところで作業していたのかと全身が痒くなる。

連日罠を仕掛けたところ、数はみるみる減っていくものの、撲滅とまではいかない。ティジャニと2人で頭をかかえ、体を掻きむしっていた。

ある日、ハロウと戯れているとき、背中のハリの奥の白い毛に、黒い粒がついているのに気がついた。注意して見るとノミだ。あややや、あちこちにいる！　ハロウとユーロウまで被害に遭っているではないか。すぐに気づけず彼らに痒い思いをさせてしまった。痒さを知っているだけに申し訳なさすぎた。ノミを取ってあげようとするも、なんということだ、ハリが邪魔して取り除けない！

日本のように、犬猫のノミ取りグッズは手に入らない。これを機にハロウたちを自然に戻す決意をかためる。せめてもの罪滅ぼしに、風呂に入れてノミを洗い落としてから自然に戻そう。

ゲストハウスの前には、植木に水をかけるためのホースがある。ハリネズミたちをタライに入れてじゃぶじゃぶ洗うと、ノミが浮いてきた。なんとかきれいさっぱり洗い流してからその場でリリース。研究所は塀に囲まれているが、入り口の扉には隙間があるので、外部には出入り自由だ。

野に解き放たれたハロウとユーロウは隠れ場を求め、トテテッと小走りで、トラックのタイヤの陰に身を潜めた。

夜、ヘッドランプを着けて研究所の敷地を徘徊していると、ハロウとユーロウが歩き回っていた。サンダルで呼びかけると寄ってきた。自然復帰の序盤は、エサの面倒を見ねばと、元いた住まいがある建物の入り口にキャットフードと水を置き、自由に食べられるようにしておいた。解剖したバッタの死体も外に置いておくと、一日で消え去る。ハロウたちはバッタが好物のよう

誉れ高い▼「あいつ、マジでスゲーよな」と、すごく評判が良いこと。

バッタをむさぼり喰うハロウ。翅は器用に残す

で、翅だけ残して器用に食べる。実験用のゴミダマを食べられて邪魔をされたのが懐かしい。

寂しいけれど、順調に自然へと還っていった。一週間経つと、サンダルシャカシャカを忘れてしまい、まったく寄り付かなくなった。一カ月経つと、完全に私を敵とみなし、丸まって鉄壁の防御をするようになった。私のことなど忘れてしまってもいい、自然に戻っていけるのなら。

ハロウたちの一人立ちの舞台裏で、私は大きなミスを犯していた。ハロウたちを洗った「ノミ水」を、そこらへんにぶちまけたのだが、ノミは溺れ死んでおらず、ゲストハウス近辺に潜伏し、とうとう私の部屋にまで侵入してくるようになった。以前よりもノミの被害が深刻化してしまった。

そういえば、野生動物は色んな病原菌を持っていることがある。皮膚が黒くなり高熱を出して死に至るペスト菌をネズミが保有しているのは有名な話だ。ハリネズミがペストを媒介するかどうか知らないけれど、ハロウの血を吸ったノミが私に間接キッスをしており、奇病に感染している可能性がある。今はまだ発症してないけど、いつ爆発しても不思議ではない。野生動物をペットにした私の**エゴ**に対する天罰は、**末恐ろしい**ものとなった。

ウルドの旅立ち

日本への帰国当日になっても、研究の手を止めることはなかった。

バッタはどれだけの期間、エサなしで生き延びられるのか、飢餓耐性を調査していた。最後の最後まで彼らは私の予想を遥かに超えてみせた。水さえ飲めたら、一週間以上はエサなしでも生き延びられるのだ。こんな小さな昆虫が、一週間も食べずに過酷な砂漠の環境を乗り切ることに脅威を感じた。

バッタがダウンするところまでデータを採りたかったが、帰国当日になってもピンピンしているではないか。モーリタニアを去るまでに、一連の研究をやり切る時間がないことはわかっていた。中途半端に終わらせれば、私は悔しさのあまり、きっとリベンジしに戻ってくるはずだ。アフリカに戻ってくる口実がほしかった。

エゴ▼エゴイズムの略で、他人のことはどうでもよく、自分の利益しか考えない行動のこと。

末恐ろしい▼今でも十分に恐ろしいが、将来もっと恐ろしいことになりそう。大人に「お前は末恐ろしいヤツだ」と言われたら、自分には凄まじい可能性が秘められていると思ってもよい。

出国を控えた2時間前までバッタを解剖し、体の内部を観察する。よりによって帰国当日に面白いことを発見してしまった（今はまだ内緒）。少しでも確信が持てるようにと、時計を気にしながら解剖を続ける。バッタの死体はハロウへの最後の置き土産だ。ようやく日本に戻れるという安堵の想いと、このままモーリタニアに残りたいという名残惜しさが入り乱れる。

ババ所長から、「ウルド」を大切にしてくれと言われていた。「ウルド」は誰それの子孫という意味で、モーリタニアで最高に尊敬されるミドルネームだ。モーリタニア人から名刺を頂戴すると、かなりの確率でウルド保持者だ。

私がババ所長からウルドを授かった後で、モーリタニア政府が、

「みんな確実に誰それの子孫なので、ウルドいらなくね？」

という根本的な指摘をし、ウルドを名前から削除するようにと、法律の改正案が出された。

ババ所長は、50年連れ添ってきた、「モハメッド・アブダライ・ウルド・ババ」から「モハメッド・アブダライ・エッベ」にいきなり改名した。だが、バッタの国際会議では皆からババと呼ばれていたため、エッベを名乗ると誰かわかってもらえず、業務に支障を来していた。やむをえず名前の最後に「as known Babah（ババとして知られていた）」と付け加えるようになったが、依然として混乱は続いた。

ババ所長に最後の挨拶をしに行くと、少しさみしそうに、それでいて嬉しそうに送り出してくれた。

「長い間よくがんばったな。日本に帰ったら、我慢していたビールを家族や友人たちとたらふく飲んでくれ。結果的に私のウルドをコータローに譲ることになったな。ガッハッハ。モーリタニアからウルドはなくなるが、引き継いでくれる日本人がいてくれて良かった。日本の若きサムライよ、どうかウルドとともに生きてくれ」

これからも共同研究を続けていく約束をし、モーリタニアの家族に一時の別れを告げた。

さあ、ウルドを胸に抱き、胸を張って日本に、そして故郷に帰ろう（モーリタニアでは、まだウルドを名乗っている方々がいる。何より大統領がまだウルドである）。

凱旋——錦を飾る

3月、故郷の秋田は雪が解けたというものの、砂漠帰りの身には寒すぎた。鍛え上げた体の冷却機能がアダとなり、コタツから出られなかった。テレビの画面がやたらとクリアに見える。砂漠にいたから視力が上がったのかしらと思っていたが、なんてことはない、アフリカに旅立ったタイミングでアナログから地デジに切り替わっていただけだった。

帰国後、母校の秋田県立秋田中央高校（2020年が創立100周年！）での講演会を控えていた。文部科学省が、理数系教育を通して、将来、国際的に活躍し得る科学技術人材を育成することを目指している「スーパーサイエンスハイスクール」に母校が選ばれ、その事業の一環として研究の話をすることになっていた。

アフリカ滞在中に、秋田県にある山下太郎顕彰育英会から、秋田県にちなんだ若手研究者を対象とした学術研究奨励賞を受賞し、100万円を頂戴していた。山下氏は粉薬を飲むときに使うオブラートを発明した方だ。

当時アフリカにいた私は授賞式に参加することができず、親父が代打で表彰されたのだが、卒業生のためにと、秋田中央高校の宮崎悟校長も駆けつけてくださっていた。そのときの御縁もあり、講演の大役を**仰せつかっていた**。宮崎校長は定年退職を間近に控え、「なんとしてでも私がいるうちに中央高校に来て講演をしてほしい」という事情があったが、滑り込みで間に合った。

「ぜひ、夢をもつことの大切さを中央高校生に伝えてほしい」というのが、宮崎校長からの依頼だった。

一年前の今頃は絶望の無収入を控えており、夢なんか語ったら高校生たちから同情されるだけだったろうが、今は夢と希望に満ち溢れた34歳。自分のように頭が足りなくても、大勢の人たちに助けてもらいながら努力を続け、運が良ければ「バッタの研究をして給料をもらう」という無茶な夢すら叶うのだ。

講演会当日、校長室で日本に持ち帰ってきたスーツを脱ぎ捨て、民族衣装に袖を通し、ターバンを頭に巻きつけて「**正装**」し、講演会場となる体育館の入り口でスタンバイ。錦代わりに民族衣装を着ての凱旋講演だ。

合図がかかり、正面入り口から入場したその先に待ち受けていたのは花道だった。想い出が詰まった制服を着る高校生たちが両サイドから見つめる花道は、壇上へとまっすぐ続いていた。吹奏楽部が奏でる懐かしきメロディにのせ、全校生徒が校歌を斉唱している。あぁ、蘇る青春の日々よ。

壇上に立ち、眼下に広がった光景。ソフトテニス部に所属していた高校3年生の初夏、インターハイ予選の壮行会でこの舞台に立ったときは、補欠にもなれず人影に埋もれステージの隅っこにいた。あれから16年経った今、舞台の中央で皆の視線を独り占めしている。

私の講演会に事件性はないはずだが、会場には秋田魁新報の新聞記者、それにテレビカメラまで来ている。ずっと私を見守ってきてくれた親父と、「プレジデント」でお世話になった石井氏の姿もあった。懐かしくも晴れやかな空気に包まれ、無事に故郷に生きて帰って来られたことを実感していた。

昆虫学者になりたいとか、子供だから気軽に言ってしまったが、なんとかなるもんだなあと、あらためてびっくりしておく。アフリカに旅立つ前の自分に、こんな日が訪れるとは予想できただろうか。夢に導かれ、ここまでやってこられた。なんだか照れくさいが誇らしさがこみ上

仰せつかる▼目上の方から何か依頼を受け、お引き受けすること。
正装▼結婚式や授賞式など真面目なイベントに着ていくためのスーツや着物などの衣装のこと。

げてきた。来たからにはやるしかない。皆の期待に応えるべく、さぁショータイムのはじまりだ！

最近の高校生の趣味趣向など知る由もない。何をしゃべったら喜んでもらえるだろうか。思い悩んだあげく、好きなことができるのがどれだけ幸せなことなのか、バッタまみれのプレゼンを見せつけて自慢することにした。虫嫌いがトラウマになるであろうえげつない映像を繰り出すたびに、女子高校生たちの悲鳴が体育館に響き渡る。５００人近い高校生たちは誰一人寝ることなく、恍惚の表情を浮かべ、妖しさ満点のプレゼンに酔いしれているようだ。私の話を聞いてメモまでとっている。リアクションが素晴らしくよく、話し手をノラせてくれる。

しゃべりはじめると秋田弁まで蘇ってきた。頭の中でいちいち英語や標準語に訳す必要もなく、自然体でしゃべれる気楽さよ。やっぱす、故郷はいいッスな。

質疑応答中、いけない女子高生たちが、私目がけて手を振ってくる。こんなにチヤホヤされたことなどない。「自分もウルドになりたいッス」と小粋な感想を述べる男子生徒もいた。

私は今日という喜びを迎えるために、これまでがんばってきたのではないか。宮崎校長はなんというご褒美を準備してくださったのか。そっちがそんな嬉しいことをしてくるのなら、私だって負けてはいられない。

「お願いします」の合図に合わせて、表彰式でお馴染みの勇者のテーマが体育館に鳴り響く。宮崎校長にささやかながらサプライズを用意していたのだ。中央高校の校章の彫金をモーリタニアの職人に依頼して、プレートを二つ準備していた。ただ手渡ししても味気ない。当日の講演直前に吹奏楽部の佐々木先生に演奏をお願いした。思いつきの依頼にもかかわらず、完璧な演奏をこなしてくださった。吹奏楽部の皆さんの日頃の努力がキラリと光っていた。

校長先生に壇上にご足労願う。

彫金のプレートを作ってくれた職人。見たことのない漢字も見事にさばいてくれる

「宮崎校長、卒業おめでとうございます」

プレートを手渡し、勝手に校長先生の卒業式を決行する。宮崎校長をウットリさせてしまった。もう一つのプレートは代表して生徒会長さんに渡した。やりたい放題やらせてもらう。

講演会は我ながら盛り上がったと思う。バッタ博士が自分で思いついて全部仕込んだ講演会だと会

恍惚▼うっとり。

場の皆さんは思っていただろうが、とんでもない。たくさんの人たちから学んだ技を結集して作り上げていた。

スピーチのキレと、年下とはいえ高校生たちに敬意を持って接することができたのは、石井氏のおかげ。虫嫌いな人にも薄目で話を聞いてもらえるような敷居の下げ方と、虫の魅力の引き出し方はメレ子さんから。校長へのサプライズ演出はニコニコ学会βの江渡さんから。そして、ババ所長とティジャニが、私をバッタの元へといざない、モーリタニアの地で数々のドラマに巡り合わせてくれた。

これまでの出会いを通じて見たもの聞いたもの触れたもの、いいなと思った全てのものを、自分にインストールして講演会を仕上げていた。私が人生の諸先輩たちに施してもらったことを、命果てる前に次世代につなぐことができて本当に良かった。人前で話をできることが楽しかった。皆が楽しそうにしているのを見るのは快感だった。

もう私は一人ぼっちの孤独相ではない。仲間と喜びを分かち合える群生相になれたのだ。

とはいえ、はたしてこんな講演会でよかったのだろうか。虫の映像を強制的に見せつけられたとかで、教育委員会に苦情がいかなければいいのだけど。

不安はその日のうちに解消された。夜のＡＡＢ秋田朝日放送で「秋田市出身　バッタ博士が母校で講演」と題されたニュースが流れたのだ。すぐに実家の電話が鳴り、知り合いのお母さんたちから、「あらー、お宅のコウちゃん、テレビに出てたじゃない」と連絡があった。翌日の秋田魁新報にも講演会の記事が載った。

講演会で教えたわけではないのに、私のツイッターのアカウントを見つけた中央高校生たちが続々とフォローしはじめ、3日間で300人近くフォロワーが増えた。続々と寄せられるお礼ツイート。なんと律儀な高校生たち。今時のお礼の仕方はこうなっているのか。こんな嬉しいことってあるだろうか。

後日、どこよりもわかりやすく正確に伝えることに定評がある、ABS秋田放送の田村修アナウンサーが実家にやってきて、取材を受けることになった。カメラマンの兄さんは、小さい頃に近所で遊んでいた出雲輝彦さんで、大人になってからこんな形で再会するとは夢にも思わなかった。取材の模様は「唯一無二の学者　夢かなえ　アフリカへ」という畏れ多いタイトルで、晩飯時にバッタの映像少なめで大々的に放送された。

秋田駅前のジュンク堂書店さんには、地元出身の著者ということで、バッタ本の特別コーナーまで作っていただいた。

5　4.50字Ⓝevery.
小保方氏が71日ぶり
会見の場に…何を語る
▽6.15ABSニュース
6　アフリカの民を救え！
世界が注目するバッタ
研究の第一人者▽出前
商店街ことしも開催！

新聞の番組欄に告知が載った

田村アナウンサー（ABS秋田放送）が自宅にやってきたときの模様。緊張しながら迎え入れる親父と著者

凍えた身は地元の優しい温もりに包まれた。

ラスト・サスライ

憧れた人を超えていくのは、憧れを抱いた者の使命だ。アフリカでの闘いを終え、未だにファーブルを超えることはできていないが、サバクトビバッタのことならファーブルにすら負けない自信がある。自慢できることがたった一つだとしても、憧れた人を一部分でも超えられるものができたことを、私は誇りに思う。

こんなことを思うのは、驕りや傲慢かもしれない。謙虚さを失った人間は成長が止まるとも聞く。だが、この誇りは私をより高みへと押し上げ、ファーブルに近づく原動力になるはずだ。

現状に安心なんかはしていられない。正式な昆虫学者になるためには、任期なしのポストを得なければならない。ここで話は一気に飛んでしまうが、京都大学白眉プロジェクトで5年間の任期を全うする前に、3年目につくばの国際農林水産業研究センター（国際農研）に任期付きで異動することになった。前者は再任がないが、後者の国際農研では、アフリカでサバクトビバッタの研究を進めることができ、なおかつ、これからの5年間で成果を出せば、念願の常勤の昆虫学者になれるのだ。先を見越しての異動である。

加えて、国際農研は日本で初めて、アフリカのケニアでサバクトビバッタの研究プロジェクトを行った研究機関である。当時は室内実験に限られ、5年間でプロジェクトは終わったそうだが、国際農研でサバクトビバッタ研究をすることは念願でもあった。世界中の農林水産業に関わる問題の解決に向けて、研究者が世界各地に出向いて研究を行っている、やりごたえのある職場だ。アフリカのバッタ問題を解決するためにも、目一杯研究していく所存だ。

とか言いつつ、論文を書かねばならないのに、先に本を書いてしまった。喉から手が出るほど論文も書きたいが、これまで応援してくださった皆さんへ、ささやかな恩返しになりますようにという想いを込めて、感謝を伝えるのを優先した。

夢を追うのは代償が伴うので心臓に悪いけど、叶ったときの喜びは病みつきになってしまう。叶う、叶わないは置いといて、夢を持つと、喜びや楽しみが増えて、気分よく努力ができる。ビールを飲みたい、あの子とデートしたい、新発見をしたい。夢の数だけ喜びは増えるから、大小構わず夢探しの毎日だ。

夢を語るのは恥ずかしいけど、夢を周りに打ち明けると、思わぬ形で助けてもらえたりして流れがいい方向に向かっていく気がする。夢を叶える最大の秘訣は、夢を語ることだったのかなと、今気づく。

ラスト・サスライ▼『ラストサムライ』という映画のタイトルをもじった。

色々あったけど、アフリカでのバッタ研究（けんきゅう）の旅（たび）は楽しすぎた。いつまでも消（き）えない余韻（よいん）に浸（ひた）りながら、この先も虫たちにまみれて生きていけますように。憧（あこが）れのファーブルに少しでも近づく夢（ゆめ）のためにも。

あとがき

モーリタニアでは、年に一カ月間、ラマダンなる断食を行っている。日が昇っている間は、飲食禁止で唾すら飲んではならず、砂漠の国で水分補給を断つ苦行を己に課している。日が沈んでいる間は飲み食い自由なので餓死することはないが、大変なイベントだ。

一度、ラマダン中とは知らずに野外調査に出向いたことがあるが、炎天下でもモーリタニア人は一口も水を飲まなかったので、熱中症にならないか心配していた。ただでさえ厳しい自然環境なのに、何ゆえ過酷な状況にその身を追い込むのか。答えを求めて自分も彼らに**倣って**たった3日間ではあるが、ラマダンをしてみた。すると、断食中は確かにつらいが、そこから解放されたとき、水を自由に飲めることがこんなにも幸せなことだったのかと思い知らされた。明らかに幸せのハードルが下がっており、ほんの些細なことにでも幸せを感じる体質になって

倣う▼真似をする。

いた。おかげで日常生活には幸せがたくさん詰まっていることに気づき、日々の暮らしが楽に感じられた。

ラマダンとは、物や人に頼らずとも幸せを感じるために編み出された、知恵の結晶なのではなかろうか。

モーリタニア滞在中の3年間、友達とは遊べない、彼女がいない（もともと）、日本食は手に入らない、自由に酒を飲むことができないなど、ないないづくしのオンパレードだった。人間として生命を維持する分には困らないが、生きる上で大切な「モノ」を欠いた生活を送っていた。まさに我が人生のラマダンだったと言える。

失ったものは限りなく大きいが、得たものもまた大きい。日本に一時帰国中、焼肉チェーン店の食べ放題の安物のカルビを頬張ったとき、呑み込むのをためらうほど美味く感じた。コンビニに入ると、商品の多さに戸惑い、おにぎり一つ手に取ることさえ贅沢すぎて、罪悪感を覚えるようになった。幸せのハードルが下がっただけで、こんなにもありがたみを感じるものなのかと、自分の中に起こった変化に驚いた。普段は悪路を歩いているため、日本で舗装された道路を歩くだけでありがたみを感じる始末だ。ありがたみを漢字で書くと「有難味」になる。困難があったからこそ、余計にありがたみを感じられるようになったのだろう。

日本に帰国し、半年も経つとせっかくの感性は失われていった。人は、際限なく幸せを追い求める動物で、どうやら「当たり前の生活」に不満を感じ、より質の高いモノでなければ満足しなくなるようだ。ありがたやと拝んで食べていたコンビニ飯に不満を覚えるようになったら、快適な日常生活を取り戻すために、なんちゃってラマダンを決行する。たったこれだけで、お金をかけずに幸せの**グレードアップ**ができる。

日本に戻り、月日が経ち、本書に綴っている必死だった頃の感覚は失われてしまった。あのときのハングリー精神なくしてこの本を締めることはできない。

このあとがきは、国際農研に入所し、初めてのモーリタニア出張で60日が経過してから書きはじめた。今回の出張は、航空会社の預け荷物制限が厳しく、日本食を全然持ち込めなかったため、ひもじさとわびしさを感じる絶好の機会となっている。

日本で目一杯甘美な誘惑に浸り、たるみきった心身をラマダンの世界にいきなり投じたため、以前にも増して心身が厳しさに締めつけられ、歯を食いしばりながら日々を過ごしている。情けないことに早々と日本に帰りたくなった。

この身を**憐れんだ**のか、例年にないほどのバッタの大群が突如モーリタニアに飛んできて調査に大忙しになった。あまりの忙しさに不平不満を覚える暇がなく、バッタに救われてしまっ

グレードアップ▼質が上がること。例：焼肉屋さんで梅コースから松コースにグレードアップすると、カルビが上カルビになった。

憐れむ▼気の毒に思うこと

た（大使館員の方々は貴重なビールを恵んでくださり、命を救ってくださった）。

今回の出張は、京都大学白眉センター時代に在籍していた京都大学・昆虫生態学研究室での修業の成果を試す絶好の機会になった。おこがましいが、たった2年間の修業で、恐ろしく研究能力が上がっており、調査で新発見を連発できるので自分でも驚いている。新しく手に入れた力を使うのが楽しくてしようがなく、研究に没頭している。論文を発表してから調子こけと言われかねないが、5年前に見たのと似たようなシーンでも、ただ目で見て観察しているだけなのに、まったく新しいことに気づけるのだ。発見するたびに、京都大学に拾ってもらった上に鍛えてもらったことを感謝しっぱなしだ。

京都大学在籍中には成果を上げることはできなかったが、これから生み出す研究成果の全てに、京都大学での経験が活かされる。最近では、私を京都大学に行かせるために、神様はわざと私を無収入にしたのではないかと疑っている。京都大学白眉プロジェクトは私の命の恩人だ。京都大学を離籍しても、白眉研究者を名乗ってよいことになっている。一生、白眉研究者として研究活動し、少しでも恩返しするつもりだ。

この本で研究内容についてあまり触れていないのは、私の怠慢が原因でほとんど論文発表していないため、まだ公にできないという事情がある。論文発表したら、また読み物として紹介するつもりだ。論文の数だけ裏に潜んでいるエピソードを紹介できるようになる。少々時間がかかるが、心待ちにしていただきたい。

最後になるが、こんなにも多くの人々に心配をかけ、応援してもらえる博士はそうそうおるまい。多くのご支援、ご声援は本当にありがたかった。モーリタニアの人々、日本の家族、友人、諸先輩、在モーリタニア日本大使館、嬉し恥ずかしファンの方々をはじめ多くの人たちに支えていただいた。

そして、忘れてはいけない、我がバッタ研究チームのメンバーと、私を優しく包んでくれたバッタたちよ。皆々様にありったけの感謝の気持ちを表し、あとがきとする。

２０１６年12月1日　調査帰りのヌアクショットにて

児童書版のあとがき

読書につながる「言葉遊び」

「さて、読書でもしようじゃないか。……とりあえず、何この『青天の霹靂』とか『砂上の楼閣』とかって。そもそも漢字が読めんし、意味わからんからやっぱり読書やめよっと」

本を手に取るものの、言葉の意味がわからず、これまでに何度途中で読書を諦めたことか。

読書の大前提として、文章の意味を理解する必要がある。お決まりの表現や専門用語は、著者が何を伝えたいのかを知る上では便利だが、ある程度ボキャブラリーがないと読解できず、読書どころの話じゃなくなってしまう。

著者が国語辞典並みにボキャブラリー豊富で、これ見よがしに言葉の数々を披露されると、ボキャ貧（ボキャブラリーが少ない）読者には苦痛である。おまけに、著者が同じことを伝えるにしても、見たこともないような漢字が組み合わさった難しい言葉を使ってくると、ますますついていけない。せっかくコーヒー片手に落ち着いて読書をしたいのに、辞書まで持つハメになったら慌ただしくなり、コーヒーも読書欲も冷めてしまう。

ボキャ貧の私にとって読書とは、国語の成績が良く、選ばれし者だけが楽しめる高貴な遊戯のような気がしていて、劣等感を覚えていた。このコンプレックスを抱いている人は私だけではないはずだ。

2017年に『バッタを倒しにアフリカへ』（光文社新書）を出版することになったが、やるからには、一人でも多くの読者を獲得したいと思った。すなわち、一人でも多くの「言葉難民」に受け入れてもらえる文章を書くことが、ベストセラーにつながると考えた。ややこしい言葉を使わずに、テレビや漫画など、普段使われている言葉を駆使し、楽しみながら読んでもらえる文章を書くことを心がけた。つたない文章だったが、読者の読解力のおかげで、2018年10月時点で、20万部突破のベストセラーとなった。

読者となった親御さんたちから「子供にも読んでもらいたい」との要請もあり、このたび、児童書版が出版されることになった。

大本の新書（書籍の大きさを示す言葉で、文庫よりやや縦に長い、ポケットサイズの書籍のこと）は、中学生以上を対象にしている。新書で使われている文章表現は、どちらかと言うと大人が読むハイレベルなもので、ある程度、熟練した読書テクニックが必要となる。私は、自称・言葉難民とはいえ、それなりに小難しい表現も使ってしまっている。大人向けの本を児童書にリニューアルして出版するにあたり、よくあるのは、同じ意味の表現をより簡単で優しいひらがな言葉に換えるやり方だ。これまでのやり方通り、難しい表現をより簡単なものに変えるのも手だが、せっかく大人の本のわりには親しみやすい言葉を使っているので、漢字の脇にルビ（読みがな）をふることにした。

さて、そうすることで、児童でも読めるには読めるが、意味がわからなければ内容はわからない。

子「ねーねー、これってなんて意味？」
父「これはだね、えーと、あれだよあれ。おかあさーん」
母「私に訊かないでよ。あなたはいつもそうやって面倒なことを私に押し付けて」
父「な、なんだと」
子「やめてよー」

私の説明不足が、全国で家庭崩壊の引き金になりかねない。

ということで、言葉の意味を知るといったら、国語辞典である。本文の脇に、私なりのプチ辞典を本書の「取扱説明書」として付け加え、バ太郎に説明してもらった。

ところが、言葉の意味を正確に説明するのは難しく、説明するのにさらに難しい言葉を使ってしまう始末。それでは本末転倒（状況を良くするために良かれと思ってやったのに、結局別の形で台なしになってしまうこと）だ。悩んだあげく、正確さよりもわかりやすさに重きを置き、くだけた表現で言葉を説明することにした。こんな感じの意味なのね、と思ってもらえれば幸いだ。

この作業をするにあたり、三省堂国語辞典の編集委員である辞書編纂者・飯間浩明さんの著作『辞書を編む』（光文社新書）が大変参考になった。言葉の仕事をする楽しさと難しさを体感できたし、何より言葉と触れ合うことの奥深さに気づかせてくれた一冊だった。しかも、飯間さんが私の新書の中から「胸キュン」や「ゴキ」などを「用例採集」されたことをツイッター上で報告してくださり、ドキッとしちゃった。

漫画は読むんだけど、読書はしてくれないの、と嘆いていた奥様方が、もしかしたら「うちの子供が一人でバッタの本を読んでいるわ」と驚かれたかもしれない。〝マジメ〟な中になんとも言えない面白さを忍ばせた〝オモシロマジメ〟なイラストを描くことに定評のあるイラストレーターの寺西晃さんが、本の表紙と見返し（本をペラっとめくって真っ先に目につく部分）用に躍動感溢れるイラストを惜しげもなく描いてくれたおかげだ。ベストセラー『へんないきもの』シリーズ（早川いくを著、バジリコ）などを手掛けられた腕利きで、「へんないきもの」を「オモシロマジメ」に描いた結果、今回、とてつもなく味わい深い作品が誕生してしまった。イラストは、思わず読み進めたくなるスパイスのような働きがあり、本書においてもその威力を発揮しているとはいえ、これは寺西さんのセンスが炸裂したおかげだ。とくに表紙の戦闘シーンはインパクト抜群で、読書が苦手な児童でも思わず、手に取ってしまったのではないだろうか。実物よりも遥かにカッコよく描いてくださり、いざというときお見合い写真代わりに使わせていただくつもりだ。子供の頃から仮面ライダーやスーパー戦隊シリーズの闘うヒーローの虜になってきた身としては、バッタ研究者を憧れのヒーロー仕立てにしてくださり大変嬉しく、これからバッタ研究者が人気職業ランキングに入りそうな予感がしている。あと、バッタの絵が悔しいくらい上手すぎて、寺西さんのこと、すごく好きです。いいなぁ、家中の壁に好きなだけバッタを描くことができて。

　ちなみに、新書の文章は、小学校の国語のテストや、中学、高校、大学の国語の入学試験の題材に使われている。本書を読むとお受験対策もできちゃうのだ。私の地元の秋田県では、青少年健全育成審議会推奨の優良図書にもなっており、非行防止にもつながっていく、はず。さらに、文部科学省「子供の読書キャンペーン〜きみの一冊をさがそう〜」にも選んでいただいた。推薦してくださったのは、ノーベル物理学賞受賞者の梶田隆章先生だ。子供たちへのメッセージとして「この本は、皆さんが皆さんの将来のことを考えるとき、きっと参考になると思います」という、ありがたいお言葉まで頂戴した。

そもそも新書が児童書として出版されるのは、あまり例がないと思う。幅広い層に読んでもらえるようにと、この妙案を生み出してくださったのが、担当編集者の三宅貴久編集長だ。この児童書だが、新書と異なる最大の点は、タイトルの前に「ウルド昆虫記」が付いたことだ。それに関するエピソードを読者にお伝えせねばなるまい。

２０１７年5月に新書を出版後、数カ所でトークイベントを行った。知らない人たちの前で話をするのは心細いが、三宅さんは緑色のズボンを履いて応援に駆けつけ、身内なのに一番ウケてくださり、大変心強かった。

とある質問タイムで、ファンの方からの「前野さんの今後の夢は何ですか？」という問いに対して、「いつかウルド昆虫記を出すことです」と私は答えていた。このやりとりを覚えていた三宅さんが、児童書版に「ウルド昆虫記」の冠を付けるという粋な計らいをしてくださり、私の夢を嬉し恥ずかし叶えてくださったのだ。この場を借りて御礼申し上げます。

私は欲張りなので、一つ夢が叶うと、すぐに次の夢を抱いてしまう。次は、バッタの新発見を基にした続編を書き上げるのが夢となった。ということで、今はバッタのことを知りたくて知りたくてしかたがなく、実験やら論文執筆やらに夢中になって研究を頑張っています。昆虫記の執筆を始めるまでにはちょっと時間がかかりますので、どうか皆様、完成まで長生きしてください。

言葉と触れ合うと、何気ない日常生活が楽しくなってくる。私の壊れかけの説明を機に、あらためて正確な意味を知ってもらいたいし、本書がきっかけとなって、児童の皆さんが「言葉遊び」の快感を知り、たくさん読書をするようになったり、家族との楽しい会話が増えたりすることを祈っている。何気ない一言に救われたり、傷つけられたり、たった一言でその後の人生が大きく変わることもあると思う。多くの言葉と触れ合う読書を通じ、あなただけの運命の一言に出合えますように。そしてまた、あなたが、あなたの一言として誰かに想いを届けられますように。

読者となるヤングマンにとって、本書が一人で読み切った初めての大人の本になれば嬉しい。この本を大人の階段を駆け上る少年・少女、それを見守る大人たちに捧げたい。

２０１８年10月25日
日本語に飢え始めた頃、モーリタニア・ヌアクショットにて

前野ウルド浩太郎

【バッタ博士より皆様へ】

いつも応援していただき、ありがとうございます。新書を出版してから、執筆・取材・講演依頼等、たくさん声をかけていただきました。しかし、研究と広報活動の二足のわらじを履くことは今の私にはできず、そのほとんどをお引き受けできない状況です。児童書版が出版されたことにより、新たに興味を持ってくださる方がいらっしゃるかもしれませんが、研究に専念するため、そっと見守ってくださいましたら幸いです。新たな研究成果を引っ提げて、再び皆様にお会いできることを楽しみにしております。

おまけ

ハリネズミは
危険を察知すると
真ん丸になる

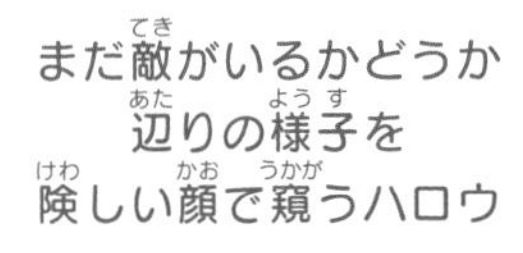

実はまだ傍らにいるが、
じっとしていると
鉄壁の防御を
５分ほどでほどく。
丸まってるのも
楽じゃないのだろう

日本に持って
きてはいけない
外来動物リストには、
しっかりと
ハリネズミが
ノミネートされている。
うちの子のほうがカワイイ

ウルド昆虫記　バッタを倒しにアフリカへ

前野 ウルド 浩太郎

前野 ウルド 浩太郎（まえの うるど こうたろう）

昆虫学者（通称：バッタ博士）。1980年秋田県生まれ。国立研究開発法人国際農林水産業研究センター（国際農研）研究員。秋田県立秋田中央高校卒、弘前大学農学生命科学部卒、茨城大学大学院農学研究科修士課程修了、神戸大学大学院自然科学研究科博士課程修了。博士（農学）。京都大学白眉センター特定助教を経て、現職。アフリカで大発生し、農作物を喰い荒らすサバクトビバッタの防除技術の開発に従事。モーリタニアでの研究活動が認められ、現地のミドルネーム「ウルド（○○の子孫の意）」を授かる。著書に、第4回いける本大賞を受賞した『孤独なバッタが群れるとき――『バッタを倒しにアフリカへ』エピソード1』、毎日出版文化賞特別賞、新書大賞を受賞し、26万部を突破した『バッタを倒しにアフリカへ』、シリーズ第3弾『バッタを倒すぜ アフリカで』（以上、光文社新書）がある。

カバー・見返しイラスト	寺西晃
装丁	大川幸秀（Graphic Machine Explosion）
バ太郎デザイン	頭部担当：前野 ウルド 浩太郎
	胸部・腹部・脚部担当：前野拓郎
	（グラフィックデザイナー・著者の実弟）
本文レイアウト・地図	宮城谷彰浩（KINDAI）

2020年5月30日初版1刷発行
2024年10月10日　4刷発行

著　者	前野 ウルド 浩太郎
発行者	三宅貴久
印刷所	近代美術
製本所	ナショナル製本
発行所	株式会社 光文社
	東京都文京区音羽1-16-6（〒112-8011）
	https://www.kobunsha.com/
電　話	編集部03（5395）8289　書籍販売部03（5395）8116
	制作部03（5395）8125
メール	sinsyo@kobunsha.com

JASRAC 出 1903675-404

ISBN 978-4-334-95088-0